21 世纪高职高专土建类专业规划教材

市政工程质量检验

汪　洋　王云江　主　编
王　晶　朱海东　副主编
余　巍　主　审

中国建材工业出版社

图书在版编目（CIP）数据

市政工程质量检验 / 汪洋，王云江主编. —北京：
中国建材工业出版社，2015.4（2024.1重印）
21世纪高职高专土建类专业规划教材
ISBN 978-7-5160-1155-3

Ⅰ. ①市… Ⅱ. ①汪… ②王… Ⅲ. ①市政工程-工
程质量-质量检验-高等职业教育-教材　Ⅳ. ①TU99

中国版本图书馆 CIP 数据核字（2015）第 035132 号

内 容 简 介

本书阐述市政工程（城市道路工程、城市桥梁工程、排水管道工程）的质量要
求，质量检验方法及手段等内容。全书共分八章：第一章市政工程质量检查与管理
概述，第二章工程各方质量责任，第三章开工准备与质量管理，第四章施工过程质
量管理，第五章道路工程施工质量检查与验收，第六章城市桥梁工程施工质量检查
与验收，第七章城市排水管道工程施工质量检查与验收，第八章竣工验收及质量
跟踪。

本书既可作为高等职业教育市政工程技术专业教材，也可作为市政工程现场质
量检查与验收的技术性参考书和实施规范的工具书使用，还可作为相关专业人员的
岗位培训教材。

市政工程质量检验

汪　洋　王云江　主编

出版发行：中国建材工业出版社
地　　址：北京市海淀区三里河路 11 号
邮　　编：100831
经　　销：全国各地新华书店
印　　刷：北京雁林吉兆印刷有限公司
开　　本：787mm×1092mm　　1/16
印　　张：22.25
字　　数：548 千字
版　　次：2015 年 4 月第 1 版
印　　次：2024 年 1 月第 3 次
定　　价：**65.00 元**

本社网址：www.jccbs.com.cn　　微信公众号：zgjcgycbs
本书如出现印装质量问题，由我社网络直销部负责调换。联系电话：（010）57811387

前　　言

本书是以国家现行市政工程相关材料、施工与质量验收标准规范为基础，结合市政工程施工现场实际情况编写的，阐述了市政工程（城市道路工程、城市桥梁工程、排水管道工程）的质量要求、质量检验方法及手段等内容。本书共分为八章，以分项工程的质量检验为主线，讲述了市政道路工程、桥梁工程、市政排水管道工程的质量检验以及市政工程质量检验相关表格的填写要求等。第一章市政工程质量检查与管理概述，第二章工程各方质量责任，第三章开工准备与质量管理，第四章施工过程质量管理，第五章道路工程施工质量检查与验收，第六章城市桥梁工程施工质量检查与验收，第七章城市排水管道工程施工质量检查与验收，第八章竣工验收及质量跟踪。本书的编写旨在为高职院校市政专业学生以及广大市政工程施工人员，也包括设计人员、监理人员提供一本有关市政工程施工质量检查与验收的教材，其内容实用、新颖、丰富、系统、齐全，以"易学、够用、能懂、会做"为原则，帮助市政专业的学生以及现场施工人员解决一些现场施工质量控制的实际问题。

本书由浙江建设职业技术学院汪洋高级工程师（编写第五章第一～四、八节和第六章第七、九节内容）、王云江教授（编写第一章第一、二节和第六章第一～六、十～十四、十六节内容）担任主编，黑龙江建筑职业技术学院王晶（编写第三、四、八章内容）、浙江建设职业技术学院朱海东高级工程师（编写第七章第一～三节内容）担任副主编。金华职业技术学院王文亮高级工程师（编写第五章第五节内容）、刘智武（编写第五章第一～五、七、八节内容），同济科技职业技术学院王邓红副教授（编写第七章第六节内容）、浙江广厦建设职业技术学院韩文松（编写第二章内容）、吴喆野（编写第五章第七节内容），浙江长征职业技术学院杨琼（编写第六章第一～七、九～十四、十六节内容），浙江育英职业技术学院刘向红（编写第一章第三、四节内容），浙江省交通工程建设集团有限公司刘信所高级工程师（编写第七章第四节内容），浙江大成建设集团有限公司黄祥市（编写第七章第五节内容）参与了本书的编写。全书由浙江省交通工程建设集团有限公司余巍高级工程师担任主审。

本书在编写过程中得到了企业和浙江建设职业技术学院同仁的大力支持，在此表示感谢！

本书既可作为高等职业教育市政工程技术专业教材，也可作为市政工程现场质量检查与验收的技术性参考书和实施规范的工具书使用，还可作为相关专业人员的岗位培训教材。限于水平，本书难免有疏漏和不当之处，敬请广大读者不吝指正。

编者

2015.4

目　　录

第一章　市政工程质量检查与管理概述

城市市政工程建设是形成和完善城市功能、发挥城市中心作用的基础，它是发展本地区经济，改善城市居住生活环境，提升城市品位的基本条件。近年来，随着我国改革开放形势的不断深入，为推动经济社会的发展，国民经济的大规模发展必然带来大规模的市政工程建设，而市政工程是百年乃至千年的人类活动的标志。所以抓好市政工程建设的质量工作是人类赋予我们这一代人的历史使命。

第一节　市政工程质量概述

一、市政工程的概念、内容及发展前景

（一）市政工程概念、内容

市政工程是指市政设施建设工程。在我国，市政设施是指在城市区、镇（乡）规划建设范围内设置、基于政府责任和义务为居民提供有偿或无偿公共产品和服务的各种建筑物、构筑物、设备等。城市生活配套的各种公共基础设施建设都属于市政工程范畴，比如常见的城市道路、桥梁、地铁，比如与生活紧密相关的各种管线：雨水、污水、电力、电信、热力、燃气等，还有广场、城市绿化等的建设，都属于市政工程范畴。

（二）市政工程发展前景

《2013～2017年中国市政工程行业深度调研与投资战略规划分析报告前瞻》显示，2010年，中国城镇人口已达6.66亿，占49.68％；居住在乡村的人口为6.74亿，占50.32％，与2000年相比，城镇人口增加2.07亿，乡村人口减少1.33亿，城镇人口比重上升13.46个百分点。而且，从中国的城镇化规模来看，不论是年净增量还是城镇人口总量，都已经长期处于世界第一的位置。中国城镇人口总量为美国人口总数的两倍，比欧盟27国人口总规模高出1/4。

在未来的二十年里，世界城市将以史无前例的速度和规模发生扩张。这一系列的城市化将主要发生在崛起中的亚洲地区以及该地区人口最多的中国和印度。两个国家从城市化进程的规模、效率以及投入上进行对比，中国的城市化进程明显更胜一筹。

"十二五"期间，中国将进入城镇化与城市发展双重转型的新阶段，预计城镇化率年均提高0.8～1.0个百分点，到2015年达到52％左右，到2030年达到65％左右。城市经济发展一个具有里程碑意义的变化是城镇化率超过50％，城镇人口将超过农村人口。这一时间大约在"十二五"中期，届时城镇人口与乡村人口都将是6.8亿人。由于城乡人口比例的变化，城市经济在国民经济中的主体地位更为强化。

值得注意的是，国民经济社会发展及城市化正面临严峻的挑战：一方面，城乡和区域差距进一步扩大，尤其是大城市的中心区极度繁华，大都市边缘城镇及乡村停滞和衰落；另一方面，光鲜之下城市化的过程也造就了交通拥堵、环境污染、贫困失业、住房紧张、健康危

害、城市灾害、安全弱化等多种多样的城市病。大都市时代离中国尚有不短的距离。在市政工程建设和公共服务上采取的重视城市、偏好大城市、偏好城市群与中心城市，忽视边缘城市及农村、忽视非城市群的政策和措施，以及对人口及产业的空间活动缺乏科学、合理和前瞻性的规划和政策引导，使得全国的资源要素和人口活动迅速向优势区域及城市聚集，城市基础设施和公共服务难以跟上资源和人口过度集中的步伐，市政工程建设还有待进一步规范化、人性化。

二、市政工程质量的概念和意义

（一）质量的概念

1. 质量

什么是质量？质量就是一组固有特性满足要求的程度。

这里"固有特性"是指某事或某物本来就有的特性，尤其是那种永久特性，如强度、密度、硬度、绝缘性、导电性等。"要求"是指"明示的、通常隐含的或必须履行的需要或期望"。"明示的"可以理解为是规定的要求。"通常隐含"是指组织、顾客和其他相关方的管理或一般做法，所考虑的需要或期望是不言而喻的。"必须履行的"是指法律法规的要求及强制性标准的要求。这里明确地指出除考虑满足顾客的需求外，还应考虑组织自身的利益，提供原材料和零部件的供方的利益和社会利益（如安全性、环境保护、节约能源等）多方需求。

质量概念的关键是"满足要求"，这些"要求"必须转化为有指标的特性，作为评价、检验和考核的依据。由于顾客的要求是多种多样的，所以反映产品的特性也是多种多样的。它包括性能、适用性、可信性（可用性、可靠性、维修性）、安全性、环境、经济性和美学。质量特性有的是可以测量的，有的是不能够测量的。实际工作中必须把不可测量的特性转换成可以测量的代用特性。

"满足要求"是满足谁的要求呢？是满足"顾客"的要求。"顾客"是指接受产品的组织或个人。因此质量必须以顾客的要求为始点，以顾客的满意为终点。

产品质量从"满足标准规定"发展到现在的"让顾客满意"，这是一个进步，再发展到"超越顾客的期望"这是一个要求更高的新阶段。不同的顾客有不同的要求，同一顾客在不同时间、不同地点其要求也是在变化的。作为组织就应主动去了解、发现、掌握这些变化了的要求，并满足这些要求，特别是那些隐含的要求，这一点才是最难的。像城区具有景观及排水功能的河道工程中的驳坎砌筑，过去要求"满足标准规定"就可以了，即平整度、顺直度要达到标准规定的要求，其偏差不要超过允许偏差，这比较容易做到。而现在要求块石砌筑要做到大小搭配、错落有至，各种线条的搭配组合形成曲线美，色彩的选择与周边环境协调形成自然美。再点缀一些建筑小品，加上绿化并结合当地的人文景观，使其具备生态功能。这些要求在图纸或文件中都不是很具体、很详细的，这就要求企业具有更高的质量管理水平，管理人员和操作人员具有更高的文化修养和更高的技术素质。

质量又是"动态性"的，质量要求不是固定不变的，随着技术的发展、生活水平的提高，人们对产品、过程或体系会不断提出新的质量要求。因此要定期评定质量要求，修订规范，不断开发新产品、改进老产品，以满足已变化的质量要求。

同时还应注意质量的"相对性"，不同国家不同地区因自然环境条件不同、技术发达程度不同、消费水平不同和风俗习惯不同，会对产品提出不同的要求，产品应具有这种环境的适应性，对不同地区应提供具有不同性能的产品，以满足该地区用户的"明示、或隐含的需求"。相对又是比较而存在的，比较应注意在同一个"等级"的基础上进行比较。等级高并不意味着质量一定好，等级低也并不意味着质量一定差。

2001 年 1 月 30 日国务院令 279 号发布实施的《建设工程质量管理条例》，对于加强工程质量管理的一系列重大问题做出了明确的规定；对建设单位、勘察设计单位、施工单位和监理单位的质量责任及其在实际工作中容易出现问题的重要环节做出了明确的规定，依法实行责任追究，形成了保证工程质量的责任体系。《建设工程质量管理条例》的颁布实施，为保证建设工程质量，在管理上必须有一套有效的、现代化的、科学先进的质量管理、监督和预控体系，以及系统管理制度和方法。这些管理方法中，关键的两点是认真开展全面质量管理和贯彻质量标准，建立以项目为核心的健全质量管理体系。

质量也是企业的生命，一个企业只有在保证质量的前提下才能创造较好的经济效益和社会效益，企业才能得到较好的发展。我国在建设事业上一贯坚持"质量第一、预防为主"的方针，强调质量在建设事业上的重要性。同时质量又是与人们的生活和生产活动息息相关的，特别是建设工程的质量还与人们和生命安全密切相关，如果质量搞不好不仅会影响到企业的生存和发展，还会给国家的经济和人民的生命财产带来巨大的损失，直接影响国家经济建设的速度。质量不好是最大的浪费，它会增加返修、加固、补强等人工、材料、能源的消耗，还会增加维修、改造费用，缩短使用寿命。我国历史上曾经出现过三次质量大滑波，使国家和人民的生命财产造成巨大损失，这是我们应引以为戒的。

2. 工程质量

工程质量是指承建工程的使用价值，工程满足社会需要所必须具备的质量特征。它体现在工程的性能、寿命、可靠性、安全性和经济性 5 个方面。

（1）性能。是指对工程使用目的提出的要求，即对使用功能方面的要求。应从内在的和外观两个方面来区别，内在质量多表现在材料的化学成分、物理性能及力学特征等方面。

（2）寿命。是指工程正常使用期限的长短。

（3）可靠性。是指工程在使用寿命期限和规定的条件下完成工作任务能力的大小及耐久程度，是工程抵抗风化、有害侵蚀、腐蚀的能力。

（4）安全性。是指建设工程在使用周期内的安全程度，是否对人体和周围环境造成危害。

（5）经济性。是指效率、施工成本、使用费用、维修费用的高低，包括能否按合同要求，按期或提前竣工，工程能否提前交付使用，尽早发挥投资效益等。

上述质量特征，有的可以通过仪器测试直接测量而得，如产品性能中的材料组成、物理力学性能、结构尺寸、垂直度、水平度，它们反映了工程的直接质量特征。在许多情况下，质量特性难以定量，且大多与时间有关，只有通过使用才能最终确定，如可靠性、安全性、经济性等。

3. 工序质量

工序质量也称施工过程质量，指施工过程中劳动力、机械设备、原材料、操作方法和施工环境等五大要素对工程质量的综合作用过程，也称生产过程中五大要素的综合质量。在整个施工过程中，任何一个工序的质量存在问题，整个工程的质量都会受到影响，为了保证工程质量达到质量标准，必须对工序质量给予足够注意。必须掌握五大要素的变化与质量波动的内在联系，改善不利因素，及时控制质量波动，调整各要素间的相互关系，保证连续不断地生产合格产品。

4. 工作质量

工作质量是指建筑企业为达到建筑工程质量标准所做的管理工作、组织工作、技术工作的效率和水平。

工作质量的好坏是建筑工程的形成过程的各方面各环节工作质量的综合反映，而不是单纯靠质量检验检查出来的。为保证工程质量，要求有关部门和人员精心工作，对决定和影响工程质量的所有因素严加控制，即通过工作质量来保证和提高工程质量。

质量管理的首要任务是确定质量方针、目标和职责，核心是建立有效质量管理体系，通过具体的四项基本活动，即质量策划、质量控制、质量保证和质量改进确保质量方针的实施和目标的实现。

（二）质量特性

质量不仅是指产品质量，也可以是某项活动或过程的工作质量（服务质量），在工程上也可以是工序质量，还可以是质量管理体系运行的质量。

1. 产品质量特性

产品的特性有：

（1）内在特性，如结构、性能、精度、化学成分等；

（2）外在特性，如外观、形状、色泽、气味、包装等；

（3）经济特性，如成本、价格、使用费用、维修时间和费用等；

（4）商业特性，如交货期、保修期等；

（5）其他方面的特性，如安全、环境等。

质量的适用性就是建立在质量特性的基础之上的。

2. 服务质量特性

服务质量特性是服务产品所具有的内在特性。一般来说，服务特性可以分为服务的时间性、功能性、安全性、经济性、舒适性和文明性六种类型。不同的服务对各种特性要求的侧重点会有所不同。

（三）质量标准及其性质

1. 质量标准

标准应以科学、技术和经验的综合成果为基础，以促进最佳社会效益为目的。

质量标准就是为在一定的范围内获得最佳秩序，对质量活动或其结果规定共同的（统一的）和反复使用的规则、导则或特性文件。该文件经协商一致制定并经一个公认的机构批准。

"标准"是可重复和普遍应用的，也是公众可以得到的文件。

2. 标准分级

（1）国家标准　由国家的官方标准化机构或国家政府授权的有关机构批准、发布，在全国范围内统一和适用的标准。中华人民共和国国家标准由"代号 GB—发布顺序号—发布年号"三部分组成。GB/T 为推荐性标准。

如 GB 50×××—××××

（2）行业标准　中华人民共和国行业标准：指中国全国性的各行业范围内统一的标准。对没有国家标准而又需要在全国某个行业范围内统一的技术要求，可以制定行业标准。行业标准代号由国务院标准化行政主管部门规定。由"标准代号—顺序号—年号"三部分组成。

如住房与城乡建设部的标准：JGJ—×××—××及 CJJ××—××等；工程建设标准化协会推荐的标准：CECS×××：××××。

（3）地方标准　中华人民共和国地方标准：在某个省、自治区、直辖市范围内统一和适用的标准。地方标准由"DB"加上省、自治区、直辖市行政区划代码前两位数再加斜线、顺序号和年号共四部分组成。

（4）企业标准　是指企业所制定的产品标准以及在企业内需要协调、统一的技术要求和管理工作要求所制定的标准。

企业标准的制定一般是：

① 没有相应的国家标准、行业标准时，自行制定的标准，作为组织生产的依据。如新开发研制出的新产品，并已通过鉴定批准生产的产品。通过省级科技部门组织的鉴定和由相应的政府行政主管部门批准是此标准执行的前提，并应有关于产品的使用说明。

② 在有相应的国家标准、行业标准和地方标准时，国家鼓励企业在不违反相应强制性标准的前提下，制定充分反映市场、用户和消费者要求的，严于国家标准、行业标准和地方标准的企业标准，在企业内部适用。

四级标准中，国家标准是最高标准，其他标准均应服从国家标准。

3. 标准性质

按标准的性质区分，标准可分为强制性和推荐性两种。

《中华人民共和国标准化法》规定，国家标准、行业标准分为强制性标准和推荐性标准。

保障人体健康、人身、财产安全的标准和法律、行政法规规定强制执行的标准是强制性标准，其他标准是推荐性标准。

（1）强制性标准

强制性标准是指具有法律属性，在一定范围内通过法律、行政法规等强制手段加以实施的标准。

《中华人民共和国标准化法》规定："强制性标准，必须执行。不符合强制性标准的产品，禁止生产、销售和进口。"强制性标准，必须在生产建设中严格执行。违反强制性标准就是违法，就要受到法律的制裁。

强制性标准又分为全文强制式和条文强制式。

① 全文强制式　标准的全部技术内容需强制执行。

② 条文强制式　标准中部分技术内容（条款）需要强制执行。

过去我国在这一问题上不很明确，我国的强制性标准几乎都是条文强制式，而在具体条款上又未明确哪些条款是强制性的，所以在操作上特别是在执法上带来一定的困难。

《强制性条文》是从过去那些强制性标准中摘编出全部需要强制执行的条款，是现在执行的全文强制式的强制性标准。《强制性条文》的产生也是深化改革与世界接轨的需要。在其他国家，特别是发达国家，建设市场质量控制是通过技术法规和技术标准来实现的。技术法规是强制性的，由政府通过法律手段来管的，而技术标准是推荐性的，通过合同、经济等手段来管的。现在我国的《强制性条文》就相当于其他国家的技术法规。

从内容上来讲《强制性条文》是那些直接涉及工程安全、人体健康、人身和财产安全、环境保护和公共利益的部分，同时考虑了保护资源、节约投资、提高经济效益和社会效益等政策要求。

2002年9月18日原建设部建标（2002）202号文发布《工程建设强制性条文》（城市建设部分）就是市政工程当前执行的强制性标准。

（2）推荐性标准

推荐性标准是强制性标准以外的标准。推荐性标准是非强制执行的标准，国家鼓励企业自愿采用推荐性标准。它相当于其他国家的"技术标准"，是政府不用法律和行政手段管理的标准。

那么推荐性标准既然不存在法律性，又是自愿采用的，可不可以不采用呢？答案是"不可以"。推荐性标准是依据技术和经验制定的文件，是在兼顾各方利益的基础上协商一致制定的文件。它的生命力主要依靠技术上的权威性、可靠性、先进性从而获得信赖。它是通过经济手段调节而自愿采用的标准。换句话说，这类标准别的单位、企业都在执行，而某一单位不执行，不执行虽不会受到政府的干涉、法律法规的处治，但在一定程度上会受到经济的制裁，企业的经济效益会受到影响，企业的活动空间、生存空间会受到限制，所以理论上说虽然是自愿采用的标准，但实际上几乎也是各个企业、人人都采用的标准。

（四）质量管理的基本概念

质量管理是企业围绕着使产品质量能满足不断更新的质量要求，而开展的策划、组织、计划、实施、检查和监督、审核等所有管理活动的总和。它是企业各级职能部门领导的职责，而由企业最高领导者负全责，并应调动与质量有关的所有人员的积极性，共同做好本职工作，才能完成质量管理的任务。

（五）质量管理的主要职能

质量管理是企业经营、生存、发展必须的一种综合性管理活动；是各级管理者的职责，涉及企业的所有成员。通过建立质量体系，开展质量策划、质量控制、质量保证和质量改进等活动，有效地实现质量方针、质量目标，获得期望的质量水平。其主要职能如下。

1. 制定质量方针和质量目标

质量方针是指"由组织的最高管理者正式发布的该组织总的质量宗旨和方向"。它是企业总方针的组成部分，是企业管理者对质量的指导思想和承诺，企业最高管理者应制定质量方针并形成文件。质量方针的基本要求应包括供方的组织目标及顾客的期望和需求，也是供方质量行为的准则。质量目标是质量方面所追求的目的，它依组织的质量方针制定。质量目标是质量方针的具体体现，目标既要先进，又要可行，便于实施和检查。

2. 确定质量职责和权限

企业最高管理者明确质量方针，是对用户的质量承诺。要使各有关部门和人员理解、执行，就需对所有质量管理、执行和验证人员，特别是对需要独立行使权力防止、消除不合格以及对不合格品实施控制和处理的人员，在其授权范围内，能自主做出相应决定的人员，都应用文件明确其职责、权限和相互关系，以便按期望的要求实现规定的质量目标。

3. 建立质量管理体系并使其有效运行

企业建立质量管理体系是质量管理的基础，使之组织落实，有资源保障并有具体的工作内容，对产品质量形成的全过程实施控制。

一个组织建立的质量体系应既满足本组织管理的需要，又满足顾客对本组织的质量体系要求，但主要目的应是满足本组织管理的需要。顾客仅仅评价组织质量体系中与顾客订购产品有关的部分，而不是组织质量体系的全部。

（六）质量管理的发展过程

质量是一个永恒的概念，质量管理也随着时代的发展而不断发展。工业时代以前的质量管理主要靠手工操作者本人依据自己的手艺和经验来把关，被称为"操作者的质量管理"。

质量管理作为一门科学是 20 世纪的事情。20 世纪，人类跨入了以"加工机械化、经营规模化、资本垄断化"为特征的工业化时代，在过去的整整一个世纪中质量管理的发展大致经历了质量检验、统计质量控制、全面质量管理三个阶段。

1. 质量检验阶段

是采用各种检验设备和仪表，严格把关，进行 100% 检验。逐渐将质量管理责任由操作者转移到工长再转移到专职检验人员，称为"检验员的质量管理"。

这种质量管理主要是事后检验把关，无法在生产过程中起到预防、控制作用，废品已成事实，很难补救。且 100% 的检验，增加检验费用。

2. 统计质量控制阶段

这一阶段的特征是数理统计方法与质量管理的结合。

第二次世界大战开始以后，统计质量管理才得到广泛应用。由于战争需要，美国军政部门组织了一批专家和工程技术人员，于 1941～1942 年间先后制定并公布了 Z1.1《质量管理指南》、Z1.2《数据分析用控制图法》、Z1.3《生产过程中质量管理控制图法》，强制向生产武器的厂商推行，收到显著效果。但是统计质量管理也存在缺陷，它过分强调质量控制的统计方法，对质量的控制和管理只局限于制造和检验部门，忽视了其他部门工作对质量的影响，这样就不能发挥各个部门和广大员工的积极性，制约了它的推广和运用。

3. 全面质量管理阶段

20 世纪 50 年代以来，生产力迅速发展，科学技术日新月异。火箭、宇宙飞船、人造卫星等大型、精密、复杂的产品出现，对产品的安全性、可靠性、经济性等要求越来越高，质量问题更为突出。要求人们运用"系统工程"的概念，把质量问题作为一个有机整体加以综合分析研究，实施全员、全过程、全企业的管理。

20 世纪 60 年代在管理理论上出现了"行为科学论"，主张改善人际关系，调动人的积极性，突出"重视人的因素"，注意人在管理中的作用。随着市场竞争，尤其国际市场竞争的加剧，各国企业都很重视"产品责任"和"质量保证"的问题，都加强内部质量管理，确保生产的产品安全、可靠。由于上述情况的出现，仅仅依靠质量检验和运用统计方法已难以保证和提高产品质量，这就促使"全面质量管理"的理论逐步形成。最早提出全面质量管理概念的是美国通用电气公司质量经理菲根堡姆。1961 年，他发表了第一本著作《全面质量管理》。60 年代以来，菲根堡姆的全面质量管理概念逐步被各国所接受，在运用时各有所长，我国自 1978 年推行全面质量管理，在实践上、理论上都有所发展，也有待进一步探索、总结、提高。

第二节　市政工程质量评价准则

工程建设就是将资源（资金和实物）转化为可以开展社会、政治、经济活动的场所和设施的一种经济活动，它对国民经济的发展和人们开展社会活动和改善生活品质起着核心和依赖的作用。工程建设过程是一种或多种资源发生转化，形成新的一种或多种资源的过程，它具有自有的特点和规律。

建设工程质量概念有狭义和广义之分。从狭义上讲，建设工程质量仅指工程实体的质量。工程实体质量的优劣是工程建设决策、计划、规划、勘察、设计、施工、监理、质监和部件供应商各单位各环节合作形成产品质量的综合反映，也可以说建设而成的工程在国家法律法规、标准规范和合同条款约束下，符合为顾客（建设业主或投资方）一定需要而规定的技术条件的物质性能，主要是满足安全、适用、可靠、美观、经济、环保和节能的性能。从广义上讲，建设工程质量除了工程实体质量外，还包括了建设参与者的工作质量和服务质量。它反映在建设参与者的服务是否及时、主动、诚恳、守信和合理；工作水准是否先进、合法、标准和有效。工程质量的"符合性"，直接关系到国民经济又好又快地发展和人民生命财产的安全。因此，加强工程质量管理是一个十分重要的现实问题和一项重要的工作内容。建设工程的质量管理着重于参与工程建设活动的各方主体所建立的质量方针、质量管理、质量体系、质量控制和质量保证五方面内容的有机组合和协调实施。所谓质量方针就是指该社会组织（目前来讲，存在着多种经济组合形式）最高管理者发布经某种授权形式确定的该组织总的质量宗旨和质量目标；质量管理就是为实现质量方针所制定和实施的全部职责、权力和义务；质量体系就是为实现质量管理所具备的该组织网络、程序、过程和资源；质量控制就是为达到质量目标而实施的管理措施和技术措施及相应的活动，例如开展全面质量管理活动（TQM）；质量保证实际上是对某一产品或者服务为满足规定的质量水准而提供的有效且必需的精神上和物质上的一系列带有强制性的活动。

我国政府十分重视建设工程的质量，人大、国务院、住房和城乡建设部相继出台了《建筑法》、《建设工程质量管理条例》、《国务院办公厅关于加强基础设施工程质量管理的通知》、《建设工程质量管理办法》等一系列法律法规。建立和落实、强化了工程质量行政领导人责任制、项目法人责任制、参建单位工程质量领导人责任制、工程质量终身负责制。建设工程的质量不仅关系到建设投资的效益正常发挥，而且还涉及国家社会环境的保护和人民生命财产的安全，同时也关系到一个企业、一个区域、一个国家和民族的形象和声誉。我国对工程质量的管理采取政府强制监督和企业责任制并举的方式实施。国家通过人大立法，政府制定相关法律、法规、规章制度和办法对工程建设所涉及的各责任方主体进行质量管理上的约束：该做什么？不该做什么？做好了怎么办？做坏了怎么办？对这类质量管理上的问题都以法规的形式做出了规定。同时，国家还通过授权县级以上地方政府的工程质量监督机构和具有相应资质的社会第三方工程质量监理、工程质量检验、监测单位对工程建设过程中的质量管理行为和工程实体质量进行管理和检测。

工程建设的施工单位对工程质量负有直接的责任。根据《建筑法》和《建设工程质量管理条例》的规定，施工单位必须在其资质等级许可的范围内参加相应的工程建设招投标活动，中标后承接相应的工程建设施工任务，并与建设单位签定符合规范的施工发包承包合同。严格按照勘察、设计文件提供的施工图和国家、行业颁发的技术标准和规范进行精心施工。施工单位必须对本单位施工的建设工程质量负责；必须认真履行合同约定的条款；必须接受政府及工程建设质量监督机构、监理单位、建设单位对工程质量的检查和监督。施工单位是工程建设的具体实施者，是使建设单位的投资形成效益，是建设产品最终形成其功能和价值的关键操作者。因此，施工单位的产品质量管理和控制及其作业人员的工作质量和服务水准对工程建设成功与否及产品质量优劣起到决定性的作用。上述作用的体现主要表现在其施工准备阶段的工作质量；施工阶段的质量控制；竣工验收后保修阶段的服务质量。

一、市政工程质量验收与评价

1. 施工中应按下列规定进行施工质量控制，并应进行过程检验、验收。

（1）工程采用的主要材料、半成品、成品、构配件、器具和设备应按相关专业质量标准进行进场检验和使用前复验。现场验收和复验结果应经监理工程师检查认可。凡涉及结构安全和使用功能的，监理工程师应按规定进行见证取样检测，并确认合格。

（2）各分项工程应按 CJJ 1—2008、CJJ 2—2008、GB 50268—2008 规范进行质量控制，各分项工程完成后应进行自检、交接检验，并形成文件，经监理工程师检查签认后，方可进行下个分项工程施工。

（3）单位（子单位）工程、分部（子分部）工程、分项工程和验收批的划分可按 GB 50268—2008 附录 A 在工程施工前确定，质量验收记录应按 GB 50268—2008 附录 B 填写。

2. 工程施工质量应按下列要求进行验收。

（1）工程施工质量应符合 CJJ 1—2008、CJJ 2—2008、GB 50268—2008 和相关专业验收规范的规定。

（2）工程施工应符合工程勘察、设计文件的要求。

（3）参加工程施工质量验收的各方人员应具备规定的资格。

（4）工程质量的验收均应在施工单位自行检查评定合格的基础上进行。

（5）隐蔽工程在隐蔽前，应由施工单位通知监理工程师和相关单位人员进行隐蔽验收，确认合格，并形成隐蔽验收文件。

（6）监理工程师应按规定对涉及结构安全的试块、试件和现场检测项目，进行见证取样检测并确认合格。

（7）检验批的质量应按主控项目和一般项目进行验收。

（8）对涉及结构安全和使用功能的分部工程应进行抽样检测。

（9）承担复验或检测的单位应为具有相应资质的独立第三方机构。

（10）工程的外观质量应由验收人员通过现场检查共同确认。

3. 隐蔽工程应由专业监理工程师组织施工单位项目专业质量（技术）负责人等进行验收。检验批及分项工程应由专业监理工程师组织施工单位项目专业质量（技术）负责人等进行验收。关键分项工程及重要部位应由建设单位项目负责人组织总监理工程师、专业监理工程师、施工单位项目负责人和技术质量负责人、设计单位专业设计人员等进行验收。分部工程应由总监理工程师组织施工单位项目负责人和技术质量负责人以及专业监理工程师等进行验收。

4. 检验批合格质量应符合下列规定。

（1）主控项目的质量应经抽样检验合格。

（2）一般项目的质量应经抽样检验合格；当采用计数检验时，除有专门要求外，一般项目的合格点率应达到 80% 及以上，且不合格点的最大偏差值不得大于规定允许偏差值的

1.5 倍。

（3）具有完整的施工原始资料和质量检查记录。

（4）主要工程材料的进场验收和复验合格，试块、试件检验合格。

（5）主要工程材料的质量保证资料以及相关试验检测资料齐全、正确；具有完整的施工操作依据和质量检查记录。

5. 分项工程质量验收合格应符合下列规定。

（1）分项工程所含检验批均应符合合格质量的规定。

（2）分项工程所含的验收批的质量验收记录应完整、正确；有关质量保证资料和试验检测资料应齐全、正确。

6. 分部（子分部）工程质量验收合格应符合下列规定。

（1）分部（子分部）工程所含分项工程的质量验收全部合格。

（2）质量控制资料应完整。

（3）涉及结构安全和使用功能的质量应按规定验收合格。

（4）分部（子分部）工程中，地基基础处理、桩基础检测、混凝土强度、混凝土抗渗、管道接口连接、管道位置及高程、金属管道防腐层、水压试验、严密性试验、管道设备安装调试、阴极保护安装测试、回填压实等的检验和抽样检测结果应符合 GB 50268—2008 的有关规定。

（5）外观质量验收应符合要求。

7. 单位工程质量验收合格应符合下列规定。

（1）单位（子单位）工程所含分部（子分部）工程的质量验收全部合格。

（2）质量控制资料应完整。

（3）单位（子单位）工程所含分部（子分部）工程有关安全及使用功能的检测资料应完整。

（4）单位工程所含分部工程验收资料应完整。

（5）影响市政工程安全使用和周围环境的参数指标应符合设计规定。

（6）涉及金属管道的外防腐层、钢管阴极保护系统、管道设备运行、管道位置及高程等的试验检测、抽查结果以及管道使用功能试验应符合 GB 50268—2008 规定。

（7）外观质量验收应符合要求。

8. 单位工程验收应符合下列要求。

（1）施工单位应在自检合格基础上将竣工资料与自检结果，报监理工程师申请验收。

（2）监理工程师应约请相关人员审核竣工资料进行预检，并根据结果写出评估报告，报建设单位组织验收。

（3）建设单位项目负责人应根据监理工程师的评估报告组织建设单位项目技术质量负责人、有关专业设计人员、总监理工程师和专业监理工程师、施工单位项目负责人参加工程验收。该工程的设施运行管理单位应派人员参加工程验收。

9. 工程竣工验收，应由建设单位组织验收组进行。验收组应由建设、勘察、设计、施工、监理、设施管理等单位的有关负责人组成，亦可邀请有关方面专家参加。验收组组长由建设单位担任。

城镇道路工程竣工验收应在构成道路的各分项工程、分部工程、单位工程质量验收均合格后进行。当设计规定进行道路弯沉试验、荷载试验时，验收必须在试验完成后进行。道路工程竣工资料应于竣工验收前完成。

城镇桥梁工程竣工验收应在构成桥梁的各分项工程、分部工程、单位工程质量验收均合格后进行。当设计规定进行桥梁功能、荷载试验时，必须在荷载试验完成后进行。桥梁工程竣工资料须于竣工验收前完成。

10. 给排水管道质量验收与评价。

（1）给排水管道工程质量验收不合格时，应按下列规定处理。

1）经返工重做或更换管节、管件、管道设备等的验收批，应重新进行验收；

2）经有相应资质的检测单位检测鉴定能够达到设计要求的验收批，应予以验收；

3）经有相应资质的检测单位检测鉴定达不到设计要求，但经原设计单位验算认可，能够满足结构安全和使用功能要求的验收批，可予以验收；

4）经返修或加固处理的分项工程、分部（子分部）工程，改变外形尺寸但仍能满足结构安全和使用功能要求，可按技术处理方案文件和协商文件进行验收。

（2）通过返修或加固处理仍不能满足结构安全或使用功能要求的分部（子分部）工程、单位（子单位）工程，严禁验收。

（3）验收批及分项工程应由专业监理工程师组织施工项目的技术负责人（专业质量检查员）等进行验收。

（4）分部（子分部）工程应由专业监理工程师组织施工项目质量负责人等进行验收。

对于涉及重要部位的地基基础、主体结构、非开挖管道、桥管、沉管等分部（子分部）工程，设计和勘察单位工程项目负责人、施工单位技术质量部门负责人应参加验收。

（5）单位工程经施工单位自行检验合格后，应由施工单位向建设单位提出验收申请。单位工程有分包单位施工时，分包单位对所承包的工程应按 GB 50268—2008 的规定进行验收，验收时总承包单位应派人参加；分包工程完成后，应及时地将有关资料移交总承包单位。

11. 对符合竣工验收条件的单位工程，应由建设单位按规定组织验收。施工、勘察、设计、监理等单位等有关负责人以及该工程的管理或使用单位有关人员应参加验收。

12. 参加验收各方对工程质量验收意见不一致时，可由工程所在地建设行政主管部门或工程质量监督机构协调解决。

13. 单位工程质量验收合格后，建设单位应按规定将竣工验收报告和有关文件，报工程所在地建设行政主管部门备案。

14. 工程竣工验收后，建设单位应将有关文件和技术资料归档。

二、城镇道路工程质量验收分类的划分

1. 城镇道路工程质量验收应划分为单位（子单位）工程、分部（子分部）工程、分项工程和检验批。

2. 单位工程的划分应按下列原则确定。

（1）建设单位招标文件确定的每一个独立合同应为一个单位工程。

（2）当合同文件包含的工程内涵较多，或工程规模较大或由若干独立设计组成时，宜按工程部位或工程量，每一独立设计将单位工程分成若干子单位工程。

3. 分部工程的划分应按下列原则确定。

（1）单位（子单位）工程应按工程的结构部位或特点、功能、工程量划分分部工程。

（2）分部工程的规模较大或工程复杂时，宜按材料种类、工艺特点、施工工法等，将分部工程划为若干子分部工程。

4. 分部（子分部）工程可由一个或若干个分项工程组成，应按主要工种材料、施工工艺等划分分项工程。

5. 分项工程可由一个或若干检验批组成。检验批应根据施工、质量控制和专业验收需要划定（各地区应根据城镇道路建设实际需要，划定适应的检验批）。

6. 工程竣工验收应符合下列规定。

（1）质量控制资料应符合 CJJ 1—2008 规范相关的规定。

1）检查数量：查全部工程。

2）检查方法：查质量验收、隐蔽验收、试验检验资料。

（2）安全和主要使用功能应符合设计要求。

1）检查数量：查全部工程。

2）检查方法：查相关检测记录，并抽检。

（3）观感质量检验应符合 CJJ 1—2008 规范要求。

1）检查数量：全部。

2）检查方法：目测并抽检。

7. 竣工验收时，应对各单位工程的实体质量进行检查。

8. 当参加验收各方对工程质量验收意见不一致时，应由政府行业行政主管部门或工程质量监督机构协调解决。

9. 工程竣工验收合格后，建设单位应按规定将工程竣工验收报告和有关文件，报政府行政主管部门备案。

三、城市桥梁工程质量验收分类的划分

1. 城市桥梁工程质量验收应分为单位（子单位）工程、分部（子分部）工程、分项工程和检验批。

2. 单位工程的划分应按下列原则确定。

（1）建设单位招标文件确定的每一个独立合同应为一个单位工程。

（2）当合同文件包含的工程内容较多，或工程规模较大、或由若干独立设计组成时，宜按工程部位或工程量，每一独立设计将单位工程分成若干子单位工程。

3. 单位（子单位）工程应按工程的结构部位或特点、功能、工程量划分分部工程。分部工程的规模较大或工程复杂时，宜按材料种类、工艺特点、施工工法等，将分部工程划为若干子分部工程。

4. 分部工程（子分部工程）中，应按主要工种、材料、施工工艺等划分分项工程。分项工程可由一个或若干检验批组成。

5. 检验批应根据施工、质量控制和专业验收需要划定。

各分部（子分部）工程相应的分项工程应按表 1-1 的规定执行。CJJ 2—2008 未规定时，施工单位应在开工前会同建设单位、监理单位共同研究确定。

表 1-1　城市桥梁分部（子分部）工程与相应的分项工程、检验批对照表

序号	分部工程	子分部工程	分项工程	检验批
1	地基与基础	扩大基础	基坑开挖、地基、土方回填、现浇混凝土（模板与支架、钢筋、混凝土）、砌体	每个基坑
		沉入桩	预制桩（模板、钢筋、混凝土、预应力混凝土）、钢管桩、沉桩	每根桩
		灌注桩	机械成孔、人工成孔、钢筋笼制作与安装、混凝土灌注	每根桩
		沉井	沉井制作（模板与支架、钢筋、混凝土、钢壳）、浮运、下沉就位、清基与填充	每节、座
		地下连续墙	成槽、钢筋骨架、水下混凝土	每个施工段
		承台	模板与支架、钢筋、混凝土	每个承台
2	墩台	砌体墩台	石砌体、砌块砌体	每个砌筑段、浇筑段、施工段功每个墩台、每个安装段（件）
		现浇混凝土墩台	模板与支架、钢筋、混凝土、预应力混凝土	
		预制混凝土柱	预制柱（模板、钢筋、混凝土、预应力混凝土）、安装	
		台背填土	填土	
3	盖梁		模板与支架、钢筋、混凝土、预应力混凝土	每个盖梁
4	支座		垫石混凝土、支座安装、挡块混凝土	每个支座
5	索塔		现浇混凝土（模板与支架、钢筋、混凝土、预应力混凝土）、钢结构件安装	每个浇筑段、每根钢构件
6	锚碇		锚固体系制作、锚固体系安装、锚碇混凝土（模板与支架、钢筋、混凝土）、锚索张拉与压浆	每个制作件、安装件、基础
7	桥跨承重结构	支架上浇筑混凝土梁（板）	模板与支架、钢筋、混凝土、预应力钢筋	每孔、联、施工段
		装配式钢筋混凝土梁（板）	预制梁（板）（模板与支架、钢筋、混凝土、预应力混凝土）、安装梁（板）	每片梁
		悬臂浇筑预应力混凝土梁	0号段（模板与支架、钢筋、混凝土、预应力混凝土）、悬浇段（挂篮、模板、钢筋、混凝土、预应力混凝土）	每个浇筑段
		悬臂拼装预应力混凝土梁	0号段（模板与支架、钢筋、混凝土、预应力混凝土）、梁段预制（模板与支架、钢筋、混凝土）、拼装梁段、施加预应力	每个拼装段
		顶推施工混凝土梁	台座系统、导梁、梁段预制（模板与支架、钢筋、混凝土、预应力混凝土）、顶推梁段、施加预应力	每节段
		钢梁	现场安装	每个制作段、孔、联
		结合梁	钢梁安装、预应力钢筋混凝土梁预制（模板与支架、钢筋、混凝土、预应力混凝土）、预制梁安装、混凝土结构浇筑（模板与支架、钢筋、混凝土、预应力混凝土）	每段、孔
		拱部与拱上结构	砌筑拱圈、现浇混凝土拱圈、劲性骨架混凝土拱圈、装配式混凝土拱部结构、钢管混凝土拱（拱肋安装、混凝土浇筑）、吊杆、系杆拱、转体施工、拱上结构	每个砌筑段、安装段、浇筑段、施工段
		斜拉桥的主梁与拉索	0号段混凝土浇筑、悬臂浇筑混凝土主梁、支架上浇筑混凝土主梁、悬臂拼装混凝土主梁、悬拼钢箱梁、支架上安装钢箱梁、结合梁、拉索安装	每个浇筑段、制作段、安装段、施工段
		悬索桥的加劲梁与缆索	索鞍安装、主缆架设、主缆防护、索夹和吊索安装、加劲梁段拼装	每个制作段、安装段、施工段

续表

序号	分部工程	子分部工程	分项工程	检验批
8		顶进箱涵	工作坑、滑板、箱涵预制（模板与支架、钢筋、混凝土）、箱涵顶进	每坑、每制作节、顶进节
9		桥面系	排水设施、防水层、桥面铺装层（沥青混合料铺装、混凝土铺装—模板、钢筋、混凝土）、伸缩装置、地袱和缘石与挂板、防护设施、人行道	每个施工段、每孔
10		附属结构	隔声与防眩装置、梯道（砌体、混凝土—模板与支架、钢筋、混凝土、钢结构）、桥头搭板（模板、钢筋、混凝土）、防冲刷结构、照明、挡土墙▲	每砌筑段、浇筑段、安装段、每座构筑物
11		装饰与装修	水泥砂浆抹面、饰面板、饰面砖和涂装	每跨、侧、饰面
12		引道▲		

注：表中"▲"项应符合国家现行标准 CJJ 1—2008《城镇道路工程施工与质量验收规范》的有关规定。

（1）工程采用的主要材料、半成品、成品、构配件、器具和设备应按相关专业质量标准进行验收和按规定进行复验，并经监理工程师检查认可。凡涉及结构安全和使用功能的，监理工程师应按规定进行平行检测、见证取样检测并确认合格。

（2）各分项工程应按 CJJ 2—2008 进行质量控制，各分项工程完成后应进行自检、交接检验，并形成文件，经监理工程师检查签认后，方可进行下一个分项工程施工。

6．工程竣工验收内容应符合下列规定。

（1）主控项目

1）桥下净空不得小于设计要求。

① 检查数量：全数检查。

② 检查方法：用水准仪测量或用钢尺量。

2）单位工程所含分部工程有关安全和功能的检测资料应完整。

① 检查数量：全数检查。

② 检查方法：检查工程资料，按规定进行工程实体抽查或对相关资料抽查。

（2）一般项目

1）桥梁实体检测允许偏差应符合表 1-2 的规定。

表 1-2　桥梁实体检测允许偏差

序号	项目		允许偏差（mm）	检验频率		检验方法
				范围	点数	
1	桥梁轴线位移		10	每座或每跨、每孔	3	用经纬仪或全站仪检测
2	桥宽	车行道	±10		3	用钢尺量每孔 3 处
		人行道				
3	长度		+200，−100		2	用测距仪
4	引道中线与桥梁中线偏差		±20		2	用经纬仪或全站仪检测
5	桥头高程衔接		±3		2	用水准仪测量

注：1．项目 3 长度为桥梁总体检测长度；受桥梁形式、环境温度、伸缩缝位置等因素的影响，实际检测中通常检测两条伸缩缝之间的长度，或多条伸缩缝之间的累加长度。
　　2．连续梁、结合梁两条伸缩缝之间长度允许偏差为±15mm。

2）桥梁实体外形检查应符合下列要求。

①墩台混凝土表面应平整，色泽均匀，无明显错台、蜂窝麻面，外形轮廓清晰。

②砌筑墩台表面应平整，砌缝应无明显缺陷，勾缝应密实坚固、无脱落，线角应顺直。

③桥台与挡墙、护坡或锥护衔接应平顺，无明显错台，沉降缝、泄水孔设置正确。

④索塔表面应平整，色泽均匀，无明显错台、蜂窝麻面，轮廓清晰，线形直顺。

⑤混凝土梁体（框架桥体）表面应平整，色泽均匀，轮廓清晰，无明显缺陷，全桥整体线形应平顺，梁缝基本均匀。

⑥钢梁安装线形应平顺，防护涂装色泽应均匀，无漏涂，无划伤，无起皮，涂膜无裂纹。

⑦拱桥表面平整，无明显错台，无蜂窝麻面、露筋或砌缝脱落现象，色泽均匀，拱圈（拱肋）及拱上结构轮廓线圆顺，无折弯。

⑧索股钢丝应顺直，无扭转，无鼓丝，无交叉，锚环与锚垫板应密贴并居中，锚环及外丝应完好，无变形，防护层应无损伤，斜拉索色泽应均匀，无污染。

⑨桥梁附属结构应稳固，线形应直顺，无明显错台，无缺棱掉角。

a. 检查数量：全数检查。

b. 检查方法：观察。

7. 工程竣工验收时可抽检单位工程的质量情况。

8. 工程竣工文件验收合格后，建设单位应按规定将工程竣工验收报告和有关文件，报政府建设行政主管部门备案。

四、给排水管道质量验收分类的划分

给排水管道质量验收分类划分见表1-3。

表1-3　给排水管道工程分项、分部、单位工程划分表

单位工程（子单位工程）	开（挖）槽施工的管道工程、大型顶管工程、盾构管道工程、浅埋暗挖管道工程、大型沉管工程、大型桥管工程		
分部工程（子分部工程）	分项工程		验收批
土方工程	沟槽土方（沟槽开挖、沟槽支撑、沟槽回填）、基坑土方（基坑开挖、基坑支护、基坑回填）		与下列验收批对应
管道主体工程　预制管开槽施工主体结构	金属类管、混凝土类管、预应力钢筒混凝土管、化学建材管	管道基础、管道接口连接、管道铺设、管道防腐层（管道内防腐层、钢管外防腐层）、钢管阴极保护	可选择下列方式划分：①按流水施工长度；②排水管道按井段；③给水管按一定长度连续施工段或自然划分段（路段）；④其他便于过程质量控制方法
管渠（廊）	现浇钢筋混凝土管渠、装配式混凝土管渠、砌筑管渠	管道基础、现浇钢筋混凝土管渠（钢筋、模板、混凝土、变形缝）、装配式混凝土管渠（预制构件安装、变形缝）、砌筑管渠（砖石砌筑、变形缝）、管道内防腐层、管廊内管道安装	每节管渠（廊）或每个流水施工段管渠（廊）

续表

分部工程（子分部工程）			分项工程	验收批
管道主体工程	不开槽施工主体结构	工作井	工作井围护结构、工作井	每座井
		顶管	管道接口连接、顶管管道（钢筋混凝土管、钢管）、管道防腐层（管道内防腐层、钢管外防腐层）、钢管阴极保护、垂直顶升	顶管顶进：每100m；垂直顶升：每个顶升管
		盾构	管片制作、掘进及管片拼装、二次内衬（钢筋、混凝土）、管道防腐层、垂直顶升	盾构掘进：每100环；二次内衬：每施工作业断面；垂直顶升：每个顶升管
		浅埋暗挖	土层开挖、初期衬砌、防水层、二次内衬、管道防腐层、垂直顶升	暗挖：每施工作业断面；垂直顶升：每个顶升管
		定向钻	管道接口连接、定向钻管道、钢管防腐层（内防腐层、外防腐层）、钢管阴极保护	每100m
		夯管	管道接口连接、夯管管道、钢管防腐层（内防腐层、外防腐层）、钢管阴极保护	每100m
	沉管	组对拼装沉管	基槽浚挖及管基处理、管道接口连接、管道防腐层、管道沉放、稳管及回填	每100m（分段拼装按每段，且不大于100m）
		预制钢筋混凝土沉管	基槽浚挖及管基处理、预制钢筋混凝土管节制作（钢筋、模板、混凝土）、管节接口预制加工、管道沉放、稳管及回填	每节预制钢筋混凝土管
	桥管		管道接口连接、管道防腐层（内防腐层、外防腐层）、桥管管道	每跨或每100m；分段拼装按每跨或每段，且不大于100m
	附属构筑物工程		井室（现浇混凝土结构、砖砌结构、顶制拼装结构）、雨水口及支连管、支墩	同一结构类型的附属构筑物不大于10个

注：1. 大型顶管工程、大型沉管工程、大型桥管工程及盾构、浅埋暗挖管道工程，可设独立的单位工程。

2. 大型顶管工程：指管道一次顶进长度大于300m的管道工程。

3. 大型沉管工程：指预制钢筋混凝土管沉管工程；对于成品管组对拼装的沉管工程，应为多年平均水位水面宽度不小于200m，或多年平均水位水面宽度100~200m之间，且相应水深不小于5m。

4. 大型桥管工程：总跨长度不小于300m或主跨长度不小于100m。

5. 土方工程中涉及地基处理、基坑支护等，可按现行国家标准GB 50202《建筑地基基础工程施工质量验收规范》等相关规定执行。

6. 桥管的地基与基础、下部结构工程，可按桥梁工程规范的有关规定执行。

7. 工作井的地基与基础、围护结构工程，可按现行国家标准GB 50202《建筑地基基础工程施工质量验收规范》、GB 50204《混凝土结构工程施工质量验收规范》、GB 50208《地下防水工程质量验收规范》、GB 50141《给水排水构筑物工程施工及验收规范》等相关规定执行。

第三节　施工质量管理体系

一、建立企业质量管理体系与质量管理体系的持续改进

（一）建立质量管理体系

这里讲的主要是要用科学的国际公认的质量管理体系标准建立质量体系，即按照标准的要求，对现行质量管理体系有针对性的改进、更新和完善，使之符合 ISO 9000 族标准，并与国际上可以接受的惯例接轨，从而达到保证产品质量取得顾客的信任和满意的目的。

（二）质量管理体系的持续改进

事物是在不断发展的，都会经历一个由不完善到完善直至更新的过程，顾客的要求在不断地变化，为了适应变化着的环境，组织需要进行一种持续的改进活动，以增强满足要求的能力，目的在于增强顾客以及与其他相关方满意的机会，实现组织所设定的质量方针和质量目标。持续改进的最终目的是提高组织的有效性和效率，它包括了改善产品的特征及特性，提高过程的有效性及效率所开展的所有活动。这种不断循环的活动就是持续改进，它是组织的一个永恒的主题。

1. 持续改进的活动

营造一个激励改进的氛围和环境；通过测量数据分析和评价现状及其趋势；不断发现组织质量管理体系中的薄弱环节，确定改进目标；进行管理评审，做出改进决策；寻找解决薄弱环节办法以实现目标；采取纠正和预防措施，避免不合格的再次发生和潜在不合格的发生。

2. 持续改进的方法

PDCA 循环法，任何一个质量改进活动都要遵循 PDCA 循环的原则，即策划或计划（Plan）、实施（Do）、检查（Check）、处置（Action）。

P——策划　根据顾客的要求和组织的方针，分析和评价现状，确定改进目标，寻找解决办法，评价这些解决办法，并做出选择。

D——实施　实施选定的解决办法，落实具体对策。

C——检查　根据方针、目标和产品的要求，对过程、产品和质量管理体系进行测量、验证、分析和评价结果，以确定这些目标是否已经实现。

A——处置　总结成功的经验，采取措施，正式采纳更改，实施标准化，以后就按标准进行。对于没有解决的问题，转入下一轮 PDCA 循环，为制定下一轮改进计划提供资料，持续改进过程业绩。

PDCA 循环法的特点：（1）四个阶段一个也不能少；（2）大环套小环，企业（公司）可以采用，部门可以采用，班组可以采用，甚至个人都可采用。一个项目的实施过程可以采用，其中某一阶段也可采用；（3）每循环一次，产品质量、工序质量和工作质量就提高一步，PDCA 是不断上升的循环。

3. 持续改进活动的两个基本途径

渐进式的日常持续改进（一般由组织内人员进行，如 QC 小组活动等）和突破性改进项目。

二、工程项目质量管理的相关概念

（一）质量管理

我国国家标准 GB/T 1900—2000 对质量管理的定义是：在质量方面指挥和控制组织的协调活动。

质量管理的首要任务是确定质量方针、目标和职责，核心是建立有效质量管理体系，通过具体的四项基本活动，即质量策划、质量控制、质量保证和质量改进确保质量方针、目标的实施和实现。

1. 质量方针和目标

（1）质量方针

质量方针是由组织的最高管理者正式发布的该组织总的质量宗旨和方向。质量方针是企业经营总方针的组成部分，是企业管理者对质量的指导思想和承诺。企业最高管理者应确定质量方针并形成文件。不同的企业可以有不同的质量方针，但都必须具有明确的号召力。

（2）质量目标

ISO 9000：2000 标准对"质量目标"的定义是："在质量方面所追求的目的"。从质量管理学的理论来说，质量目标的理论依据是行为科学和系统理论。

质量目标应充分考虑企业现状及未来的需求。既不能好高骛远，经过努力也达不到，也不能不用费劲轻松实现，这样的目标都没有激励作用。应考虑"谋其上，得其中；谋其中，得其下"，以不断激励员工的积极性和创造性，实现其增值效果。

为了使质量方针能够实施，质量目标应在质量方针的框架下制定，即质量目标应与质量方针保持一致。

为了使质量目标能够具体并体现满足顾客的需求和期望，质量目标中应包括满足产品要求所需的内容，且能够测量的。

为了使质量目标的实现能够得到具体的落实，组织在制定了质量目标后，须在各相关的职能和层次上加以展开。质量目标分解到哪一层次，视具体情况而定，通常应展开到可实现、可检查的层次。

2. 确定岗位职责

岗位职责是指以人或部门的工作为对象，对其工作范围、职责、权限及内容提出的规定、标准、程序等书面要求，按组织机构所设置的岗位制定，责任明确，分工细致。

3. 质量管理体系

我国国家标准 GB/T 1900—2000 对质量管理的定义是：在质量方面指挥和控制组织的管理体系，是"为实施质量管理所需的组织结构、程序、过程和资源"。

（1）组织结构是一个组织为行使其某种方式建立的职责、权限及其相互关系，通常以组织结构图予以规定。一个组织的组织结构图应能显示其机构设置、岗位设置以及它们之间的相互关系。

（2）资源可包括人员、设备、设施、资金、技术和方法，质量体系应提供适宜的各项资源以确保过程和产品的质量。

（3）一个组织所建立的质量体系应既满足本组织管理的需要，又满足顾客对本组织的质量体系要求，但主要目的应是满足本组织管理的需要。顾客仅仅评价组织质量体系中与顾客订购产品有关的部分，而不是组织质量体系的全部。

（4）质量体系和质量管理的关系是质量管理需要通过质量体系来运作，即建立质量体系并使之有效运行是质量管理的主要任务。

4. 质量策划

质量策划是质量管理的一部分，致力于制定质量目标并规定的行动过程和相关资料以实现质量目标。质量策划的目的在于制定并采取措施实现质量目标。质量策划是一种活动，其结果形成的文件可以是质量计划。

5. 质量控制

质量控制的定义指质量控制是质量管理的一部分，致力于满足质量要求。即为了保证工程质量满足工程合同、规范标准所采取的一系列措施、方法、手段等，工程质量要求表现为工程合同、设计文件以及技术规范规定的质量标准。质量控制的目标就是确保产品的质量满足顾客、法律、法规等方面所提出的质量要求。质量控制要贯穿项目施工的全过程，包括施工准备阶段、施工阶段和交工验收阶段等。

质量控制体现了"预防为主"的观念，从以往注重结果管理转变为现今的注重管理影响工作质量的人、机、料、法、环五大因素的过程管理。

质量控制具有动态性。因为质量要求随着时间的进展而不断变化，为了满足不断更新的质量要求，对质量控制又提出了新的任务。

6. 质量保证

质量保证是指"为了提供足够的信任表明实体能够满足质量要求而在质量体系中实施并根据需要进行实证的全部有计划和有系统的活动"。

（1）质量保证定义的关键是"信任"，对达到预期质量要求的能力提供足够的信任。质量保证不是买到不合格产品以后的保修、保换、保退。

（2）信任的依据是质量体系的运行的建立。因为这样的质量体系将所有影响质量因素，包括技术、管理和人员方面的，都采取了有效的方法进行控制，因而具有减少、消除、特别是预防不合格的机制。一言以蔽之，质量保证体系具有持续稳定地满足规定质量要求的能力。

7. 全面质量管理

全面质量管理是指"一个组织以质量为核心，以全员参与为基础，目的在于通过让顾客满意和在本组织所有成员及社会受益而达到长期成功的管理途径"。

全面质量管理的特点是针对不同企业的生产条件、工作环境及工作态度等多方面因素的变化，把组织管理、数理统计方法以及现代科学技术、社会心理学、行为科学等综合运用于质量管理，建立使用和完善质量工作体系，对每一个生产环节加以管理，做到全面运行和控制。通过改善和提高工作质量来保证产品质量；通过对产品的形成和使用过程的管理，全面保证产品质量；通过形成产品（服务）企业全员、全企业、全过程和质量工作系统，建立质量体系——保证产品质量始终满足用户需要，使企业用最少的投资获取最佳的效益。

（二）工程项目质量

工程项目质量是指满足一个国家现行的有关法律、法规、技术标准、设计文件及工程合同中对工程项目质量特性的综合要求的能力，包括工程建设各个阶段的质量及其相应的工作质量。

由于项目施工涉及面广，是一个极其复杂的综合过程，再加上项目位置固定、生产流动、结构类型不一、质量要求不一、施工方法不同、体型大、整体性强、建设周期长、受自然条件影响大等特点。因此，施工项目的质量比一般工业产品的质量更难以控制，主要表现在以下方面。

（1）影响因素多（影响性）

工程项目质量不仅受项目决策、设计、材料、机械、施工工艺、施工方案、操作方法、技术措施、管理制度、施工人员素质等人为因素的直接以及间接影响，还受到气候、地理、地区资源等环境因素的影响。

（2）容易产生质量变异（变异性）

因项目施工不像工业产品生产，有固定的生产条件和流水线，有规范化的生产工艺和完善的检测技术，有成套的生产设备和稳定的生产环境，有相同系列规格和相同功能的产品；同时，由于影响施工项目质量的偶然性因素和系统性因素都较多，因此，很容易产生质量变异。如材料性能微小的差异、机械设备正常的磨损、操作微小的变化、环境微小的波动等，均会引起偶然性因素的质量变异；当使用材料的规格、品种有误，施工方法不妥，操作不按规程，机械故障、仪表失灵，设计计算错误等，则会引起系统性因素的质量变异，造成工程质量事故。为此，在施工中要严防出现系统性因素的质量变异，要把质量变异控制在偶然性因素范围内。

（3）容易产生第一、二判断错误（误判性）

施工项目由于工序交接多，中间产品多，隐蔽工程多，若不及时检查实质，事后再看表面，就容易产生第二判断，也就是说，容易将不合格的产品，认为是合格的产品；反之，若检查不认真，测量仪不准，读数有误，则就会产生第一判断错误，也就是说容易将合格产品认为是不合格产品。这点在进行质量检查验收时，应特别注意。

（4）质量检查不能解体、拆卸（整体性）

工程项目建成后，不可能像某些工业产品那样，再拆卸或解体检查内在的质量或重新更换零件；即使发现质量问题，也不可能像工业产品那样实行"包换"或"退款"。

（5）质量要受投资、进度的制约（制约性）

施工项目的质量受投资、进度的制约较大，如一般情况下，投资大、进度慢，质量就好；反之，质量就差。因此，项目在施工中，还必须正确处理质量、投资、进度三者之间的关系，使其达到对立的统一。

（三）工程项目质量控制的原则

对施工项目而言，质量控制，就是为了确保合同、规范所规定的质量标准，所采取的一系列检测、监控措施、手段和方法。在进行施工项目质量控制过程中，应遵循以下五点原则。

1. 坚持"质量第一，用户至上"

社会主义商品经营的原则是"质量第一，用户至上"。建筑产品作为一种特殊的商品，使用年限较长，是"百年大计"，直接关系到人民生命财产的安全。所以，工程项目在施工中应自始至终地把"质量第一，用户至上"作为质量控制的基本原则。

2. "以人为核心"

人是质量的创造者，质量控制必须"以人为核心"把人作为控制的动力，调动人的积极性、创造性；增强人的责任感，树立"质量第一"观念；提高人的素质，避免人的失误；以人的工作质量保工序质量、促工程质量。

3. "以预防为主"

"以预防为主"，就是要从对质量的事后检查把关，转向对质量的事前控制、事中控制；从对产品质量的检查，转向对工作质量的检查，对工序质量的检查、对中间产品的质量检查。这是确保施工项目的有效措施。

4. 坚持质量标准、严格检查，一切用数据说话

质量标准是评价产品质量的尺度，数据是质量控制的基础和依据。产品质量是否符合质量标准，必须通过严格检查，用数据说话。

5. 贯彻科学、公正、守法的职业规范

市政施工企业的项目经理及项目部有关人员，在处理质量问题过程中，应尊重客观事实，尊重科学，正直、公正，不持偏见；遵纪、守法，杜绝不正之风；既要坚持原则，严格要求、秉公办事，又要谦虚谨慎、实事求是、以理服人、热情帮助。

第四节 ISO 9000 系列质量管理体系

一、质量管理体系

质量管理体系是指"在质量方面指挥和控制组织的管理体系"。体系是指"相互关联或相互作用的一组要素"。其中的要素是指构成体系的基本单元或可理解为组成体系的基本过程。

管理体系则是"建立方针和目标并实现这些目标的相互关联或相互作用的一组要素"。由此可见管理体系的建立首先致力于建立相应的方针和目标，然后为实现该方针和目标，组织应设计一组相互关联或相互作用的要素（基本单元）。当然，这些互相关联或相互作用的要素应由一定组织来承担。这就需要明确组织结构和职责，提供必要的资源和规定开展各项活动的方法或途径。一个组织的管理体系可以包括若干个不同的管理体系，如质量管理体系、财务管理体系或环境管理体系等。

质量管理是指"在质量方面指挥和控制组织的协调的活动"。

组织可通过质量管理体系来实施质量管理，质量管理的中心任务是建立、实施和保持一个有效的质量管理体系并持续改进其有效性。

二、2000 版质量管理体系国家标准

（一）什么是 ISO 9000 族

"ISO 9000 族"是国际标准化组织（ISO）在 1994 年提出的概念。它是由"ISO/TC 176（国际标准化组织质量管理和质量保证技术委员会）制定的所有国际标准"。该标准族可帮助组织实施并运行有效的质量管理体系，是质量体系的要求或指南。它不受具体的行业或经济部门的限制，可以广泛适用于各种类型和规模的组织，在国内、国际贸易中促进相互

理解。

（二）2000 版 GB/T 19000－ISO 9000 族核心标准简介

（1）GB/T 19000—2000《质量管理体系　基础与术语》（idtISO 9000：2000）。此标准表述 ISO 9000 族标准中质量管理体系的基础，并确定相关的术语。

标准明确了质量管理的八项原则，是组织改进其业绩的框架，能帮助组织获得持续成功，也是 ISO 9000 族质量管理体系标准的基础。标准表述了建立和运行质量管理体系应遵循的 12 个方面的质量管理体系基础知识。标准给出了有关质量的术语共 80 个词条，分成 10 个部分，阐明了质量管理领域所用术语的概念，提供了术语之间的关系图。

（2）GB/T 19001—2000《质量管理体系　要求》（idtISO 9001：2000）。标准提供了质量管理体系的要求，供组织需要证实其具有稳定地提供满足顾客要求和适用法律法规要求的产品的能力时应用。组织可通过体系的有效应用，包括持续改进体系的过程及保证符合顾客与适用的法规要求，增强顾客满意。

（3）GB/T 19004—2000《质量管理体系　业绩改进指南》（idtISO 9004：2000）。此标准以八项质量管理原则为基础，帮助组织用有效和高效的方式识别并满足顾客和其他相关方的需求和期望，实现、保持和改进组织的整体业绩，从而使组织获得成功。

（4）GB/T 19011—2003《质量和（或）环境管理体系审核指南》。（idtISO 19011：2002）标准遵循"不同管理体系可以有共同管理和审核要求"的原则，为质量和环境管理体系审核原则、审核方案的管理、质量管理体系审核和环境管理体系审核的实施提供了指南，也对质量和环境管理体系审核员的能力提供了指南。它适用于需要实施质量和（或）环境管理体系内部或外部审核或需要管理审核方案的所有组织。

标准原则上可适用于其他领域的审核，在这种情况下，需要特别注意识别审核组成员所需的能力。标准在术语和内容方面，兼容了质量管理体系和环境管理体系的特点。在对审核员的基本能力及审核方案管理中，均增加了应了解及确定法律法规的要求。

三、八项质量管理基本原则

（一）八项质量管理原则的作用

八项质量管理原则既是 2000 版 GB/T 19000 族标准的理论基础，又是组织的领导者进行质量管理的基本准则。

八项质量原则的作用有：指导编制新的 ISO 9000 族标准和相关文件；指导组织的管理者建立、实施、改进本组织的质量管理体系；指导质量工作者和各类管理人员、工程技术人员学习、理解和掌握 2000 版 GB/T 19000 族标准。

（二）八项质量管理原则的内容及对它的理解

1. 以顾客为关注点

组织依存于其顾客。故组织应理解顾客当前的和未来的需求，满足顾客要求并争取超越顾客期望。

顾客是每个组织存在的基础，组织应把顾客的要求放在第一位。因此组织应明确谁是自己的顾客，要调查顾客的需求是什么，要研究怎么满足顾客的需求。顾客既是组织外部的消费者、购买者、最终使用者、零售商、受益者和采购方，也是组织内部的生产、服务和活动中接受前一个过程输出的部门、岗位或个人。同时还应该注意到有潜在的顾客，随着经济发展，供应链日趋复杂，除了组织直接面对的顾客（可能是中间商）外，还有顾客的顾客、顾客的顾客的顾客，直至最终使用者。最终的顾客是使用产品的群体，对产品质量感受最深，他们的期望和需求对于组织也最有意义。对潜在的顾客也不容忽视，虽然他们对产品的购买欲望暂时还没有成为现实，但是如果条件成熟，他们就会成为组织的一大批现实的顾客。还要认识到市场是变化的，顾客是动态的，顾客的需求和期望也是不断发展的。因此组织要及时地调整自己的经营策略和采取必要的措施，以适应市场的变化，满足顾客不断发展的需求和期望，还应超越顾客的需求和期望，使自己的产品/服务处于领先地位。

2. 领导作用

领导者建立组织统一的宗旨及方向。他们应当创造并保持使员工能充分参与实现组织目标的内部环境。

一个组织的领导者，即最高管理者是：在最高层指挥和控制组织的一个人或一组人。最高管理者要想指挥好控制好一个组织，必须做好确定方向、策划未来、激励员工、协调活动和营造一个良好的内部环境等工作。"最高管理者的领导作用、承诺和积极参与，对建立一个有效的和高效的质量管理体系，并使所有相关方获益是必不可少的"。此外，在领导方式上，最高管理者还要做到透明、务实和以身作则。

3. 全员参与

各级人员是组织之本。只有他们的充分参与，才能使他们的才干为组织带来收益。

全体员工是每个组织的基础。组织的质量管理不仅需要最高管理者的正确领导，还有赖于全员的参与。所以要对员工进行质量意识、职业道德、以顾客为关注焦点的意识和敬业精神的教育，还要激发他们的积极性和责任感。此外，员工还应具备足够的知识、技能和经验，才能胜任工作，实现充分参与。

4. 过程方法

将活动和相关的资源作为过程进行管理，可以更高效地得到期望的结果。

任何利用资源并通过管理将输入转化为输出的活动，均可视为过程。系统地识别和管理组织所应用的过程，特别是这些过程之间的相互作用，就是过程方法。

过程方法的目的是获得持续改进的动态循环，并使组织的总体业绩得到显著的提高。过程方法通过识别组织内的关键过程，随后加以实施和管理并不断进行持续改进来达到顾客满意。

过程方法鼓励组织要对其所有的过程有一个清晰的理解。在应用过程方法时，必须对每个过程，特别是关键过程的要素进行识别和管理。这些要素包括输入、输出、活动、资源、管理和支持性过程。此外 PDCA 循环适用于所有过程，可结合考虑。

5. 管理的系统方法

将相互关联的过程作为系统加以识别、理解和管理，有助于组织提高实现目标的有效性和效率。

所谓系统，就是"相互关联或相互作用的一组要素"。我国著名科学家钱学森曾说："把极其复杂的研究对象称为系统，即相互作用和相互依赖的若干组成部分结合成具有特定功能的有机整体，而且这个'系统'本身又是它所从属的更大系统的组成部分"。系统的特点之一就是通过各分系统协同作用，互相促进，使总体的作用往往大于各分系统作用之和。

所谓系统方法，实际上可包括系统分析、系统工程和系统管理三大环节。它以系统地分析有关数据、资料或客观事实开始，确定要达到的优化目标；然后通过系统工程设计或策划为达到目标而应采取的各项措施和步骤，以及应配置的资源，形成一个完整的方案；最后在实施中通过系统管理而取得高有效性和高效率。

系统方法和过程方法关系非常密切。它们都以过程为基础，都要求对各个过程之间的相互作用进行识别和管理。但前者着眼于整个系统实现总目标，使得组织所策划的过程之间相互协调和相容。后者着眼于具体过程，对其输入、输出和相互关联和相互作用的活动进行连续控制，以实现每个过程的预期结果。

6. 持续改进

持续改进整体业绩应当是组织的一个永恒目标。

持续改进是"增强满足要求的能力的循环活动"。为了改进组织的整体业绩，组织应不断改进其产品质量，提高质量管理体系及过程的有效性和效率，以满足顾客和其他相关方日益增长和不断变化的需要与期望。只有坚持持续改进，组织才能不断进步。最高管理者要对持续改进做出承诺，积极推动；全体员工也要积极参与持续改进的活动。持续改进是永无止境的，因此持续改进应成为每一个组织永恒的追求、永恒的目标、永恒的活动。

7. 基于事实的决策方法

有效决策是建立在数据和信息分析的基础上。

决策是组织中各级领导的职责之一。所谓决策就是针对预定目标，在一定约束条件下，从众方案中选出最佳的一个付诸实施。达不到目标的决策就是失策。正确的决策需要领导者用科学的态度，以事实或正确的信息为基础，通过合乎逻辑的分析，做出正确的决断。盲目的决策或只凭个人的主观意愿的决策是绝对不可取的。

8. 与供方互利的关系

组织与供方是相互依存的，互利的关系可以增强双方创造价值的能力。

供方向组织提供的产品将对组织向顾客提供的产品产生重要影响，因此处理好与供方的关系，影响到组织能否持续稳定地提供顾客满意的产品。在专业化和协作日益发展、供应链日趋复杂的今天，与供方的关系还影响到组织对市场的快速反应能力。因此对供方不能只讲控制，不讲合作互利，特别对关键供方，更要建立互利关系。这对组织和供方都是有利的。

四、质量管理体系的基本要求

GB/T 19001—2000 标准采用以过程为基础的质量管理体系模式，体现了"过程方法"和质量管理体系的系统的管理方法。它针对组织设定的目标，识别、理解和管理这样一个相互联系的过程组成的体系，可帮助组织提高管理的有效性和效率。给出的质量管理体系要求是通用的，适用于所有行业或经济领域，也适用于任何类别的产品。但它本身不规定产品要求，它是对产品技术要求的补充而不是取代。

1. 标准的适用范围

标准规定了质量管理体系要求，组织可以依此通过满足顾客要求和适用的法规要求而达到顾客满意。此标准可用作内部和外部（包括认证机构）评价组织满足顾客和法规要求的能力。

标准是通用的，适用于所有组织，无论其类型、规模和所提供产品的类别。

2. 质量管理体系的总要求

一个组织如果采用 GB/T 19001—2000 标准，就应根据标准要求建立质量管理体系，形成文件，加以实施和保持，持续改进其有效性。

3. 文件要求

包括：总则、管理手册（质量手册）、文件控制、记录控制等。

第二章　工程各方质量责任

我国《建设工程质量管理条例》规定，建设单位、勘察单位、设计单位、施工单位、工程监理单位依法对建设工程质量负责。县级以上人民政府建设行政主管部门和其他有关部门应当加强对建设工程质量的监督管理。从事建设工程活动，必须严格执行基本建设程序，坚持先勘察、后设计、再施工的原则。

县级以上人民政府及其有关部门不得超越权限审批建设项目或者擅自简化基本建设程序。国家鼓励采用先进的科学技术和管理方法，提高建设工程质量。

第一节　建设单位质量检查与监督

建设单位质量检查与监督应遵守以下内容。

（1）建设单位应当将工程发包给具有相应资质等级的单位。

（2）建设单位不得将建设工程肢解发包。

（3）建设单位应当依法对工程建设项目的勘察、设计、施工、监理以及与工程建设有关的重要设备、材料等的采购进行招标。

（4）建设单位必须向有关的勘察、设计、施工、工程监理等单位提供与建设工程有关的原始资料。原始资料必须真实、准确、齐全。

（5）建设工程发包单位不得迫使承包方以低于成本的价格竞标，不得任意压缩合理工期。建设单位不得明示或者暗示设计单位或者施工单位违反工程建设强制性标准，降低建设工程质量。

（6）建设单位应当将施工图设计文件报县级以上人民政府建设行政主管部门或者其他有关部门审查。施工图设计文件审查的具体办法，由国务院建设行政主管部门会同国务院其他有关部门制定。施工图设计文件未经审查批准的，不得使用。

（7）实行监理的建设工程，建设单位应当委托具有相应资质等级的工程监理单位进行监理，也可以委托具有工程监理相应资质等级并与被监理工程的施工承包单位没有隶属关系或者其他利害关系的该工程的设计单位进行监理。

下列建设工程必须实行监理。

1）国家重点建设工程。

2）大中型公用事业工程。

3）成片开发建设的住宅小区工程。

4）利用外国政府或者国际组织贷款、援助资金的工程。

5）国家规定必须实行监理的其他工程。

（8）建设单位在领取施工许可证或者开工报告前，应当按照国家有关规定办理工程质量监督手续。

（9）按照合同约定，由建设单位采购建筑材料、建筑构配件和设备的，建设单位应当保证建筑材料、建筑构配件和设备符合设计文件和合同要求。

建设单位不得明示或者暗示施工单位使用不合格的建筑材料、建筑构配件和设备。

（10）涉及建筑主体和承重结构变动的装修工程，建设单位应当在施工前委托原设计单位或者具有相应资质等级的设计单位提出设计方案；没有设计方案的，不得施工。

房屋建筑使用者在装修过程中，不得擅自变动房屋建筑主体和承重结构。

（11）建设单位收到建设工程竣工报告后，应当组织设计、施工、工程监理等有关单位进行竣工验收。

建设工程竣工验收应当具备下列条件。

1）完成建设工程设计和合同约定的各项内容。

2）有完整的技术档案和施工管理资料。

3）有工程使用的主要建筑材料、建筑构配件和设备的进场试验报告。

4）有勘察、设计、施工、工程监理等单位分别签署的质量合格文件。

5）有施工单位签署的工程保修书。

6）建设工程经验收合格的，方可交付使用。

（12）建设单位应当严格按照国家有关档案管理的规定，及时收集、整理建设项目各环节的文件资料，建立、健全建设项目档案，并在建设工程竣工验收后，及时向建设行政主管部门或者其他有关部门移交建设项目档案。

1）负责建设开发资料的管理工作，并设专人进行收集、整理和归档。

在工程招标及与参建各方签定合同或协议时，应对工程资料和工程档案的编制责任、套数、费用、质量和移交期限等提出明确要求。

建设单位采购的建筑材料、构配件和设备应保证符合设计文件和合同要求，并保证相关质量证明文件的完整、真实和有效。

2）负责监督和检查各参建单位工程资料的形成、积累和立卷工作。

对需建设单位签字的工程资料应及时签署意见。

收集和汇总勘察、设计、监理、施工等单位立卷、归档的工程资料。

3）负责竣工图的编制、组卷并向城建档案馆办理移交手续。

工程开工前负责与城建档案馆签定《建设工程竣工档案责任书》；工程竣工验收前，对列入城建档案馆接收范围的工程档案，负责提请城建档案馆对工程档案进行预验收。未取得《建设工程竣工档案验收意见》的，不得组织工程竣工验收。

建设单位应在工程竣工验收后三个月内将一套符合本标准规定的工程档案原件移交城建档案馆。

建设单位与施工单位在签定施工合同时，应对施工技术文件的编制要求和移交期限做出明确规定。建设单位应在施工技术文件中按有关规定签署意见。城建档案管理机构在收到施工技术文件七个工作日内提出验收意见，七个工作日内不出验收意见，视为同意。

建设单位在组织工程竣工验收前，应提请当地的城建档案管理机构对施工技术文件进行预验收，验收不合格不得组织工程竣工验收。

第二节　勘察设计单位质量监督

勘察设计单位质量监督应遵守以下内容。

（1）从事建设工程勘察、设计的单位应当依法取得相应等级的资质证书，并在其资质等级许可的范围内承揽工程。

禁止勘察、设计单位超越其资质等级许可的范围或者以其他勘察、设计单位的名义承揽工程。禁止勘察、设计单位允许其他单位或者个人以本单位的名义承揽工程。

勘察、设计单位不得转包或者违法分包所承揽的工程。

（2）勘察、设计单位必须按照工程建设强制性标准进行勘察、设计，并对其勘察、设计的质量负责。

注册建筑师、注册结构工程师等注册执业人员应当在设计文件上签字，对设计文件负责。

（3）勘察单位提供的地质、测量、水文等勘察成果必须真实、准确。

（4）设计单位应当根据勘察成果文件进行建设工程设计。

设计文件应当符合国家规定的设计深度要求，注明工程合理使用年限。

（5）设计单位在设计文件中选用的建筑材料、建筑构配件和设备，应当注明规格、型号、性能等技术指标，其质量要求必须符合国家规定的标准。

除有特殊要求的建筑材料、专用设备、工艺生产线等外，设计单位不得指定生产厂、供应商。

（6）设计单位应当就审查合格的施工图设计文件向施工单位做出详细说明。

（7）设计单位应当参与建设工程质量事故分析，并对因设计造成的质量事故，提出相应的技术处理方案。

设计单位应按施工程序或需要进行设计交底。设计交底应包括设计依据、设计要点、补充说明、注意事项等，并做交底纪要。

第三节　监理单位质量检查与监督

监理单位质量检查与监督应遵守以下内容。

（1）工程监理单位应当依法取得相应等级的资质证书，并在其资质等级许可的范围内承担工程监理业务。

禁止工程监理单位超越本单位资质等级许可的范围或者以其他工程监理单位的名义承担工程监理业务。禁止工程监理单位允许其他单位或者个人以本单位的名义承担工程监理业务。

工程监理单位不得转让工程监理业务。

（2）工程监理单位与被监理工程的施工承包单位以及建筑材料、建筑构配件和设备供应单位有隶属关系或者其他利害关系的，不得承担该项建设工程的监理业务。

（3）工程监理单位应当依照法律、法规以及有关技术标准、设计文件和建设工程承包合同，代表建设单位对施工质量实施监理，并对施工质量承担监理责任。

（4）工程监理单位应当选派具备相应资格的总监理工程师和监理工程师进驻施工现场。

未经监理工程师签字，建筑材料、建筑构配件和设备不得在工程上使用或者安装，施工单位不得进行下一道工序的施工。未经总监理工程师签字，建设单位不拨付工程款，不进行竣工验收。

（5）监理工程师应当按照工程监理规范的要求，采取旁站、巡视和平行检验等形式，对建设工程实施监理。

（6）实行监理的工程应有监理单位按规定对认证项目做出认证记录。

第四节　施工单位质量自检与报检职责

施工单位质量自检与报检应遵守以下内容。

（1）施工单位应当依法取得相应等级的资质证书，并在其资质等级许可的范围内承揽工程。

禁止施工单位超越本单位资质等级许可的业务范围或者以其他施工单位的名义承揽工程。禁止施工单位允许其他单位或者个人以本单位的名义承揽工程。

施工单位不得转包或者违法分包工程。

（2）施工单位对建设工程的施工质量负责。

施工单位应当建立质量责任制，确定工程项目的项目经理、技术负责人和施工管理负责人。

建设工程实行总承包的，总承包单位应当对全部建设工程质量负责；建设工程勘察、设计、施工、设备采购的一项或者多项实行总承包的，总承包单位应当对其承包的建设工程或者采购的设备的质量负责。

（3）总承包单位依法将建设工程分包给其他单位的，分包单位应当按照分包合同的约定对其分包工程的质量向总承包单位负责，总承包单位与分包单位对分包工程的质量承担连带责任。

（4）施工单位必须按照工程设计图纸和施工技术标准施工，不得擅自修改工程设计，不得偷工减料。

施工单位在施工过程中发现设计文件和图纸有差错的，应当及时提出意见和建议。

（5）施工单位必须按照工程设计要求、施工技术标准和合同约定，对建筑材料、建筑构配件、设备和商品混凝土进行检验，检验应当有书面记录和专人签字；未经检验或者检验不合格的，不得使用。

（6）施工单位必须建立、健全施工质量的检验制度，严格工序管理，做好隐蔽工程的质量检查和记录。隐蔽工程在隐蔽前，施工单位应当通知建设单位和建设工程质量监督机构。

（7）施工人员对涉及结构安全的试块、试件以及有关材料，应当在建设单位或者工程监理单位监督下现场取样，并送具有相应资质等级的质量检测单位进行检测。

（8）施工单位对施工中出现质量问题的建设工程或者竣工验收不合格的建设工程，应当负责返修。

（9）施工单位应当建立、健全教育培训制度，加强对职工的教育培训；未经教育培训或者考核不合格的人员，不得上岗作业。

（10）市政基础设施工程施工技术文件由施工单位负责编制，建设单位、施工单位负责保存，其他参建单位按其在工程中的相关职责做好相应工作。

（11）市政基础设施工程施工技术文件中，应由各岗位责任人签认的，必须由本人签字（不得盖图章或由他人代签）。工程竣工文件组卷成册后必须由单位技术负责人和法人代表或法人委托人签字并加盖单位公章。

（12）实行总承包的工程项目，由总承包单位负责汇集、整理各分包单位编制的有关施工技术文件。

第五节　行业主管部门质量检查与监督

国家实行建设工程质量监督管理制度。

国务院建设行政主管部门对全国的建设工程质量实施统一监督管理。国务院铁路、交通、水利等有关部门按照国务院规定的职责分工，负责对全国的有关专业建设工程质量的监督管理。

县级以上地方人民政府建设行政主管部门对本行政区域内的建设工程质量实施监督管理。县级以上地方人民政府交通、水利等有关部门在各自的职责范围内，负责对本行政区域内的专业建设工程质量的监督管理。

（1）国务院建设行政主管部门和国务院铁路、交通、水利等有关部门应当加强对有关建设工程质量的法律、法规和强制性标准执行情况的监督检查。

（2）国务院发展计划部门按照国务院规定的职责，组织稽查特派员，对国家出资的重大建设项目实施监督检查。

国务院经济贸易主管部门按照国务院规定的职责，对国家重大技术改造项目实施监督检查。

（3）建设工程质量监督管理，可以由建设行政主管部门或者其他有关部门委托的建设工程质量监督机构具体实施。

从事市政基础设施工程质量监督的机构，必须按照国家有关规定经国务院建设行政主管部门或者省、自治区、直辖市人民政府建设行政主管部门考核；从事专业建设工程质量监督的机构，必须按照国家有关规定经国务院有关部门或者省、自治区、直辖市人民政府有关部门考核。经考核合格后，方可实施质量监督。

（4）县级以上地方人民政府建设行政主管部门和其他有关部门应当加强对有关建设工程质量的法律、法规和强制性标准执行情况的监督检查。

（5）县级以上人民政府建设行政主管部门和其他有关部门履行监督检查职责时，有权采取下列措施。

1）要求被检查的单位提供有关工程质量的文件和资料。

2）进入被检查单位的施工现场进行检查。

3）发现有影响工程质量的问题时，责令改正。

（6）建设单位应当自建设工程竣工验收合格之日起 15 日内，将建设工程竣工验收报告和规划、公安消防、环保等部门出具的认可文件或者准许使用文件报建设行政主管部门或者其他有关部门备案。

建设行政主管部门或者其他有关部门发现建设单位在竣工验收过程中有违反国家有关建设工程质量管理规定行为的，责令停止使用，重新组织竣工验收。

（7）有关单位和个人对县级以上人民政府建设行政主管部门和其他有关部门进行的监督检查应当支持与配合，不得拒绝或者阻碍建设工程质量监督检查人员依法执行职务。

（8）供水、供电、供气、公安消防等部门或者单位不得明示或者暗示建设单位、施工单位购买其指定的生产供应单位的建筑材料、建筑构配件和设备。

任何单位和个人对建设工程的质量事故、质量缺陷都有权进行检举、控告、投诉。

第三章　开工准备与质量管理

第一节　作业准备及技术交底

施工承包单位做好技术交底工作，是确保工程施工质量的重要条件。在每一个分项工程开始实施前均要进行技术交底。施工项目管理机构需要由主管技术人员编制技术交底书，内容包括施工方法、质量要求和验收标准，施工过程中需要注意的问题，可能出现的意外情况及应急措施等。技术交底书报经施工项目管理机构技术负责人批准后才能执行。对于关键部位或技术复杂、施工难度大的检验批、分项工程，项目监理机构应审查其技术交底书。重点审查其施工方法、施工工艺、机械选择、施工顺序、进度安排以及质量保证措施等是否切实可行。没有做好技术交底的工序或分项工程，不得正式实施。

第二节　进场材料构配件准备及质量控制

凡运到施工现场的材料、半成品或构配件，在进场前应由施工承包单位向项目监理机构提交工程材料/构配件/设备报审表，并附有产品出厂合格证及技术说明书、由施工承包单位按规定要求进行的检验和试验报告。经项目监理机构审查并确认其质量合格后，方准进场。没有产品出厂合格证明及检验不合格者，不得进场。如果项目监理机构认为施工承包单位提交的有关产品合格证明文件及检验和试验报告，仍不足以说明到场产品的质量符合要求时，项目监理机构可以再组织复检或见证取样试验，确认其质量合格后方允许进场。

第三节　施工机械设备准备及质量控制

项目监理机构应不断检查并督促施工承包单位做好施工机械设备性能及工作状态的控制工作，只有状态良好、性能满足施工需要的机械设备才允许进入现场作业。

一、施工机械设备的进场检查

施工机械设备进场前，施工承包单位应向项目监理机构报送进场设备清单，列出进场机械设备的型号、规格、数量、技术性能（技术参数）、设备状况、进场时间。项目监理机构要进行现场核对，判断是否与施工组织设计中所列的内容相符合。

二、机械设备工作状态的检查

项目监理机构应审查作业机械的使用、保养记录，检查其工作状况，以保证投入作业的机械设备状态良好。如发现问题，应指令施工承包单位及时调试修理，以保持机械设备处于良好运行状态。

三、特殊设备安全运行的审核

现场使用的塔吊及有特殊安全要求的设备，进入现场后在使用前，必须经当地劳动安全部门鉴定，符合要求并办好相关手续后方允许施工承包单位投入使用。

四、大型临时设备的检查

在施工中经常会涉及到承包单位在现场组装的大型临时设备，如轨道式龙门吊机、悬灌施工中的挂篮、架梁吊机、吊索塔架、缆索吊机等。这些设备在使用前，承包单位必须取得本单位上级安全主管部门的审查批准，办好相关手续后，项目监理机构方可批准投入使用。

第四节 现场劳动组织及作业人员的质量控制

一、现场劳动组织的控制

（1）施工承包单位选用劳务分包单位需要进行考察、评审，评审合格的劳务分包单位才能进场施工。在工程施工过程中，施工承包单位应按要求对所选用的劳务分包单位定期进行考核、评价，考核、评价结果列入合格分包单位档案，不合格的要及时从合格分包单位名册中除名，并通报相关信息。

（2）从事施工作业活动的操作人员数量必须满足施工作业进度需要，相应各类工种配置应能保证施工作业有序持续进行。

（3）施工作业活动现场的直接负责人（包括技术负责人）、专职质检人员、安全员与作业活动有关的测量人员、材料员、实验员必须按班次坚守工作岗位。

（4）相关制度要健全。如管理层及作业层各类人员的岗位职责、作业活动现场的安全消防规定、作业活动中的环境保护规定、试验室及现场试验检测的有关规定、紧急状况时的应急处理规定等。

二、现场作业人员的控制

（1）施工作业人员应按规定经考核后持证上岗。

（2）从事特殊作业的人员（如电焊工、电工、起重工、架子工、爆破工），必须持证上岗。

（3）施工机械设备操作人员必须有合格的上岗证书，并能熟练掌握操作维护技术。

第五节 检验、测量和试验设施的质量控制

所有在施工现场使用的检验、测量和试验设备均应处于有效的合格校准周期内。严禁未经校准或报废的检验、测量和试验设备流入施工生产过程中。在用、封存、报废的检测、测量和试验设施应分别标识。

一、工地试验室的检查

项目监理机构应检查工地试验室资质证明文件,检查试验设备、检测仪器能否满足工程质量检查要求,是否处于良好的状态,精度是否符合需要;法定计量部门标定资料、合格证、率定表,是否在标定的有效期内;试验室管理制度是否齐全,符合实际;试验、检测人员的上岗资质等。经检查确认能满足工程质量检验要求的,则予以批准,同意使用。否则,施工承包单位应进一步完善补充。在没有得到项目监理机构同意之前,工地试验室不得使用。如确因条件限制,不能建立工地试验室时,应委托具有相应资质的专门试验室作为工地试验室。

二、工地测量仪器的检查

施工测量开始前,承包单位应向项目监理机构提交测量仪器的型号、技术指标、精度等级、法定计量部门的标定证明,测量工的上岗证明。项目监理机构审核确认后,方可进行正式测量作业。在作业过程中,项目监理机构也应经常检查了解计量仪器、测量设备的性能、精度状况,使其处于良好的状态之中。

此外,项目监理机构应要求承包单位负责对分包单位所使用的检验、测量和试验设备进行监督检查,并建立台帐。

第六节　施工环境状态的控制

一、施工作业环境的控制

所谓施工作业环境主要是指水、电或动力供应、施工照明、安全防护设备、施工场地空间条件和通道、交通运输和道路条件等。这些条件将直接影响到施工能否顺利进行,乃至施工质量。项目监理机构应事先检查施工承包单位对施工作业环境方面的有关准备工作是否做好安排和准备妥当。当确认其准备工作可靠、有效后,方准许其进行施工。

二、现场自然环境条件的控制

项目监理机构应检查施工承包单位,对于未来施工期内自然环境条件可能对施工质量产生不利影响时,是否已有充分的认识并已做好充足的准备且采取了有效措施以保证工程质量。如对严寒冬季的防冻、夏季的防高温、雨季的防洪与排水、高地下水位情况下基坑施工的排水或细砂地基的流砂防止、风浪对水上打桩或沉箱施工质量影响的防范等。项目监理机构应检查施工承包单位有无应对方案及有针对性的保证质量和安全的措施等。

第四章　施工过程质量管理

第一节　施工过程质量管理

一、测量复核控制

凡涉及施工作业技术活动基准和依据的技术工作，都应该严格进行专人负责的复核性检查，以避免基准失误给整个工程质量带来难以弥补的或全局性的危害。例如工程的定位、轴线、标高，预留孔洞的位置和尺寸，混凝土配合比等。

技术复核是施工承包单位应履行的技术工作责任，其复核结果应报送项目监理机构复验确认后，才能进行后续相关工序的施工。

市政工程施工测量复核的作业内容通常包括：

（1）道路工程　道路中线（平面位置和标高）、道路工程完工后应进行竣工测量。竣工测量包括：中心线位置、高程、横断面图式、附属结构和地下管线的实际位置和高程等。

（2）桥梁工程　布设控制网、加密水准点和导线点、桥涵轴线、墩台控制桩、基础轴线、墩台平面位置和高程等。

（3）排水工程　排水管道轴线、高程测量、地下管线施工检测、多管线交汇点高程检测等。

二、质量控制点的设置

质量控制点是为了保证施工质量，将施工中的关键部位与薄弱环节作为重点而进行控制的对象。项目监理机构在拟定施工质量控制工作计划时，应首先确定质量控制点，并分析其可能产生的质量问题，制定对策和有效措施加以预防和控制。

承包单位在工程施工前应列出质量控制点的名称或控制内容、检验标准及方法等，提交项目监理机构审查批准后，在此基础上实施质量预防和控制。

（一）质量控制点的确定原则

凡对施工质量影响大的特殊工序、操作、施工顺序、技术、材料、机械、自然条件、施工环境等均可作为质量控制点来控制。确定质量控制点的原则是：

（1）施工过程中的关键工序或环节以及隐蔽工程。

（2）施工中的隐蔽环节或质量不稳定的工序、部位。

（3）对后续工程施工或对后续质量或安全有重大影响的工序、部位或对象。

（4）采用新技术、新工艺、新材料的部位或环节。

（5）施工上无足够把握的、施工条件困难的或技术难度大的工序或环节。

（二）质量控制点中的重点控制对象

（1）人的行为。

（2）施工设备、材料的性能与质量。

（3）关键过程、关键操作。

（4）施工技术参数。

（5）某些工序之间的作业顺序。

（6）有些作业之间的技术间歇时间。

（7）新工艺、新技术、新材料的应用。

（8）施工薄弱环节或质量不稳定工序。

（9）对工程质量产生重大影响的施工方法。

（10）特殊地基或特种结构。

（三）市政工程实体质量及其形成过程的质量控制要点

1. 原材料、半成品和市政构配件质量的控制

市政工程质量监督机构对受监市政工程所使用的主要原材料、半成品和市政构配件实行政府强制性监督检查制度。在实施质量监督过程中，主要控制外购材料进场前的质量复检和施工过程的分批抽样检查，以保证用于工程施工的都是合格的原材料、半成品和市政构配件。

主要外购原材料、半成品和市政构配件的质量复验，应送到质监机构设置的质量检测机构或质监机构认可且计量认证合格的质量检测机构进行检测。

此外，在施工过程中，对质量有怀疑的原材料、半成品和市政构配件的质量抽检，也必须按照上述规定处理。

2. 对关键工序（部位）的质量控制

不同的市政工程有不同的关键工序和关键部位，其质量的好坏，往往会直接影响到工程最终质量，所以，它是质量监督过程控制的一个重点。现将需要加强质量控制的各种市政工程的关键工序和关键部位归纳介绍如下：

（1）市政道路工程的质量监督控制要点

1）路基工程

道路路基工程质量主要控制天然地基质量、软土路基处理质量、填土压实质量、路基完成面质量等。

① 天然地基质量　主要控制原地面在填土前的技术处理、局部软弱地基处理等。

② 软土路基处理质量　主要控制软土的沉降量、固结度及软土路基处理工艺等。

③ 填土压实质量　主要控制分层厚度、含水量、压实机具和碾压遍数等。

④ 路基完成面质量　主要控制道路中线（位置和标高）、压实度、回弹弯沉（或回弹模量）和 CBR 值等。

2）路面工程

主要控制路面各结构层的配合比（包括设计配合比和施工配合比）、路面各结构层的"五度"（即厚度、密实度、强度、平整度、宽度）、道路中线（位置和高程）等。

① 各路面结构层配合比　主要控制各种基层混合料、水泥混凝土、沥青混凝土混合料的设计配合比和施工配合比。

② 路面各结构层的"五度"　主要控制基层和面层的厚度、密实度（压实度）、强度（基层：稳定土类基层为无侧抗压强度，其他类型基层为回弹弯沉值或 CBR 值；面层：沥青

混凝土类为混合料稳定度和路面回弹弯沉值，水泥混凝土类为抗弯拉强度）、平整度与宽度。

③ 道路中线 主要控制面层竣工完成面的中线位置和高程。

（2）市政给水、排水工程质量监督控制要点

1）"三基"工程

"三基"工程就是指给水、排水工程的地基、基坑（或基槽）和基础工程。给水、排水管道及其构筑物工程的施工质量，首先是建立于"三基"工程之上，所以，它是给水、排水工程施工过程实体质量控制过程的关键要点。

①地基工程 主要控制其承载能力，若未达到设计文件的要求，则需要先进行地基处理，达到设计要求后方可进行基础施工。

②基坑（或基槽） 主要控制给水、排水管道和构筑物的控制轴线、基坑（基槽）标高和基底承载力几项指标。若发现基坑（或基槽）开挖后，天然地基地质情况及其承载力与设计文件提供的资料有明显的出入，则必须通知设计人员到场进行隐蔽检查验收，并签署设计人的具体处理意见。

③基础工程 主要控制基础的施工质量、基础的承载力及其在使用荷载作用下发生的沉降与变位，若发现有超出设计文件或质量技术标准规定的界限值，则应进行加固或返工重做。

2）构筑物工程

主要控制管道安装质量、钢筋混凝土渠箱箱体、水池池体、泵站等混凝土施工质量。

①管道安装 首先，要把好管材的质量关，外购管材应检查其出厂合格证及质保单，有怀疑时，还需在现场取样进行检验；其次要控制好工序质量验收关，每道工序都要求施工单位按规定进行自检，然后通知建设（监理）单位进行隐蔽工程检查验收，并及时办理有关的签认手续。

②钢筋混凝土渠箱箱体、水池池体和泵站构筑物 主要控制好混凝土的施工配合比和工序质量检查验收。应使用有资质商品混凝土供应商提供的商品混凝土或选用有自动计量装置的能严格控制施工配合比的混凝土拌合设备生产混凝土，并随机抽查拌合物的工作性、强度等质量指标，出现离散时及时予以调整；工序质量控制主要是控制模板支撑、钢筋的制作与安装、混凝土浇筑工艺等，应督促施工企业认真做好自检和按规定的程序与要求进行隐蔽工程的检查验收，并及时办理有关验收手续。

3）结构使用功能

污水（或雨污合流）的管渠应该在覆土前进行满水试验，以检查其抗渗能力是否满足设计和质量标准的要求，以便及时发现问题，及时做出处理，防止返工浪费现象发生；给水管道工程要在覆土前进行气密性（耐压）试验，检查其施工质量是否满足设计和质量标准的要求，一旦发现问题，马上采取补救措施。

4）管坑回填

管坑回填的质量，除对给水排水构筑物的质量产生影响外，还会直接影响到在其上修建的道路的质量。所以，必须严格按设计和质量标准的要求分层碾压，分层检查验收。而作为质量监督员，亦应加强对回填土质量的抽查和控制。

（3）市政桥梁工程质量监督控制要点

1）基础工程

主要控制桥梁各构筑物基础的控制轴线位置、基坑（桩基成孔）的质量及基础实体工程的施工质量。

① 基础的控制轴线位置　主要控制好各墩、台基础的平面位置和高程以保证其平、立面的位置及偏差符合设计文件和质量标准的要求。

② 基坑的尺寸、标高和天然地基的承载力（或桩基础的成孔质量和持力层强度）　必须满足设计文件和质量标准的要求。

③ 桥梁基础混凝土的灌注质量（或预制构件的制作质量）　应加强施工过程的检查和监督，严格按验收程序做好工序的自检和隐检；做好桩基础成桩后桩身混凝土质量和桩基承载力的检测，凡发现桩身混凝土有缺陷、断桩、强度不足、承载力不足，均须按不同的情况分别做出适当、妥善的处理，否则不准进入下一工序的施工。

2）墩、台、柱等主体构筑物工程

主要控制其平面位置、控制点（面）的高程和构筑物实体质量。

① 主体构筑物的平面位置和控制点（面）的高程　各墩、台、柱的平面位置和主要控制点（面）的高程及其偏差必须符合设计文件和质量标准的要求，如有差异，必须立即采取有效的措施进行处理，使之符合设计文件和质量标准的要求。

② 各墩、台、柱的实体质量　主要控制模板支撑质量、钢筋骨架的制作与安装质量、混凝土灌注质量等几项内容，应督促施工（承包）企业严格按施工验收规范的要求，做好每道工序的检查和验收。

3）桥跨结构工程

桥跨结构是桥梁工程中直接承受车辆反复作用的关键部位，故对其施工质量的控制，应作为质量监督控制的重点内容来看待。

对钢筋混凝土和预应力钢筋混凝土桥跨结构而言，主要控制模板支架的安装质量、混凝土配合比、钢筋与预应力钢筋的制作与安装、混凝土浇筑工艺、预应力施加、构配件及设备的选用和验收、预制大型构件的制作和安装等；对钢结构而言，则主要控制钢材的采购与检验、钢结构构件的制作与加工工艺、钢结构构件的验收以及钢结构构件的安装等。

① 模板支架的安装　应根据钢筋混凝土和预应力钢筋混凝土桥跨结构的形式、跨度、施工荷载和施工工艺等因素，选择强度、刚度和稳定性均能满足施工质量和安全要求的模板和支架，并督促施工（承包）和监理单位在施工前认真对模板支架组织预检。

② 混凝土配合比　混凝土配合比是构成混凝土结构和钢筋混凝土结构内在质量的主要因素，为此，应当从以下几方面对其进行严格控制。

a. 精心设计配合比，使其各项质量技术指标均满足设计和质量标准的要求。

b. 在施工过程中，要严格控制施工配合比，选用性能优良的拌合设备生产混凝土或选择信誉佳的商品混凝土供应商供应桥跨结构的混凝土。

c. 在浇筑现场，加强对混凝土拌合物质量（工作性、强度）的检查，杜绝不合格的拌合物浇筑在桥跨结构上。

③ 钢筋和预应力钢筋的制作与安装　应对钢筋的品种、规格、数量、长度及安装位置等进行认真检查，使之符合设计和质量标准的要求。

④ 混凝土浇筑工艺　对混凝土的拌合、输送、振捣和养护等工艺进行严格的控制，保证混凝土的施工质量。

⑤ 预应力施加　加强预应力施加过程工作质量的控制，是确保预应力混凝土桥跨结构达到设计使用功能的关键，故应从下面几个方面进行严格的质量控制。

a. 加强预应力张拉设备和锚、夹具质量的控制。按规定的检验频率和标定周期进行抽样检查和定期送检，以确保张拉设备始终处于良好的工作状态。

b. 加强张拉操作过程的控制。整个张拉过程都必须由专业的施工操作人员进行操作，且有熟悉张拉工艺施工质量管理的专业技术人员在场指导和检查，逐一做好张拉原始数据的记录和办理签认手续。

c. 做好预应力施加效果的监测。按"监理细则"和监督计划要求的抽检频率，通知项目监理人员和监督员到场旁站张拉过程，并签认相应的记录和验收资料。

⑥ 外购构配件和设备质量的控制　外购构配件和设备的质量，会直接影响到桥跨结构的质量，故应当从下面几方面进行控制。

a. 对用于受监控的项目的预应力线材、锚具、夹具、张拉设备以及其他施工机具，应认真查验其出厂合格证、质保单及使用说明书，凡质量技术性能不能满足受监控的项目要求的构配件和施工设备，一律不得使用。

b. 加强外购件的质量抽查，按规定的抽样检验频率取样送检。

c. 加强计量仪器的检定标定工作，对用于桥跨结构施工的测量、试验和张拉设备等，均按规定的标定周期送计量单位标定。

⑦ 大型预制构件制作和安装质量的控制　这是确保桥跨结构实体质量的又一道关键工序，因此，应从以下几方面进行控制。

a. 要加强预制构件混凝土施工工艺的控制，以保证混凝土浇筑质量。

b. 加强预应力钢筋和普通钢筋骨架制作安装质量，保证桥跨结构的构造和结构质量。

c. 加强预制构件成品质量的检查，按规定分批取样进行桥跨构件的结构性能检验，凡结构性能不满足设计要求的构件，一律不得运到吊装现场安装。

d. 加强对构件安装质量的控制，严格控制好每一构件的平面位置和高程。

⑧ 钢材的采购与检验　钢材的质量是钢桥跨结构内在质量的物质基础，所以凡用于市政桥梁桥跨结构的钢材，其品质必须符合国家相关的钢材技术标准的要求。质监员应抽检其出厂合格证和检验报告（含工艺性能、力学性能和化学性能试验），凡没有出厂合格证或检验报告的结构钢材，一律不准采购和使用。

⑨ 钢结构构件的制作与加工工艺　钢结构构件的制作与加工工艺，是钢结构质量的关键，必须进行严格的控制，质监员应当着重从以下方面进行控制。

a. 对加工厂家资质和能力进行核查，着重查验主要操作人员和质检人员的上岗资格证书。

b. 加强对现场工作环境和制作条件进行检查，以保证质量对工作环境和制作条件的要求。

c. 加大现场制作质量的抽查力度，保证成品质量。

⑩ 钢结构构件的验收　构件的验收是避免不合格产品流入安装现场的有效手段，质监员应在督促承包单位和监理单位加强构件验收的同时，还应加强构件验收工作，特别是应参加厂内的预拼装、出厂前的构件验收等关键环节。

⑪钢结构构件的安装　构件的安装质量，将影响到钢桥跨结构成品的最终质量，质检员

应从以下两方面进行监督控制。

a. 严格监督控制钢结构构件和支座的平、立面位置准确无误。

b. 加强现场拼接（含焊接、铆接和栓接）质量监督检查，特别是焊接时的焊缝资料的检验和铆、栓接时的拧固力矩的抽查，并且督促承包单位加强自查和监理单位派监理工程师全过程旁站监理。

4）桥梁结构使用功能

凡城市市政桥梁符合下列条件之一者，在竣工验收前应对其控制桥跨进行动、静载荷试验，以验证桥跨结构在设计荷载作用下的应变（垂直应变、水平应变等）和应力状态，以及结构的刚度是否满足设计和《市政桥梁工程质量检验评定标准》的要求。

①大跨径市政桥梁（跨径≥40m 梁式桥或跨径≥60m 的拱式桥）和建设规模达到大桥或以上的城市市政桥梁。

②采用非标准设计的各种规格的桥梁或者本地区首次采用"四新"成果的各种桥梁。

③设计有特殊要求的各种桥梁。

④桥跨结构、桩基础等关键工序（部位）在施工过程中出现过质量问题或者质量事故的桥梁。

⑤凡经载荷试验不能达到设计要求的桥梁，必须采取补强、加固或降级使用等补救措施。

⑥凡需要进行结构动、静载荷试验的桥梁，在申请竣工验收前必须提供当地市政质量监督检测机构或者由质监机构认可的具有相应检测资格和能力且计量认证合格的市政专业质量检测机构出具的桥梁竣工质量检测鉴定报告，否则有关单位不得组织交、竣工验收，质监机构不能出具质量竣工核定证书（或工程质量鉴定书）。

三、见证取样控制

见证取样是指在项目监理机构的见证下，由施工承包单位的现场试验人员对工程项目使用的材料、半成品、构配件及工序活动效果进行现场取样并送交试验室进行试验的过程。为确保工程质量，市政工程项目中的工程材料、承重结构的混凝土试块、结构工程的受力钢筋（包括接头）必须实行见证取样。

（一）见证取样的工作程序

（1）项目监理机构要督促施工承包单位尽快落实见证取样的送检试验室。对于施工承包单位提出的试验室，项目监理机构要进行实地考察。试验室一般是和施工承包单位没有行政隶属关系的第三方。试验室要具有相应的资质，还应到负责本项目的质量监督机构备案并得到认可。

（2）项目监理机构应事先明确工程见证人员名单，并在负责本项目的质量监督机构备案。

（3）施工承包单位取样人员在现场取样或制作试块时，见证人员必须在场见证。见证人员对试样有监护责任，并应与施工承包单位取样人员一起送样至检测单位，或采取有效封样措施送样。

（4）送样委托单位应有见证人员签字和填写见证员证书编号。

（5）当发现试样不合格时，检测单位应先通知质量监督机构和见证单位。

（二）实施见证取样的基本要求

（1）见证取样的频率，国家或地方主管部门有规定的，执行相关规定；施工承包合同中有明确规定的，执行施工承包合同的规定。见证取样的频率和数量，包括在施工承包单位自检范围内，所占比例一般为 30％。

（2）见证取样的试验费用由施工承包单位支付。

（3）项目监理机构进行的见证取样绝不能代替施工承包单位应对材料、构配件进场时必须进行的自检，自检频率和数量要按相关规范要求执行。

四、停工与复工控制

根据业主在委托合同中的授权，在工程施工过程中出现下列情况需要停工处理时，项目监理机构可以下达停工指令。

（1）施工作业活动存在重大隐患，可能造成质量事故或已经造成质量事故。

（2）施工承包单位未经许可擅自施工或拒绝项目监理机构的管理。

（3）出现下列情况时，项目监理机构有权下达停工指令，及时进行质量控制。

1）施工中出现质量异常情况，经提出后，施工承包单位未采取有效措施，或措施不力未能扭转异常情况的。

2）隐蔽作业未经依法查验确认合格，而擅自封闭的。

3）已发生质量事故迟迟未按项目监理机构要求进行处理，或者是已发生质量缺陷或事故，如不停工则质量缺陷或事故将继续发展的。

4）未经项目监理机构审查同意，而擅自变更设计或图纸进行施工的。

5）未经技术资质审查的人员或不合格人员进入现场施工的。

6）使用的原材料、构配件不合格或未经检查确认的；或擅自采用未经审查认可的代用材料的。

7）擅自使用未经项目监理机构审查认可的分包商进场施工的。

8）施工承包单位经过整改具备恢复施工的条件时，向项目监理机构报送工程复工申请及有关材料，证明造成停工的原因已经消失。项目监理机构现场复查后，认为具备复工的条件时，应及时签署工程复工报审表，指令施工承包单位继续施工。

9）项目监理机构下达工程停工令及复工指令时，宜事先向项目管理机构及业主报告。

五、质量资料控制

项目监理机构可以采用施工质量跟踪档案的方法，对承包单位所施工的分部分项工程的每道工序质量形成过程实施严密、细致和有效的监督控制。

施工质量跟踪档案是施工全过程期间实施质量控制活动的全景记录，包括各自的有关文件、图纸、试验报告、质量合格证、质量自检单、项目监理机构的质量验收单、各工序的质量记录、不符合项报告及处理情况等，还包括项目监理机构对质量控制活动的意见和承包单位对这些意见的答复与处理结果。施工质量跟踪档案不仅对工程施工期间的质量控制有重要作用，而且可以为查询工程施工过程质量情况以及工程维修管理提供大量有用的资料信息。

（一）施工质量跟踪档案的主要内容

施工质量跟踪档案包括以下两方面内容。

（1）材料生产跟踪档案

1）有关的施工文件目录，如施工图、工作程序及其他文件。

2）不符合项的报告及其编号。

3）各种试验报告，如力学性能试验、材料级配试验、化学成分试验等。

4）各种合格证，如质量合格证、鉴定合格证等。

5）各种维修记录等。

（2）构筑物施工或安装跟踪档案

1）各构筑物施工或安装工程可按分部、分项工程或单位工程建立各自的施工质量跟踪档案，如基础开挖，市政工程施工，电气设备安装，油、气、水管道安装等。

2）每一分项工程又可分为若干子项建立施工质量跟踪档案，如基础开挖可按施工段建立施工质量跟踪档案。

（二）施工质量跟踪档案的实施程序

（1）项目监理机构在工程开工前，帮助施工承包单位列出各施工对象的质量跟踪档案清单。

（2）施工承包单位在工程开工前按要求建立各级次施工质量跟踪档案，并公布相关资料。

（3）施工开始后，承包单位应连续不间断地填写关于材料、半成品生产和构筑物施工、安装的有关内容。

（4）当阶段性施工工作量完成后，相应的施工质量跟踪档案也应填写完成，承包单位在各自的施工质量跟踪档案上签字、存档后，送交项目监理机构一份。

第二节 分项工程施工作业运行结果的控制

一、施工作业运行结果的控制内容

施工作业运行结果主要是指工序的产出品、已完分项分部工程及已完准备交验的单位工程。施工作业运行结果的控制是指施工过程中间产品及最终产品的控制。只有施工过程中间产品的质量均符合要求，才能保证最终单位工程产品的质量。

（一）基槽（基坑）验收

由于基槽开挖质量状况对后续工程质量的影响较大，需要将其作为一个关键工序或一个检验批进行验收。基槽开挖质量验收的内容主要包括：

（1）地基承载力的检查确认。

（2）地质条件的检查确认。

（3）开挖边坡的稳定及支护状况的检查确认。

基槽开挖验收需要有勘察设计单位的有关人员和本工程质量监督管理机构参加。如果通过现场检查、测试确认地基承载力达到设计要求、地质条件与设计相符，则由项目监理机构与有关单位共同签署验收资料。如果达不到设计要求或与勘察设计资料不相符，则应采取措施进行处理或工程变更，由原设计单位提出处理方案，经施工承包单位实施完毕后重新检验。

（二）工序交接验收

工序交接是指施工作业活动中一种必要的技术停顿、作业方式的转换及作业活动效果的中间确认。上道工序应该满足下道工序的施工条件和要求。每道工序完成后，施工承包单位应该按下列程序进行自检：

（1）作业活动者在其作业结束后必须进行自检。

（2）不同工序交接、转换时必须由相关人员进行交接检查。

（3）施工承包单位专职质量检查员进行检查。

经施工承包单位按上述程序进行自检确认合格后，再由项目监理机构进行复核确认；施工承包单位专职质量检查员没有检查或检查不合格的工序，项目监理机构拒绝进行检查确认。

（三）隐蔽工程验收

隐蔽工程验收是在检查对象被覆盖之前对其质量进行的最后一道检查验收，是工程质量控制的一个关键过程。

1. 隐蔽工程质量控制要点

工程中隐蔽部位的质量控制要点包括：

（1）基础施工之前对地基质量的检查，尤其是地基承载力。

（2）基坑回填土之前对基础质量的检查。

（3）混凝土浇筑之前对钢筋的检查（包括模板的检查）。

（4）防水层施工之前对基层质量的检查。

（5）避雷引下线及接地引下线的连接。

（6）易出现质量通病的部位。

2. 隐蔽工程验收程序

（1）隐蔽工程施工完毕，承包单位按有关技术规程规范、施工图纸进行自检。自检合格后，填写报验申请表，并附有关证明材料、试验报告、复试报告等，报送项目监理机构。

（2）项目监理机构收到报验申请表后首先应对质量证明材料进行审查，并在合同规定的时间内到现场进行检查（检测或核查），施工承包单位的专职质量检查员及相关施工人员应随同一起到现场。

（3）经现场检查，如果符合质量要求，项目监理机构有关人员在报验申请表及隐蔽工程检查记录上签字确认，准予承包单位隐蔽、覆盖，进入下一道工序施工。如经现场检查发现质量不合格，则项目监理机构指令承包单位进行整改，待整改完毕经自检合格后，再报项目监理机构进行复查。

（四）检验批质量验收

1. 检验批及其划分

检验批是指按同一的生产条件或按规定的方式汇总起来供检验用的、由一定数量样本组成的检验体。检验批可根据施工及质量控制和专业验收需要按施工段、变形缝等进行划分。

2. 检验批合格质量规定

检验批合格质量应符合下列规定：

（1）主控项目和一般项目的质量经抽样检验合格。

（2）具有完整的施工操作依据、质量检查记录。

3. 检验批验收内容

检验批的质量验收包括质量资料的检查和主控项目、一般项目的检验两个方面。

（1）质量资料的检查。质量控制资料反映了检验批从原材料到验收的各施工工序的施工操作依据、检查情况以及保证质量所必需的管理制度等。对其完整性的检查，实际是对过程控制的确认，这是检验批合格的前提。所要检查的资料主要包括：

1）图纸会审、设计变更、洽商记录。

2）建筑材料、成品、半成品、建筑构配件、器具和设备的质量证明书及进场检（试）验报告。

3）工程测量、放线记录。

4）按专业质量验收规范规定的抽样检验报告。

5）隐蔽工程检查记录。

6）施工过程记录和施工过程检查记录。

7）新材料、新工艺的施工记录。

8）质量管理资料和施工承包单位操作依据等。

（2）主控项目和一般项目的检验。为确保工程质量，使检验批的质量符合安全和使用功能的基本要求，各专业质量验收规范对各检验批的主控项目和一般项目的子项合格质量都给予明确规定。检验批的合格质量主要取决于对主控项目和一般项目的检验结果。主控项目是对检验批的基本质量起决定性影响的检验项目，因此，必须全部符合有关专业工程验收规范的规定。这意味着主控项目不允许有不符合要求的检验结果，即主控项目的检查具有否决权。

一般项目的抽查结果允许有轻微缺陷，因为其对检验批的基本性能仅造成轻微影响；但不允许有严重缺陷，因为严重缺陷会显著降低检验批的基本性能，甚至引起失效，故必须加以限制。各专业工程质量验收规范均给出了抽样检验项目允许的偏差及极限偏差。检验合格条件为检验结果偏差在允许偏差范围以内，但偏差不允许有超过极限偏差的情况。

4. 检验批验收方法

（1）检验批的抽样方案。合理抽样方案的制定对检验批的质量验收有十分重要的影响。在制定检验批的抽样方案时，应考虑合理分配生产方风险（或错判概率）和使用方风险（或漏判概率）。对于主控项目，对应于合格质量水平的，错判概率和漏判概率均不宜超过5%；对于一般项目，对应于合格质量水平的，错判概率不宜超过5%，漏判概率不宜超过10%。检验批的质量检验，应根据检验项目的特点在下列抽样方案中进行选择：

1）计量、计数或计量-计数等抽样方案。

2）一次、二次或多次抽样方案。

3）根据生产连续性和生产控制稳定性等情况，尚可采用调整型抽样方案。

4）对重要的检验项目当可采用简易快速的检验方法时，可选用全数检验方案。

5）经实践检验有效的抽样方案，如砂石料、构配件的分层抽样。

（2）检验批的质量验收记录。检验批的质量验收记录由施工项目专业质量检查员填写，项目监理机构（或业主项目技术负责人）组织施工承包单位专业质量检查员等进行验收，并按检验批表记录。

（五）分项工程质量验收

（1）分项工程及其质量合格规定。分项工程应按主要工种、材料、施工工艺、设备类别等进行划分。如混凝土结构工程中按主要工种分为模板工程、钢筋工程、混凝土工程等分项工程；按施工工艺又分为预应力、现浇结构、装配式结构等分项工程。

分项工程质量合格规定如下：

1）分项工程所含的检验批均应符合合格质量规定；

2）分项工程所含的检验批的质量验收记录应完整。

（2）分项工程质量验收记录。分项工程质量应由项目监理机构（或业主项目技术负责人）组织施工承包单位专业技术负责人等进行验收，并按规范表格进行记录。

（六）分部（子分部）工程质量验收

1. 分部（子分部）工程质量合格规定

（1）分部（子分部）工程所含分项工程的质量均应验收合格。

（2）质量控制资料应齐全完整。

（3）地基与基础、主体结构和设备安装等分部工程有关安全及功能的检验和抽样检测结果应符合有关规定。

（4）观感质量验收应符合要求。

2. 分部（子分部）工程质量验收

分部（子分部）工程的质量验收在其所含各分项工程质量验收的基础上进行。首先，分部工程的各分项工程必须已验收且相应的质量控制资料文件必须完整，这是验收的基本条件。此外，由于各分项工程的性质不尽相同，因此，作为分部工程不能简单地组合后加以验收，尚须增加以下两类检查。

（1）涉及安全和使用功能的地基基础、主体结构、有关安全及重要使用功能的安装分部工程，应进行有关见证取样送样试验或抽样检测。如构筑物垂直度、标高、全高测量记录，桥梁沉降观测测量记录等。

（2）观感质量验收往往难以定量，只能以观察、触摸或简单量测的方式进行，并由个人的主观印象判断，检查结果并不给出"合格"或"不合格"的结论，而是综合给出质量评价。评价的结论为"好"、"一般"和"差"三种。对于"差"的检查点应通过返修处理等进行补救。

分部（子分部）工程质量应由总监理工程师（或业主项目负责人）组织施工项目经理和有关勘察、设计单位项目负责人进行验收，并记录。

二、施工作业运行结果的检验方法

检验现场所用的原材料、半成品及工序过程、工程产品的质量所采用的方法，一般可分为三类，即目测法、量测法和试验法。

（一）目测法

主要凭感官进行检查，即采用看、摸、敲、照等手法进行检查。"看"就是根据质量标准要求进行外观检查；"摸"就是通过手感触摸进行检查、鉴别；"敲"就是运用敲击方法进行音感检查；"照"就是通过人工光源或反射光照射，仔细检查难以看清的部位。

（二）量测法

就是利用量测工具或计量仪表进行实地测量，然后将所测量的结果与规定的质量标准或规范要求相对照，从而判断质量是否符合要求。量测的手法可以归纳为靠、吊、量、套四种。"靠"是指用直尺检查诸如路面、挡墙墙面的平整度等；"吊"是指用托线板、线锤检查垂直度；"量"是指用量测工具或计量仪表等检查断面尺寸、轴线、标高、温度、湿度等数值并确定其偏差；"套"是指以方尺套方辅以塞尺，检查诸如构筑物的垂直度、预制构件的方正、构件的对角线等。

（三）试验法

是指通过现场试验或试验室试验等手段取得数据，分析判断质量情况。包括理化试验和无损测试或检验两种。

1. 理化试验

工程中常用的理化试验包括各种物理、力学性能方面的检验和化学成分及含量的测定。力学性能的检验有抗拉强度、抗压强度、抗弯强度、抗折强度、冲击韧性、硬度、承载力等；各种物理性能方面的测定包括密度、含水量、凝结时间、安定性、抗渗、耐磨、耐热等；各种化学方面的试验有钢筋中的磷、硫含量，混凝土粗集料中活性氧化硅的成分测定，以及耐酸、耐碱、抗腐蚀等。此外，必要时还可在现场通过诸如对桩或地基的现场静载试验或打试桩，确定其承载力；对混凝土现场取样，通过试验室的抗压强度试验，确定混凝土达到的强度等级；通过管道压水试验，判断其耐压及渗漏情况等。

2. 无损测试或检验

借助专门的仪器、仪表等在不损伤被测物的情况下探测结构物或材料、设备内部的组织结构或损伤状态。常用的检测仪器有超声波探伤仪、磁粉探伤仪、X射线探伤仪、渗透探伤仪等。

第五章 道路工程施工质量检查及验收

第一节 基本规定、施工准备及测量放样

一、基本规定

（1）施工单位应具备相应的城镇道路工程施工资质。

（2）工程开工前，施工单位应根据合同文件、设计文件和有关的法规、标准、规范、规程，根据建设单位提供的施工界域内地下管线等构筑物资料、工程水文地质资料等踏勘施工现场，依据工程特点编制施工组织设计，并按其管理程序进行审批。

（3）施工单位应按合同规定的、经过审批的有效设计文件进行施工。严禁按未经批准的设计变更、工程洽商进行施工。

（4）施工中必须建立安全技术交底制度，并对作业人员进行相关的安全技术教育和培训。作业前主管施工技术人员必须向作业人员进行详尽的安全技术交底，并形成文件。

（5）施工中应对施工测量进行复核，确保准确。

（6）施工中，前一分项工程未经验收合格，严禁进行后一分项工程施工。

（7）道路工程应划分为单位工程、分部工程、分项工程和检验批，作为工程施工质量检验和验收的基础。

（8）单位工程完成后，施工单位应进行自检，并在自检合格的基础上，将竣工资料、自检结果报监理工程师，申请预验收。监理工程师应在预验合格后报建设单位申请正式验收。建设单位应依相关规定及时组织相关单位进行工程竣工验收，并应在规定时间内报建设行政主管部门备案。

二、施工准备

（1）开工前，建设单位应向施工单位提供施工现场及其毗邻区域内各种地下管线等构筑物的现况详实资料和地勘、气象、水文观测资料，相关设施管理单位应向施工、监理单位的有关技术管理人员进行详细的交底；应研究确定施工区域内地上、地下管线等构筑物的拆移或保护、加固方案，并应形成文件后实施。

（2）开工前，建设单位应组织设计、勘测单位向施工单位移交现场测量控制桩、水准点，并形成文件。施工单位应结合实际情况，制定施工测量方案，建立测量控制网、线、点。

（3）开工前，施工技术人员应对施工图进行认真审查，发现问题应及时与设计人员联系，进行变更，并形成文件。

（4）开工前施工单位应编制施工组织设计。施工组织设计应根据合同、标书、设计文件和有关施工的法规、标准、规范、规程及现场实际条件编制。内容应包括施工部署、施工方

案、保证质量和安全的保障体系与技术措施、必要的专项施工设计，以及环境保护、交通疏导措施等。

（5）施工前，应根据施工组织设计确定的质量保证计划，确定工程质量控制的单位工程、分部工程、分项工程和检验批，报监理工程师批准后执行，并作为施工质量控制的依据。

（6）应根据政府有关安全、文明施工生产的法规规定，结合工程特点、现场环境条件，搭建现场临时生产、生活设施，并应制定施工管理措施；结合施工部署与进度计划，应做好安全、文明生产和环境保护工作。

三、测量放样

（1）施工测量开始前应完成下列准备工作。

1）建设单位组织设计、勘测单位向施工单位办理桩点交接手续。给出施工图控制网、点等级、起算数据，并形成文件。施工单位应进行现场踏勘、复核。

2）施工单位应组织学习设计文件及相应的技术标准，根据工程需要编制施工测量方案。

3）测量仪器、设备、工具等使用前应进行符合性检查，确认符合要求。严禁使用未经计量检定、校准及超过检定有效期或检定不合格的仪器、设备、工具。

（2）施工单位开工前应对施工图规定的基准点、基准线和高程测量控制资料进行内业及外业复核。复核过程中，当发现不符合与相邻施工路段或桥梁的衔接有问题时，应向建设单位提出，进行查询，并取得准确结果。

（3）施工中应建立施工测量的技术质量保证体系，建立健全测量制度。从事施工测量的作业人员应经专业培训，考核合格后持证上岗。

（4）城镇道路高程控制应符合下列规定。

1）高程测量视线长宜控制在 $50\sim80$m。

2）水准测量应采用 DS2 及以上等级的水准仪施测。

3）水准测量闭合差为 $\pm12\sqrt{L}$mm（L 为相邻控制点间距，单位为 km）。

（5）城镇道路控制测量应符合下列规定。

1）施工控制导线闭合差应符合 CJJ 1—2008 第 5.2.6 条的有关规定。

2）采用 DJ2 级仪器时，角度至少测一测回；采用 DJ6 级仪器时，角度至少测两测回。

3）距离应采用普通钢尺往返测一测回，用电磁波测距仪可单程测定。

4）当采用全站仪观测时，应符合 CJJ 1—2008 第 5.2.9 条和第 5.3.4 条的有关规定。采用全站仪测设坐标定点，应使用不同方法进行坐标计算并进行已知点的复核，实施测量前应经监理签认。

5）放样测量直线丈量测距的偏差应符合 CJJ 1—2008 表 5-1 的规定。

6）施工放样点允许偏差 M，相对于相邻控制点，按极坐标法放样，应符合表 5-1 的规定。

表 5-1　施工放样点的点位允许偏差 M（cm）

横向偏位要求	$\leqslant1$	$\leqslant1.5$	$\leqslant2$	$\leqslant3$	其他
点位放样允许偏差	0.7	1	1.3	2	3
例	人行地道中线	筑砌片石、块石挡土墙	路面、基层中线	路床中线	一般桩位

（6）城镇道路工程完工后应进行竣工测量。竣工测量包括中心线位置、高程、横断面图式、附属结构和地下管线的实际位置和高程。测量成果应在竣工图中标明。

（7）工程验收的测量依据点应按程序报经建设单位验收、确认。

第二节　路　基

一、检验要点及施工排水与降水

（1）施工前，应对道路中线控制桩、边线桩及高程控制桩等进行复核，确认无误后方可施工。

（2）施工前，应根据现场与周边环境条件、交通状况与道路交通管理部门，研究制定交通疏导或导行方案，并实施完毕。施工中影响或阻断既有人行交通时，应在施工前采取措施，保障人行交通畅通、安全。

（3）城镇道路施工范围内的新建地下管线、人行地道等地下构筑物宜先行施工。对埋深较浅的既有地下管线，作业中可能受损时，应向建设单位、设计单位提出加固或挪移措施方案，并办理手续后实施。

（4）施工中，发现文物、古迹、不明物应立即停止施工，保护好现场，通知建设单位及有关管理部门到场处理。

（5）施工排水与降水应保证路基土壤天然结构不受扰动，保证附近建筑物和构筑物的安全。

（6）施工排水与降水设施，不得破坏原有地面排水系统，且宜与现况地面排水系统及道路工程永久排水系统相符合。

二、土方路基

（一）检验要点

1. 路基范围内遇有软土地层或土质不良，边坡易被雨水冲塌的地段，当设计未做处理规定时，应按 CJJ 1—2008 第 3.0.5 条办理变更设计，并据以制定专项施工方案。

2. 人机配合土方作业，必须设专人指挥。机械作业时，配合作业人员严禁处在机械作业和走行范围内。配合人员在机械走行范围内作业时，机械必须停止作业。

3. 挖方施工应符合下列规定。

（1）挖土时应自上向下分层开挖，严禁掏洞开挖。作业中断或作业后，开挖面应做成稳定边坡。

（2）机械开挖作业时，必须避开构筑物、管线，在距管道边 1m 范围内应采用人工开挖；在距直埋缆线 2m 范围内必须采用人工开挖。

（3）严禁挖掘机等机械在电力架空线路下作业。需在其一侧作业时，垂直及水平安全距离应符合表 5-2 的规定。

4. 弃土、暂存土均不得妨碍各类地下管线等构筑物的正常使用与维护，且应避开建筑物、围墙、架空线等。严禁占压、损坏、掩埋各种检查井、消火栓等设施。

表 5-2 挖掘机、起重机（含吊物、载物）等机械与电力架空线路的最小安全距离

电压（kV）		<1	10	35	110	220	330	500
安全距离（m）	沿垂直方向	1.5	3.0	4.0	5.0	6.0	7.0	8.5
	沿水平方向	1.5	2.0	3.5	4.0	6.0	7.0	8.5

5. 填方施工应符合下列规定。

（1）填方前应将地面积水、积雪（冰）和冻土层、生活垃圾等清除干净。

（2）填方材料的强度（CBR）值应符合设计要求，其最小强度值应符合表 5-3 规定。不应使用淤泥、沼泽土、泥炭土、冻土、有机土以及含有生活垃圾的土做路基填料。对液限大于 50%、塑性指数大于 26、可溶盐含量大于 5%、700℃有机质烧失量大于 8% 的土，未经技术处理不得用作路基填料。

表 5-3 路基填料强度（CBR）的最小值

填方类型	路床顶面以下深度（cm）	最小强度（%）	
		城市快速路、主干道	其他等级道路
路床	0～30	8.0	6.0
路基	30～80	5.0	4.0
路基	80～150	4.0	3.0
路基	>150	3.0	2.0

（3）填方中使用房渣土、工业废渣等需经过试验，确认可靠并经建设单位、设计单位同意后方可使用。

（4）路基填方高度应按设计标高增加预沉量值。预沉量应根据工程性质、填方高度、填料种类、压实系数和地基情况与建设单位、监理工程师、设计单位共同商定确认。

（5）不同性质的土应分类、分层填筑，不得混填，填土中大于 10cm 的土块应打碎或剔除。

（6）填土应分层进行。下层填土验收合格后，方可进行土层填筑。路基填土宽度每侧应比设计规定宽 50cm。

（7）路基填筑中宜做成双向横坡，一般土质填筑宜为 2%～3%，透水性小的土类填筑横坡宜为 4%。

（8）透水性较大的土壤边坡不宜被透水性较小的土壤所覆盖。

（9）受潮湿及冻融影响较小的土壤应填在路基的上部。

（10）在路基宽度内，每层虚铺厚度应视压实机具的功能确定，人工夯实虚铺厚度应小于 20cm。

（11）路基填土中断时，应对已填路基表面土层压实并进行维护。

（12）原地面横向坡度在 1∶10～1∶5 时，应先翻松表土再进行填土；原地面横向坡度陡于 1∶5 时应做成台阶形，每级台阶宽度不得小于 1m，台阶顶面应向内倾斜；在沙土地段可不做台阶，但应翻松表层土。

（13）压实应符合下列要求。

1）路基压实应符合表 5-4 的规定。

表 5-4 路基压实度标准

填挖类型	路床顶面以下深度（cm）	道路类别	压实度（%）（重型击实）	检验频率		检验方法
				范围	点数	
挖方	0～30	城市快速路、主干路	≥95			
		次干路	≥93			
		支路及其他小路	≥90			
填方	0～80	城市快速路、主干路	≥95	1000m²	每层 3 点	环刀法、灌水法或灌砂法
		次干路	≥93			
		支路及其他小路	≥90			
	＞80～150	城市快速路、主干路	≥93			
		次干路	≥90			
		支路及其他小路	≥90			
	＞150	城市快速路、主干路	≥90			
		次干路	≥90			
		支路及其他小路	≥87			

2）压实应先轻后重、先慢后快、均匀一致，压路机最快速度不宜超过 4km/h。

3）填土的压实遍数，应按压实度要求，经现场试验确定。

4）压实过程中应采取措施保护地下管线、构筑物安全。

5）碾压应自路基边缘向中央进行，压路机轮外缘距路基边应保持安全距离，压实度应达到要求，且表面应无显著轮迹、翻浆、起皮、波浪等现象。

6）压实应在土壤含水量接近最佳含水量值时进行。其含水量偏差幅度经试验确定。

7）当管道位于路基范围内时，其沟槽的回填土压实度应符合现行国家标准 GB 50268《给水排水管道工程施工及验收规范》的有关规定，且管顶以上 50cm 范围内不得用压路机压实。当管道结构顶面至路床的覆土厚度不大于 50cm 时，应对管道结构进行加固。当管道结构顶面至路床的覆土厚度在 50～80cm 时，路基压实过程中应对管道结构采取保护或加固措施。

（二）检验标准

1. 主控项目

（1）路基压实度应符合 CJJ 1—2008 中表 6.3.12-2 的规定。

检查数量：每 1000m²、每压实层抽检 3 点。

检验方法：环刀法、灌砂法或灌水法。

（2）弯沉值，不应大于设计规定。

检查数量：每车道、每 20m 测 1 点。

检验方法：弯沉仪检测。

2. 一般项目

（1）土路基允许偏差应符合表 5-5 的规定。

表 5-5　土路基允许偏差

项目	允许偏差	检验频率			检验方法
		范围(m)	点数		
路床纵断高程(mm)	−20 +10	20	1		用水准仪测量
路床中线偏位(mm)	≤30	100	2		用经纬仪、钢尺量 取最大值
路床平整度(mm)	≤15	20	路宽(m)	<9	1	用 3m 直尺和塞尺连续量 两尺，取较大值
				9～15	2	
				>15	3	
路床宽度(mm)	不小于设计值+B	40	1		用钢尺量
路床横坡	±0.3%且不反坡	20	路宽(m)	<9	2	用水准仪测量
				9～15	4	
				>15	6	
边坡	不陡于设计值	20	2		用坡度尺量，每侧 1 点

注：B 为施工时必要的附加宽度。

（2）路床应平整、坚实，无显著轮迹、翻浆、波浪、起皮等现象，路堤边坡应密实、稳定、平顺等。

检查数量：全数检查。

检验方法：观察。

（三）土路基检验方法

1. 检测土路基压实度

一般采用环刀法作为压实度的检测方法。环刀法是测量现场密度的传统方法。国内习惯采用的环刀容积通常为 200cm³，环刀高度通常约 5cm。用环刀法测得的密度是环刀内土样所在深度范围内的平均密度。

2. 检测土路基弯沉

国内外普遍采用回弹弯沉值来表征路基路面的承载能力，回弹弯沉值越大，承载能力越小；反之则越大。通常所说的回弹弯沉值是指标准后轴双轮组轮隙中心处的最大回弹弯沉值。回弹弯沉值的测定方法较多，目前应用最多的是贝克曼梁法。

（四）土路基检验批质量检验记录表（样式）

土路基检验批质量检验记录表见表 5-6 和表 5-7。

表5-6 土方路基（挖方）检验批质量检验记录表

编号:010001□□ 挖方路基

工程名称		分部工程名称		分项工程名称	
施工单位		施工员		项目经理	
分包单位		分包项目经理		施工班组长	
工程数量		验收部位（或桩号）		项目技术负责人	
交方班组		接交班组		检查日期	年 月 日

检查项目	序号	检查内容	检验依据/允许偏差（规定值或允许偏差值）	检验频率		检查结果/实测点偏差值或实测值										应测点数	合格点数	合格率（%）
				范围	点数	1	2	3	4	5	6	7	8	9	10			
主控项目	1	压实度	城市快速路、主干路≥95% 次干路≥93% 支路及其他小路≥90%	1000m²	3	检验报告编号：												
	2	弯沉值（mm/100）	≥设计规定	每车道、每20m	1	检验报告编号：												
一般项目	1	路床纵断高程（mm）	-20，+10	20m	1													
	2	路床中线偏位（mm）	≤30	100m	2													
	3	路床平整度（mm）	≤15	20m	1～3													
	4	路床宽度（mm）	≥设计值＋B	40m	1													
	5	路床横坡（%）	±0.3%且不反坡	20m	2～6													
	6	边坡（%）	不陡于设计值	20m	2													
施工单位检查评定结论：									项目专业质量检查员：（签字）									
监理（建设）单位意见：									监理工程师（建设单位项目专业技术负责人）：（签字） （或建设单位项目专业技术负责人） 年 月 日									

注：1. B为施工时必要的附加宽度。
2. 本表由项目专业质量检查员填写，监理工程师（建设单位项目技术负责人）组织项目专业质量检查员等进行验收，并应按表进行记录。
3. 路床平整度、路床横坡检验频率与路宽有关。

表 5-7 土方路基（填方）检验批质量检验记录表

编号：010002□□

工程名称		分部工程名称		分项工程名称	挖方路基
施工单位		施工员		项目经理	
分包单位		分包项目经理		施工班组长	
工程数量		验收部位（或桩号）		项目技术负责人	
交方班组		接方班组		检查日期	年 月 日

检查项目	序号	检查内容	检验依据/允许偏差（规定值或允许偏差值）	检验频率		检查结果/实测点偏差值或实测值										应测点数	合格点数	合格率（%）
				范围	点数	1	2	3	4	5	6	7	8	9	10			
主控项目	1	压实度 0~80	城市快速路、主干路≥95% 次干路≥93% 支路及其他小路≥90%	1000m²	3	检验报告编号：												
	2	>80~150	城市快速路、主干路≥93% 次干路≥90% 支路及其他小路≥90%			检验报告编号：												
	3	>150	城市快速路、主干路≥90% 次干路≥90% 支路及其他小路≥87%			检验报告编号：												
	4	弯沉值（mm/100）	符合设计规定	每车道，每20m	1	检验报告编号：												
一般项目	1	路床纵断高程（mm）	-20，+10	20m	1													
	2	路床中线偏位（m）	≤30	100m	2													
	3	路床平整度（m）	≤15	20m	1~3													
	4	路床宽度（m）	≥设计值+B	40m	1													
	5	路床横坡	±0.3%且不反坡	20m	2~6													
	6	边坡	不陡于设计值	20m	1													

施工单位检查评定结论

监理（建设）单位意见

项目专业质量检查员：（签字）

监理工程师：（签字）年 月 日
（或建设单位项目技术负责人）组织项目专业质量检查员等进行验收，并应按表进行记录。

注：1. B 为施工时必要的附加宽度。
2. 本表由施工项目专业质量检查员填写，监理工程师（建设单位项目技术负责人）组织项目专业质量检查员等进行验收，并应按表进行记录。

三、石方路基（石方填筑路基——塘渣路基）

（一）检验要点

石方填筑路基应符合下列规定。

（1）修筑填石路堤应进行地表清理，先码砌边部，然后逐层水平填筑石料，确保边坡稳定。

（2）施工前应先修筑试验段，以确定能达到最大压实干密度的松铺厚度与压实机械组合，以及相应的压实遍数、沉降差等施工参数。

（3）填石路堤宜选用12t以上的振动压路机、25t以上的轮胎压路机或2.5t以上的夯锤压（夯）实。

（4）路基范围内管线、构筑物四周的沟槽宜回填土料。

（二）检验标准

1. 主控项目

压实密度应符合试验路段确定的施工工艺，沉降差不应大于试验路段确定的沉降差。

检查数量：每1000m²，抽检3点。

检验方法：水准仪测量。

2. 一般项目

（1）路床顶面应嵌缝牢固，表面均匀、平整、稳定，无推移、浮石。

检查数量：全数检查。

检验方法：观察。

（2）边坡应稳定、平顺、无松石。

检查数量：全数检查。

检验方法：观察。

（3）填石方路基允许偏差应符合表5-8的规定。

表 5-8　填石方路基允许偏差

项目	允许偏差	检验频率			检验方法
		范围(m)	点数		
路床纵断高程（mm）	+20 -10	20	1		用水准仪测量
路床中线偏位（mm）	≤30	100	2		用经纬仪、钢尺量取最大值
路床平整度（mm）	≤20	20	路宽 (mm)	<9	1	用3m直尺和塞尺 连续量两尺，取较大值
				9～15	2	
				>15	3	
路床宽（mm）	不小于设计值+B	40	1		用钢尺量
路床横坡（mm）	±0.3% 且不反坡	20	路宽 (mm)	<9	2	用水准仪测量
				9～15	4	
				>15	6	
边坡	不陡于设计值	20	2		用坡度尺量，每侧1点

（三）塘渣路基压实度检验方法

检测塘渣路基压实度一般采用挖坑灌砂法作为压实度的检测方法。

（四）塘渣路基检验批质量检验记录表（样式）

塘渣路基检验批质量检验记录表见表5-9。

表5-9 石方路基（填石）检验批质量检验记录表

编号：010004□□

工程名称				分项工程名称				石方路基（填石）
施工单位				项目经理				
分包单位				分包项目经理				
工程数量				施工班组长				
交方班组				项目技术负责人				
		验收部位（或桩号）		检查日期				年 月 日
		接方班组						

检查项目	序号	检查内容	检验依据/允许偏差（规定值或土偏差值）	检验频率		检查结果/实测点偏差值或实测值											应测点数	合格点数	合格率（%）
				范围	点数	1	2	3	4	5	6	7	8	9	10				
主控项目	1	压实密度	$\rho_d \geq 20\text{kN/m}^3$（不嵌缝） $\rho_d \geq 21\text{kN/m}^3$（嵌缝）	1000m²	3	检验报告编号：													
一般项目	2	弯沉值（mm/100）	≥设计规定	20m	1	报告编号：													
	1	路床纵断高程（mm）	-20，+10	20m	1														
	2	路床中心偏位（mm）	≤30	100m	2														
	3	路床平整度（mm）	≤20	20m	1～3														
	4	路床宽度（mm）	≥设计值+B	40m	1														
	5	路床横坡	±0.3%且不反坡	20m	2～6														
	6	边 坡	不陡于设计值	20m	2														
施工单位检查评定结论						项目专业质量检查员：（签字）													
监理（建设）单位意见						监理工程师：（签字） （或建设单位项目专业技术负责人）：（签字）										年 月 日			

注：1. B为施工时必要的防�宽度。

2. 本表由施工项目专业质量检查员填写，监理工程师（建设单位项目技术负责人）组织项目专业质量检查员等进行验收，并应按表进行记录。

四、构筑物处理

检验要点：

1. 路基范围内存在既有地下管线等构筑物时，施工应符合下列规定。

（1）施工前，应根据管线等构筑物顶部与路床的高差，结合构筑物结构状况，分析、评估其受施工影响程度，采取相应的保护措施。

（2）构筑物拆改或加固保护处理措施完成后，应由建设单位、管理单位参加进行隐蔽验收，确认符合要求、形成文件后，方可进行下一工序施工。

（3）施工中，应保持构筑物的临时加固设施处于有效工作状态。

（4）对构筑物的永久性加固，应在达到规定强度后方可承受施工荷载。

2. 新建管线等构筑物间或新建管线与既有管线、构筑物间有矛盾时，应报请建设单位，由管线管理单位、设计单位确定处理措施，并形成文件，据以施工。

3. 沟槽回填土施工应符合下列规定。

（1）回填土应保证涵洞（管）、地下构筑物结构安全和外部防水层及保护层。

（2）预制涵洞的现浇混凝土基础强度及预制件装配接缝的水泥砂浆强度达到5MPa后，方可进行回填。砌体涵洞应在砌体砂浆强度达到5MPa，且盖板安装后进行回填；现浇钢筋混凝土涵洞，其胸腔回填土宜在混凝土强度达到设计强度70％后进行，顶板以上填土应在达到设计强度后进行。

（3）涵洞两侧应同时回填，两侧填土高差不得大于30cm。

（4）对有防水层的涵洞靠防水层部位应回填细粒土，填土中不得含有碎石、碎砖及大于10cm的硬块。

（5）涵洞位于路基范围内时，其顶部及两侧回填土应符合CJJ 1—2008中第6.3.12条的有关规定。

（6）土壤最佳含水量和最大干密度应经试验确定。

（7）回填过程不得劈槽取土，严禁掏洞取土。

五、特殊土路基

（一）检验要点

1. 特殊土路基在加固处理施工前应做好下列准备工作。

（1）进行详细的现场调查，根据工程地质勘察报告核查特殊土的分布范围、埋置深度和地表水、地下水状况，根据设计文件、水文地质资料编制专项施工方案。

（2）做好路基施工范围内的地面、地下排水设施，并保证排水通畅。

（3）进行土工试验，提供施工技术参数。

（4）选择适宜的季节进行路基加固处理施工，并宜符合下列要求。

1）湖、塘、沼泽等地的软土路基宜在枯水期施工。

2）膨胀土路基宜在少雨季节施工。

3）强盐渍土路基应在春季施工；黏性盐渍土路基宜在夏季施工；砂性盐渍土路基宜在春季和夏初施工。

2. 软土路基施工应符合下列规定。

（1）软土路基施工应列入地基固结期。应按设计要求进行预压，预压期内除补填因加固沉降引起的补填土方外，严禁其他作业。

（2）施工前应修筑路基处理试验路段，以获取各种施工参数。

（3）置换土施工应符合下列要求。

1）填筑前，应排除地表水，清除腐殖土、淤泥。

2）填料宜采用透水性土。处于常水位以下部分的填土，不得使用非透水性土壤。

3）填土应由路中心向两侧按要求分层填筑并压实，层厚宜为15cm。

4）分段填筑时，接茬应按分层做成台阶形状，台阶宽不宜小于2m。

（4）当软土层厚度小于3.0m，且位于水下或为含水量极高的淤泥时，可使用抛石挤淤，并应符合下列要求。

1）应使用不易风化石料，石料中尺寸小于30cm粒径的含量不得超过20％。

2）抛填方向应根据道路横断面下卧软土地层坡度而定。坡度平坦时自地基中部渐次向两侧扩展；坡度陡于1：10时，自高侧向低侧抛填，并在低侧边部多抛投，使低侧边部约有2m宽的平台顶面。

（5）采用砂垫层置换时，砂垫层应宽出路基边脚0.5～1.0m，两侧以片石护砌。

（6）采用土工材料处理软土路基应符合下列要求。

1）土工材料应由耐高温、耐腐蚀、抗老化、不易断裂的聚合物材料制成。其抗拉强度、顶破强度、负荷延伸率等均应符合设计及有关产品质量标准的要求。

2）土工材料铺设前，应对基面压实整平。宜在原地基土铺设一层30～50cm厚的砂垫层。铺设土工材料后，运、铺料等施工机具不得在其上直接行走。

3）每压实层的压实度、平整度经检验合格后，方可于其上铺设土工材料。土工材料应完好，发生破损应及时修补或更换。

4）铺设土工材料时，应将其沿垂直于路轴线展开，并视填土层厚度选用符合要求的锚固钉固定、拉直，不得出现扭曲、折皱等现象。土工材料纵向搭接宽度不应小于30cm，采用锚接时其搭接宽度不得小于15cm；采用胶结时胶接宽度不得小于5cm，其胶结强度不得低于土工材料的抗拉强度。相邻土工材料横向搭接宽度不应小于30cm。

5）路基边坡留置的回卷土工材料，其长度不应小于2m。

6）土工材料铺设完后，应立即铺筑上层填料，其间隔时间不应超过48h。

7）双层土工材料上、下层接缝应错开，错缝距离不应小于50cm。

（7）采用粉喷桩加固土桩处理软土地基应符合下列要求。

1）石灰应采用磨细Ⅰ级钙质石灰（最大粒径小于2.36mm、氧化钙含量大于80％），宜选用SiO_2和Al_2O_3含量大于70％，烧失量小于10％的粉煤灰、普通或矿渣硅酸盐水泥。

2）工艺性成桩试验桩数不宜少于5根，以获取钻进速度、提升速度、搅拌、喷气压力与单位时间喷入量等参数。

3）柱距、桩长、桩径、承载力等应符合设计规定。

（8）施工中，施工单位应按设计与施工方案要求记录各项控制观测数值，并与设计单位、监理单位及时沟通反馈有关工程信息以指导施工。路堤完成后，应观测沉降值与位移值符合设计规定并稳定后，方可进行后续施工。

（二）检验标准

1. 换填土处理软土路基质量检验

应符合 CJJ 1—2008 第 6.8.1 条的规定。

2. 砂垫层处理软土路基

（1）主控项目

1）砂垫层的材料质量应符合设计要求。

检查数量：按不同材料进场批次，每批检查 1 次。

检验方法：查检验报告。

2）砂垫层的压实度应大于等于 90％。

检查数量：每 1000m²，每压实层抽检 3 点。

检验方法：灌砂法。

（2）一般项目

砂垫层允许偏差应符合表 5-10 的规定。

表 5-10　砂垫层允许偏差

项目	允许偏差	检验频率				检验方法
		范围（m）	点数			
宽度	不小于设计规定＋B	40	1			用钢尺量
厚度	不小于设计规定	200	路宽（m）	＜9	2	用钢尺量
				9～15	4	
				＞15	6	

注：B 为必要的附加宽度。

3. 土工材料处理软土路基

（1）主控项目

1）土工材料的技术质量指标应符合设计要求。

检查数量：按进场批次，每批按 5％抽检。

检验方法：查出厂检验报告，进场复检。

2）土工合成材料敷设、胶接、锚固和回卷长度应符合设计要求。

检查数量：全数检查。

检验方法：用尺量。

（2）一般项目

1）下承层面不得有突刺、尖角。

检查数量：全数检查。

检验方法：观察。

2）合成材料铺设允许偏差应符合表 5-11 的规定。

表 5-11　土工合成材料铺设允许偏差

项目	允许偏差	检验频率				检验方法
		范围（m）	点数			
下承面平整度（mm）	≤15	20	路宽（m）	＜9	1	用 3m 直尺和塞尺连续量两尺取较大值
				9～15	2	
				＞15	3	

项目	允许偏差	检验频率				检验方法
		范围（m）	点数			
下承面拱度	±1%	20	路宽（m）	<9	2	用水准仪测量
				9～15	4	
				>15	6	

4．粉喷桩处理软土路基

（1）主控项目

1）水泥的品种、级别及石灰、粉煤灰的性能指标应符合设计要求。

检查数量：按不同材料进场批次，每批检查1次。

检验方法：查检验报告。

2）桩长不小于设计规定。

检查数量：全数检查。

检验方法：查施工记录。

3）复合地基承载力应不小于设计规定值。

检查数量：按总桩数的1‰进行抽检，且不少于3处。

检验方法：查复合地基承载力检验报告。

（2）一般项目

粉喷桩成桩允许偏差应符合表5-12的规定。

表5-12　粉喷桩成桩允许偏差

项目	允许偏差	检验频率		检验方法
		范围（m）	点数	
强度（kPa）	不小于设计值	全部	抽查5%	切取试样或无损检测
桩距（mm）	±100	全部	抽查2%且不少于2处	两桩间，用钢尺量查施工记录
桩径（mm）	不小于设计值			
竖直度	≤1.5%H			

注：H为桩长或孔。

（三）软土路基检验方法

1．换填土处理软土路基

（1）检测路基压实度

一般采用环刀法作为压实度的检测方法。

（2）检测路基弯沉

采用贝克曼梁法测定路基顶面弯沉。

2．砂垫层处理软土路基

检测路基压实度：一般采用挖坑灌砂法作为压实度的检测方法。

3．粉喷桩处理软土路基

检测复合地基承载力：静载试验。

（四）软土路基检验批质量检验记录表（样式）

软土路基检验批质量检验记录表见表5-13～表5-15。

表5-13　路基处理（换填土）检验批质量检验记录表

编号：010006□□

工程名称				分项工程名称									路基处理换填土			
施工单位				项目经理												
分包单位				施工班组长												
工程数量			分包项目经理													
交方班组			验收部位（或桩号）													
			接方班组										项目技术负责人			
													检查日期	年 月 日		

检查项目	序号	检查内容		检验依据/允许偏差（规定值或土偏差值）	检验频率		检查结果/实测点偏差值或实测值										应测点数	合格点数	合格率（%）
					范围	点数	1	2	3	4	5	6	7	8	9	10			
主控项目	1	压实度（cm）	0～80	城市快速路、主干路≥95%；次干路≥93%；支路及其他小路≥90%	1000m²	3				检验报告编号：									
	2		80～150	城市快速路、主干路≥93%；次干路≥90%；支路及其他小路≥90%						检验报告编号：									
	3		>150	城市快速路、主干路≥90%；次干路≥90%；支路及其他小路≥87%						检验报告编号：									
一般项目	1	弯沉值（mm/100）		≥设计规定	20m	1				报告编号：									
	2	路床纵断高程（mm）		-20；+10	20m	1													
	3	路床中线偏位（mm）		≤30	100m	2													
	4	路床平整度（mm）		≤15	20m	1～3													
	5	路床宽度（mm）		≥设计值＋B	40m	1													
	6	路床横坡		±0.3%且不反坡	20m	2～6													
		边　坡		不陡于设计值	20m	2													

施工单位检查评定结论	
监理（建设）单位意见	
	项目专业质量检查员：（签字）
	监理工程师：（签字）
	（或建设单位项目专业技术负责人）：（签字） 年 月 日

本表由施工项目专业质量检查员填写，监理工程师（建设单位项目技术负责人）组织项目专业质量检查员等进行验收，并应按表进行记录。

注：1. B为施工时必要的附加宽度。
2. 本表由施工项目专业质量检查员填写，监理工程师（建设单位项目技术负责人）组织项目专业质量检查员等进行验收，并应按表进行记录。

表5-14 路基处理（砂垫层）检验批质量检验记录表

编号：010007□□

工程名称		分项工程名称		路基处理砂垫层
施工单位		项目经理		
分包单位		施工班组长		
工程数量		项目技术负责人		
交方班组		接方班组		检查日期　　　年　月　日

检查项目	序号	检查内容	检验依据（规定值或允许偏差值）	检验频率 范围	检验频率 点数	检查结果/实测点偏差值或实测值 1	2	3	4	5	6	7	8	9	10	应测点数	合格点数	合格率（%）
主控项目	1	材料要求	砂垫层的材料质量符合设计要求	每批次	1次				检验报告编号：									
	2	压实度	≥90%	1000m²	3													
一般项目	1	宽度	≥设计值＋B	40m	1				检验报告编号：									
	2	厚度	≥设计规定　　200m	路宽 <9m	2													
				路宽 9～15m	4													
				路宽 >15m	6													
施工单位检查评定结论						项目专业质量检查员：（签字）　　　　　　年　月　日												
监理（建设）单位意见						监理工程师：（签字）　　　　　　　　　　年　月　日（或建设单位项目专业技术负责人）组织项目专业质量检查员等进行验收。												

注：1. B为施工时必要的附加宽度。
2. 本表由施工项目专业质量检查员填写，监理工程师（建设单位项目技术负责人）组织项目专业质量检查员等进行验收，并应按表进行记录。

表5-15　路基处理（粉喷桩或水泥搅拌桩）检验批质量检验记录

编号：010014 □ □

工程名称		分部工程名称		分项工程名称	路基处理粉喷桩
施工单位		施工员		项目经理	
分包单位		分包项目经理		施工班组长	
工程数量		验收部位（或桩号）		项目技术负责人	
交方班组		接方班组		检查日期	年 月 日

检查项目	序号	检查内容	检验依据/允许偏差（规定值或允许偏差值）	检验频率 范围	检验频率 点数	检查结果/实测点（偏差值或实测值） 1 2 3 4 5 6 7 8 9 10	应测点数	实测点数	合格率（%）
主控项目	1	材料	水泥品种、石灰、粉煤灰的性能指标应符合设计要求	不同材料进场批次	每批1次	检验报告编号：			
	2	桩长	不应小于设计要求	全数检查	总桩数	查施工日记 施工日记编号：			
	3	桩身均匀性	轻便触探（N_{10}）检查	抽检	1%且不少于3根	检测报告编号：			
	4	复合地基承载力	复合地基承载力不应小于设计要求	全部	抽查5%	检验报告编号：			
一般项目	1	强度（kPa）	不小于设计值	全部	抽查5%	检验报告编号：			
	2	桩距（mm）	±100	全部	抽查2%				
	3	桩径（mm）	≥设计值	全部	且不少于2根				
	4	垂直度	≤1.5%H						

施工单位检查评定结论	项目专业质量检查员：（签字）
监理（建设）单位意见	监理工程师：（签字） （或建设单位项目专业技术负责人）：（签字）　年 月 日

注：H为桩长或孔深。

第三节 基 层

一、检验要点

（1）高填土路基与软土路基，应在沉降值符合设计规定且沉降稳定后，方可施工道路基层。

（2）基层材料的摊铺宽度应为设计宽度两侧加施工必要附加宽度。

（3）基层施工严禁用贴薄层方法整平修补表面。

（4）用沥青混合料沥青贯入式、水泥混凝土做道路基层时，其施工应分别符合 CJJ 1—2008 第 8～10 章的有关规定。

二、石灰稳定土类基层

（一）检验要点

1. 在城镇人口密集区，应使用厂拌石灰土，不得使用路拌石灰土。

2. 厂拌石灰土应符合下列规定。

（1）石灰土搅拌前。应先筛除集料中不符合要求的颗粒，使集料的级配和最大粒径符合要求。

（2）宜采用强制式搅拌机进行搅拌。配合比应准确，搅拌应均匀；含水量宜略大于最佳值；石灰土应过筛（20mm 方孔）。

（3）应根据土和石灰的含水量变化，集料的颗粒组成变化，及时调整搅拌用水量。

（4）拌成的石灰土应及时运送到铺筑现场，运输中应采取防止水分蒸发和防扬尘措施。

（5）搅拌厂应向现场提供石灰土配合比例强度标准值及石灰中活性氧化物含量的资料。

3. 采用人工搅拌石灰土应符合下列规定。

（1）所用土应预先打碎、过筛（20mm 方孔），集中堆放，集中拌合。

（2）应按需要将土和石灰按配合比要求，进行掺配。掺配时土应保持适宜的含水量，掺配后过筛（20mm 方孔），至颜色均匀一致为止。

（3）作业人员应佩戴劳动保护用品，现场应采取防扬尘措施。

4. 厂拌石灰土摊铺应符合下列规定。

（1）路床应湿润。

（2）压实系数应经试验确定。现场人工摊铺时，压实系数宜为 1.65～1.70。

（3）石灰土宜采用机械摊铺，每次摊铺长度宜为一个碾压段。

（4）摊铺掺有粗集料的石灰土时，粗集料应均匀。

5. 碾压应符合下列规定。

（1）铺好的石灰土应当天碾压成活。

（2）碾压时的含水量宜在最佳含水量的允许偏差范围内。

（3）直线和不设超高的平曲线段，应由两侧向中心碾压；设超高的平曲线段，应由内侧向外侧碾压。

（4）初压时，碾速宜为 20～30m/min，灰土初步稳定后，碾速宜为 30～40m/min。

（5）人工摊铺时，宜先用 6～8t 压路机碾压，灰土初步稳定，找补整形后，方可用重型压路机碾压。

（6）当采用碎石嵌丁封层时，嵌丁石料应在石灰上底层压实度达到 85％ 的撒铺，然后继续碾压，使其嵌入底层，并保持表面有棱角外露。

6. 纵、横接缝均应设直茬。接缝应符合下列规定。

（1）纵向接缝宜设在路中线处。接缝应做成阶梯形，梯级宽不应小于 1/2 层厚。

（2）横向接缝应尽量减少。

7. 石灰土养护应符合下列规定。

（1）石灰土成活后应立即洒水（或覆盖）养护，保持湿润，直至上层结构施工为止。

（2）石灰土碾压成活后可采取喷洒沥青透层油养护，并宜在其含水量为 10％ 左右时进行。

（3）石灰土养护期应封闭交通。

（二）检验标准

石灰稳定土基层及底基层质量检验应符合下列规定：

1. 主控项目

（1）原材料质量检验应符合下列要求。

1）土应符合 CJJ 1—2008 第 7.2.1 条第 1 款或第 7.4.1 条第 4 款的规定。

2）石灰应符合 CJJ 1—2008 第 7.2.1 条第 2 款的规定。

3）粉煤灰应符合 CJJ 1—2008 第 7.3.1 条第 2 款的规定。

4）砂砾应符合 CJJ 1—2008 第 7.4.1 条第 3 款的规定。

5）水应符合 CJJ 1—2008 第 7.2.1 条第 3 款的规定。

检查数量：按不同材料进场批次，每批检查 1 次。

检验方法：查检验报告、复验。

（2）基层、底基层的压实度应符合下列要求。

1）城市快速路、主干路基层大于或等于 97％，底基层大于或等于 95％。

2）其他等级道路基层大于或等于 95％，底基层大于或等于 93％。

检查数量：每 1000m²，每压实层抽检 1 次。

检验方法：环刀法、灌砂法或灌水法。

（3）基层、底基层试件做 7d 无侧限抗压强度，应符合设计要求。

检查数量：每 2000m² 抽检 1 次（6 块）。

检验方法：现场取样试验。

2. 一般项目

（1）表面应平整、坚实、无粗细集料集中现象，无明显轮迹、推移、裂缝，接茬平顺，无贴皮、散料。

（2）基层及底基层允许偏差应符合表 5-16 的规定。

（三）石灰土基层检验方法

检测石灰土路基压实度：采用环刀法作为压实度的检测方法。检测方法参照规程规定。

（四）石灰土基层验收批质量检验记录表（样式）

石灰土基层验收批质量检验记录表见表 5-17。

表 5-16　石灰稳定性土类基层及底基层允许偏差

项目		允许偏差	检验频率			检验方法
			范围	点数		
中线偏位（mm）		≤20	100m	1		用经纬仪测量
纵断高程（mm）	基层	±15	20m	1		用水准仪测量
	底基层	±20				
平整度（mm）	基层	≤10	20m	路宽（m）	<9	1	用3m直尺和塞尺连续量两尺，取较大值
	底基层	≤15			9～15	2	
					>15	3	
宽度（mm）		不小于设计值+B	40m	1		用钢尺量
横坡		±0.3%且不反坡	20m	路宽（m）	<9	2	用水准仪测量
					9～15	4	
					>15	6	
厚度（mm）		±10	1000m²	1		用钢尺量

三、石灰、粉煤灰稳定砂砾基层

（一）检验要点

1. 混合料应由搅拌厂集中拌制且应符合下列规定。

（1）宜采用强制式搅拌机拌制，并应符合下列要求。

1）搅拌时应先将石灰、粉煤灰搅拌均匀，再加入砂砾（碎石）和水搅拌均匀。混合料含水量宜略大于最佳含水量。

2）拌制石灰粉煤砂砾均应做延迟时间试验，以确定混合料在贮存场存放时间及现场完成作业时间。

3）混合料含水量应视气候条件适当调整。

（2）搅拌厂应向现场提供产品合格证及石灰活性氧化物含量、集料级配、混合料配合比及 R7 强度标准值的资料。

2. 摊铺除遵守 CJJ 1—2008 第 7.2.6 条的有关规定外，尚应符合下列规定。

（1）混合料在摊铺前其含水量宜在最佳含水量的允许偏差范围内。

（2）混合料每层最大压实厚度应为 20cm，且不宜小于 10cm。

（3）摊铺中发生粗、细集料离析时，应及时翻拌均匀。

3. 碾压应符合 CJJ 2—2008 第 7.2.7 条的有关规定。

4. 养护应符合下列规定。

（1）混合料基层，应在潮湿状态下养护。养护期视季节而定，常温下不宜少于 7d。

（2）采用洒水养护时，应及时洒水，保持混合料湿润；采用喷洒沥青乳液养护时，应及时在乳液而撒嵌丁料。

编号：020001□□

表5-17 基层（石灰稳定土）检验批质量检验记录表

工程名称		分部工程名称		分项工程名称	石灰稳定土基层
施工单位		施工员		项目经理	
分包单位		分包项目经理		施工班组长	
工程数量		验收部位（或桩号）		项目技术负责人	
交方班组		接方班组		检查日期	年 月 日

检查项目	序号	检查内容	检验依据/允许偏差（规定值或允许偏差值）	检验频率 范围	检验频率 点数	检查结果/实测点偏差值或实测值 1 2 3 4 5 6 7 8 9 10	应测点数	合格点数	合格率（%）
主控项目	1	材料	土、石灰应符合 CJJ 1—2008 第7.2.1条规定	不同材料进场批次	1次	检验报告编号：			
	2	压实度	快速路、主干路基层≥97%，底基层≥95%；其他等级路基层≥95%，底基层≥93%	1000m² 每压实层	1	检验报告编号：			
	3	抗压强度（mm/100）	符合设计要求	2000m²	1组	报告编号：			
	4	弯沉值（mm/100）	（设计有要求时）≤设计规定	20m	1	检验报告编号：			
一般项目	1	中线偏位（mm）	≤20	100m	1				
	2	纵断高程（mm）	基层 ±15 / 底基层 ±20	20m	1				
	3	平整度（mm）	基层 ≤10 / 底基层 ≤15	20m	1～3				
	4	宽度（mm）	≥设计规定＋B	40m	1				
	5	横坡	±0.3%且不反坡	20m	2～6				
	6	厚度（mm）	±10	1000m²	1				
施工单位检查评定结论									
监理（建设）单位意见									

项目专业质量检查员：（签字）

监理工程师：（签字）

（或建设单位项目专业技术负责人）：（签字） 年 月 日

注：1. B为基层宽度。
2. 本表由施工项目专业质量检查员填写，监理工程师（建设单位项目技术负责人）组织项目专业质量检查员等进行验收，并应按表进行记录。

（3）养护期间宜封闭交通。需通行的机动车辆应限速，严禁履带车辆通行。

（二）检验标准

石灰、粉煤灰稳定砂砾（碎石）基层及底基层质量检验应符合下列规定。

1. 主控项目

（1）原材料质量检验应符合下列要求。

1）土应符合 CJJ 1—2008 第 7.2.1 条第 1 款或第 7.4.1 条第 4 款的规定。

2）石灰应符合 CJJ 1—2008 第 7.2.1 条第 2 款的规定。

3）粉煤灰应符合 CJJ 1—2008 第 7.3.1 条第 2 款的规定。

4）砂砾应符合 CJJ 1—2008 第 7.4.1 条第 3 款的规定。

5）水应符合 CJJ 1—2008 第 7.2.1 条第 3 款的规定。

检查数量：按不同材料进场批次，每批检查 1 次。

检验方法：查检验报告、复验。

（2）基层、底基层的压实度应符合下列要求：

1）城市快速路、主干路基层大于或等于 97%，底基层大于或等于 95%。

2）其他等级道路基层大于或等于 95%，底基层大于或等于 93%。

检查数量：每 1000m²，每压实层抽检 1 次。

检验方法：环刀法、灌砂法或灌水法。

（3）基层、底基层试件做 7d 无侧限抗压强度，应符合设计要求。

检查数量：每 2000m² 抽检 1 次（6 块）。

检验方法：现场取样试验。

2. 一般项目

（1）表面应平整、坚实、无粗细集料集中现象，无明显轮迹、推移、裂缝，接茬平顺，无贴皮、散料。

（2）基层及底基层允许偏差应符合表 5-16 的规定。

（三）石灰、粉煤灰稳定砂砾（三渣）基层检验方法

检测石灰、粉煤灰稳定砂砾（三渣）基层压实度：采用环刀法作为压实度的检测方法。检测方法参照规程规定。

（四）石灰、粉煤灰稳定砂砾（三渣）基层验收批质量检验记录表（样式）

石灰、粉煤灰稳定砂砾（三渣）基层验收批质量检验记录表见表 5-18。

四、水泥稳定土类基层（水泥稳定碎石基层）

（一）检验要点

1. 原材料应符合下列规定。

（1）水泥应符合下列要求。

1）应选用初凝时间大于 3h、终凝时间不小于 6h 的 32.5 级、42.5 级普通硅酸盐水泥、矿渣硅酸盐水泥、火山灰硅酸盐水泥。水泥应有出厂合格证与生产日期，复验合格方可使用。

2）水泥贮存期超过 3 个月或受潮，应进行性能试验，合格后方可使用。

（2）土应符合下列要求。

表5-18　基层石灰、粉煤灰、砂砾（碎石）检验批质量检验记录表

编号：020002□□

工程名称		分项工程名称	
施工单位		项目经理	
分包单位		施工班组长	
工程数量		项目技术负责人	
交方班组		接方班组		检查日期　年　月　日

检查项目	序号	检查内容	检验依据或允许偏差（规定值或±土偏差值）	检验频率 范围	检验频率 点数	检查结果/实测点偏差值或实测值 1 2 3 4 5 6 7 8 9 10	应测 点数	合格 点数	合格率（%）
主控项目	1	材料	石灰、粉煤灰砂砾应符合 CJJ 1—2008 第7.2.1、7.3.1条规定	不同材料进场批次	1次	检验报告编号：			
	2	压实度	快速路、主干路基层≥97%，底基层≥95%；其他等级路基层≥95%，底基层≥93%	1000m² 每压实层	1	检验报告编号：			
	3	抗压强度（mm）	符合设计要求	2000m²	1组	报告编号：			
	4	弯层值（mm/100）	（设计有要求时）>设计规定	20m	1	检验报告编号：			
一般项目	1	中线偏位（mm）	≤20	100m	1				
	2	纵断高层（mm）	基层 ±15　底基层 ±20	20m	1				
	3	平整度（mm）	基层 ≤10　底基层 ≤15	20m	1～3				
	4	宽度（mm）	≥设计规定＋B	40m	1				
	5	横坡	±0.3%且不反坡	20m	2～6				
	6	厚度（mm）	±10	1000m²	1				

施工单位检查评定结论	项目专业质量检查员：（签字）
监理（建设）单位意见	监理工程师：（签字） （或建设单位项目技术负责人）：（签字）　年　月　日

注：1. B为基层层宽度。
　　2. 本表由施工项目专业质量检查员填写，监理工程师（建设单位项目技术负责人）组织项目专业质量检查员等进行验收，并应按表进行记录。

1）土的均匀系数不应小于 5，宜大于 10，塑性指数宜为 10～17。

2）土中小于 0.6mm 颗粒的含量应小于 30%。

3）宜选用粗粒土、中粒土。

（3）粒料应符合下列要求：

1）级配碎石、砂砾、未筛分碎石、碎石土、砾石和矸石、粒状矿渣材料均可做粒料原材。

2）当作基层时，粒料最大粒径不宜超过 37.5mm。

3）当作底基层时，粒料最大粒径；对城市快速路、主干路不应超过 37.5mm；对次干路及以下道路不应超过 53mm。

4）各种粒料，应按其自然级配状况，经人工调整使其符合规定。

5）碎石、砾石、煤矸石等的压碎值；对城市快速路、主干路基层与底基层不应大于 30%；对他们道路基层不应大于 30%，对底基层不应大于 35%。

6）集料中有机质含量不应超过 2%。

7）集料中硫酸盐含量不应超过 0.25%。

（4）水应符合 CJJ 1—2008 第 7.2.1 条第 3 款的规定。

2. 城镇道路中使用水泥稳定土类材料，宜采用搅拌厂集中拌制。

3. 集中搅拌水泥稳定土类材料应符合下列规定。

（1）集料应过筛，级配应符合设计要求。

（2）混合料配合比应符合要求，计量准确，含水量应符合施工要求，并搅拌均匀。

（3）搅拌厂应向现场提供产品合格证及水泥用量，粒料级配、混合料配合比，R7 强度标准值。

（4）水泥稳定土类材料运输时，应采取措施防止水分损失。

4. 摊铺应符合下列规定。

（1）施工前应通过实验确定压实系数，水泥土的压实系数宜为 1.53～1.58；水泥稳定砂砾的压实系数宜为 1.30～1.35。

（2）宜采用专用摊铺机械摊铺。

（3）水泥稳定土类材料自搅拌至摊铺完成，不应超过 3h。应按当班施工长度计算用料量。

（5）分层摊铺时，应在下层养护 7d 后，方可摊铺上层材料。

5. 碾压应符合下列规定。

（1）应在含水量等于或略大于最佳含水量时进行。碾压找平应符合 CJJ 1—2008 第 7.2.7 条的有关规定。

（2）宜采用 12～18t 压路机做初步稳定碾压，混合料初步稳定后用大于 18t 的压路机碾压，压至表面平整，无明显轮迹，且达到要求的压实度。

（3）水泥稳定土类材料，宜在水泥初凝前碾压成活。

（4）当使用振动压路机时，应符合环境保护和周围建筑物及地下管线、构筑物的安全要求。

6. 接缝应符合 CJJ 2—2008 第 7.2.8 条的有关规定。

7. 养护应符合下列规定。

（1）基层宜采用洒水养护，保持湿润。采用乳化沥青养护，应在其上撒布适量石屑。

（2）养护期间应封闭交通。

（3）常温下成活后应经 7d 养护，方可在其上铺筑面层。

（二）检验标准

水泥稳定土类基层及底基层质量检验应符合下列规定。

1. 主控项目

（1）原材料质量检验应符合下列要求。

1）水泥应符合 CJJ 1—2008 第 7.5.1 条第 1 款的规定。

2）土类材料应符合 CJJ 1—2008 第 7.5.1 条第 2 款的规定。

3）粒料应符合 CJJ 1—2008 第 7.5.1 条第 3 款的规定。

4）水应符合 CJJ 1—2008 第 7.2.1 条第 3 款的规定。

检查数量：按不同材料进场批次，每批次检查 1 次。

检验方法：查检验报告、复验。

（2）基层、底基层的压实度应符合下列要求。

1）城市快速路、主干路基层大于等于 97％，底基层大于等于 95％。

2）其他等级道路基层大于等于 95％；底基层大于等于 93％。

检查数量：每 1000m²，每压实层抽查 1 次。

检验方法：灌砂法或灌水法。

（3）基层、底基层 7d 的无侧限抗压强度应符合设计要求。

检查数量：每 2000m² 抽查 1 次（6 块）。

检验方法：现场取样试验。

2．一般项目

（1）表面应平整、坚实、接缝平顺，无明显粗、细集料集中现象，无推移、裂缝、贴皮、松散、浮料。

（2）基层及底基层的偏差应符合 CJJ 1—2008 表 7.8.1 的规定。

（三）水泥稳定土类（水泥稳定碎石）基层检验方法

水泥稳定碎石基层压实度检验方法：采用挖坑灌砂法作为压实度的检测方法，检测方法参照规程规定。

（四）水泥稳定土类基层（水泥稳定碎石基层）验收批质量检验记录表（样式）

水泥稳定土类基层（水泥稳定碎石基层）验收批质量检验记录表见表 5-19。

五、级配碎石及级配碎砾石基层

（一）检验要点

1. 级配碎石及级配碎砾石材料应符合下列规定。

（1）轧制碎石的材料可为各种类型的岩石（软质岩石除外）、砾石。轧制碎石的砾石粒径应为碎石最大粒径的 3 倍以上，碎石中不应有黏土块、植物根叶、腐殖质等有害物质。

（2）碎石中针片状颗粒的总含量不应超过 20％。

（3）级配碎石及级配碎砾石颗粒范围和技术指标应符合表 5-20 的规定。

（4）级配碎石及级配碎砾石石料的压碎值应符合表 5-21 的规定。

表5-19 基层（水泥稳定土类）检验批质量检验记录

编号：020004□□　水泥稳定土类基层

工程名称		分部工程名称		分项工程名称	
施工单位		施工员		项目经理	
分包单位		分包项目经理		施工班组长	
工程数量		验收部位（或桩号）		项目技术负责人	
交方班组		接方班组		检查日期	年 月 日

检查项目	序号	检查内容	检验依据/允许偏差（规定值或土偏差值）	检验频率范围	点数	检查结果/实测点偏差值或实测值 1	2	3	4	5	6	7	8	9	10	应测点数	实测点数	合格率（%）
主控项目	1	材料	水泥土粒料应符合CJJ 1—2008 第7.5.1条规定	不同材料进厂批次	1次					检验报告编号：								
	2	压实度	快速路、主干路基层≥97%，底基层≥95%；其他等级路基层≥95%，底基层≥93%	1000m² 每压实层	1					检验报告编号：								
	3	无侧限抗压强度	符合设计要求	2000m²	1组					检验报告编号：								
	4	弯沉值（mm/100）	（设计有要求时）>设计规定	20m	1					报告编号：								
一般项目	1	中线偏位（mm）	≤20	100m	1													
	2	纵断高程（mm）	基层 ±15　底基层 ±20	20m	1													
	3	平整度（mm）	基层 ≤10　底基层 ≤15	20m	1～3													
	4	宽度（mm）	>设计规定+B	40m	1													
	5	横坡	±0.3%且不反坡	20m	2～6													
	6	厚度（mm）	±10	1000m²	1													

施工单位检查评定结论	项目专业质量检查员：（签字）　项目专业质量（技术）负责人：（签字）
监理（建设）单位意见	监理工程师：（签字）　（或建设单位项目专业技术负责人）：（签字）　年 月 日

注：
1. B为基层宽度。
2. 本表由施工项目专业质量检查员填写，监理工程师（建设单位项目专业技术负责人）组织项目。专业质量检查员等进行验收，并应按本表进行记录。

（5）碎石或碎砾石应为多棱角块体，软弱颗粒含量应小于5%；扁平细长碎石含量应小于20%。

表 5-20 级配碎石及级配碎砾石颗粒范围和技术指标

项目		通过质量百分率（%）			
		基层		底基层③	
		次干路及以下道路	城市快速路、主干路	次干路及以下道路	城市快递路、主干路
筛孔尺寸（mm）	53			100	
	37.5	100		85～100	100
	31.5	90～100	100	69～88	83～100
	19.0	73～88	85～100	40～65	54～84
	9.5	49～69	52～74	19～43	29～59
	4.75	29～54	29～54	10～30	17～45
	2.36	17～37	17～37	8～25	11～33
	0.6	8～20	8～20	6～18	6～21
	0.075	0～7②	0～7②	0～10	0～10
液限（%）		<28	<28	<28	<28
塑性指数		<6（或9①）	<6（或9①）	<6（或9①）	<6（或9①）

注：1. 表示潮湿多雨地区塑性指数宜小于6，其他地区塑性指数小于9。

2. 表示对于无塑性的混合料，小于0.075mm的颗粒含量接近高限。

3. 表示底基层所列为未筛分碎石颗粒组成范围。

表 5-21 级配碎石及级配碎砾石压碎值

项目	压碎值（%）	
	基层	底基层
城市快速路、主干路	<26	<30
次干路	<30	<35
次干路及以下道路	<35	<40

2. 摊铺应符合下列规定。

（1）宜采用机械摊铺符合级配要求的厂拌级配碎石或级配碎砾石。

73

（2）压实系数应通过试验段确定，人工摊铺宜为 1.40～1.50；机械摊铺宜为 1.25～1.35。

（3）摊铺碎石每层应按虚厚一次铺齐，颗粒分布应均匀，厚度一致，不得多次找补。

（4）已摊平的碎石，碾压前应断绝交通，保持摊铺层清洁。

3. 碾压除应遵守 CJJ 1—2008 第 7.2 节的有关规定外，尚应符合下列规定。

（1）碾压前和碾压中应适量洒水。

（2）碾压中对有过碾现象的部位，应进行换填处理。

4. 成活应符合下列规定。

（1）碎石压实后及成活中应适量洒水。

（2）视压实碎石的缝隙情况撒布嵌缝料。

（3）宜采用 12t 以上的压路机碾压成活，碾压至缝隙嵌挤应密实，稳定坚实，表面平整，轮迹小于 5mm。

（4）未铺装上层前，对已成活的碎石基层应保持养护，不得开放交通。

（二）检验标准

级配碎石及级配碎砾石基层和底基层施工质量检验应符合下列规定。

1. 主控项目

（1）碎石与嵌缝料质量及级配应符合 CJJ 1—2008 第 7.7.1 条的有关规定。

检查数量：按不同材料进场批次，每批次抽检不应少于 1 次。

检验方法：查检验报告。

（2）级配碎石压实度，基层不得小于 97%，底基层不应小于 95%。

检查数量：每 1000m² 抽检 1 点。

检验方法：灌砂法或灌水法。

（3）弯沉值，不应大于设计规定。

检查数量：设计规定时每车道、每 20m，测 1 点。

检验方法：弯沉仪检测。

2. 一般项目

（1）外观质量：表面应平整、坚实，无推移、松散、浮石现象。

检查数量：全数检查。

检验方法：观察。

（2）级配碎石及级配碎砾石基层和底基层的偏差应符合 CJJ 1—2008 表 7.8.3 的有关规定。

（三）检验方法

1. 级配碎石及级配碎砾石基层压实度检验方法：采用挖坑灌砂法作为压实度的检测方法，检测方法参照规程规定。

2. 级配碎石及级配碎砾石基层弯沉值检验方法：采用贝克曼梁法作为弯沉值的检测方法，检测方法参照规程规定。

（四）级配碎石及级配碎砾石基层检验批质量检验记录表（样式）

级配碎石及级配碎砾石基层检验批质量检验记录表见表 5-22。

表5-22 基层（级配碎石、碎砾石）检验批质量检验记录表

编号：020006□□

工程名称			分部工程名称		分项工程名称	级配砂砾、砾石基层
施工单位			施工员		项目经理	
分包单位			分包项目经理		施工班组长	
工程数量			验收部位（或桩号）		项目技术负责人	
交方班组			接方班组		检查日期	年 月 日

检查项目	序号	检查内容	检验依据／允许偏差（规定值或土偏差值）	检验频率		检验报告编号： 1 2 3 4 5 6 7 8 9 10	检查结果／实测点偏差值或实测值	应测点数	实测点数	合格率（%）
				范围	点数				
主控项目	1	材料	碎石与嵌缝料质量及级配符合 CJJ 1—2008 第 7.7.1 条规定	按不同材料进场批次	每批1次				
	2	压实度	基层≥97%，底基层≥95%	1000m²	1	检验报告编号：			
	3	弯沉值	（设计有要求时）＞设计规定	每车道、每20m	1	检验报告编号：			
一般项目	1	中线偏位（mm）	≤20	100m	1	检验报告编号：			
	2	纵断高程（mm）	基层 ±15 底基层 ±20	20m	1				
	3	平整度（mm）	基层 ≤10 底基层 ≤15	20m	1～3				
	4	宽度（mm）	≥设计规定＋B	40m	1				
	5	横坡	±0.3%且不反坡	20m	路宽<9m 2 路宽9～15m 4 路宽>15m 6				
	6	厚度（mm）	碎石＋20；−10 碎砾石＋20 −10%层厚	1000m²	1				
施工单位检查评定结论									
监理（建设）单位意见			项目专业质量检查员：（签字） 专业质量检查员等进行验收。			7 监理工程师：（签字） （或建设单位项目专业技术负责人）组织项目。		年 月 日	

项目专业质量检查员：（签字）
（或建设单位项目专业技术负责人）组织项目。专业质量检查员等进行验收。

7 监理工程师：（签字）
监理工程师（建设单位项目专业技术负责人）

年 月 日

注：1. B 为基层宽度。
2. 本表由施工项目专业质量检查员填写，监理工程师（建设单位项目专业技术负责人）组织项目，专业质量检查员等进行验收，并应按表进行记录。

第四节 面 层

一、沥青混合料

（一）热拌沥青混合料面层

1. 检验要点

（1）检验要点

1）沥青混合料面层不得在雨、雪天气及环境最高温度低于 5℃ 时施工。

2）当采用旧沥青路面作为基层加铺沥青混合料面层时，应对原有路面进行处理、整平或补强，符合设计要求，并应符合下列规定。

① 符合设计强度，基本无损坏的旧沥青路面经整平后可作基层使用。

② 旧路面有明显损坏，但强度能达到设计要求的，应对损坏部分进行处理。

③ 填补旧沥青路面，凹坑应按高程控制、分层铺筑，每层最大厚度不宜超过 10cm。

3）当旧水泥混凝土路面作为基层加铺沥青混合料面层时，应对原水泥混凝土路面进行处理，整平或补强，符合设计要求，并应符合下列规定。

① 对原混凝土路面应做弯沉试验，符合设计要求，经表面处理后，可做基层处理。

② 对原混凝土路面层和基层间的空隙，应填充处理。

③ 对局部破损的原混凝土面层应剔除，并修补完好。

④ 对混凝土面层的胀缝、缩缝、裂缝应清理干净，并应采取防反射裂缝措施。

4）基层施工透层油或下封层后，应及时铺筑面层。

（2）各层沥青混合料应满足所在层位的功能性要求，便于施工，不得离析。各层应连续施工并连结成一体。

（3）沥青混合料搅拌及施工温度应根据沥青标号及黏度、气候条件、铺装层的厚度、下卧层温度确定。

1）普通沥青混合料搅拌及压实温度宜通过在 135～175℃ 条件下测定的黏度温度曲线，按表 5-23 确定。当缺乏黏度温度曲线数据时，可按表 5-24 的规定，结合实际情况确定混合料的搅拌及施工温度。

表 5-23 沥青混合料搅拌及压实时适宜温度相应的黏度

黏度	适宜于搅拌的沥青混合料黏度	适宜于压实的沥青混合料黏度	测定方法
表观黏度	（0.17±0.02）Pa·s	（0.28±0.03）Pa·s	T0625
运动黏度	（170±20）mm/s	（280±30）mm/s	T0619
赛波特黏度	（85±10）s	（140±15）s	T0623

表 5-24 热拌沥青混合料的搅拌及施工温度（℃）

施工工序		石油沥青的标号			
		50 号	70 号	90 号	110 号
沥青加热温度		150～170	155～165	150～160	145～155
矿料加热温度	间隙式搅拌机	集料加热温度比沥青温度高 10～30			
	连续式搅拌机	矿料加热问题比沥青温度高 5～10			

续表

施工工序	石油沥青的标号			
	50 号	70 号	90 号	110 号
沥青混合料出料温度①	150～170	145～165	140～160	135～155
混合料贮存料仓贮存温度	贮料过程中温度降低不超过 10			
混合料废弃温度，高于	200	195	190	185
运输到现场温度，不低于①	145～165	140～155	135～145	130～140
混合料排铺温度，不低于①	140～160	135～150	130～140	125～135
开始碾压的混合料内部温度，不低于①	135～150	130～145	125～135	120～130
碾压终了的表面温度，不低于①	80～85	70～80	65～75	60～70
	75	70	60	55
开放交通的路表面温度，不高于②	50	50	50	45

注：1. 沥青混合料的施工温度采用具有金属探测针的插入式数显温度计测量，表面温度可采用表面接触式温度计测定。当用红外线温度计测量表面温度时，应进行标定。

2. 表中未列入的 130 号、160 号及 30 号沥青的施工温度由试验确定。

3. ①常温下宜用低值，低温下宜用高值。

4. ②视压路机类型而定，轮胎压路机取高值，振动压路机取低值。

2）聚合物改性沥青混合料搅拌及施工温度应根据实践经验经试验确定。通常宜较普通沥青混合料温度提高 10～20℃。

3）SMA 混合料的施工温度应经试验确定。

（4）热拌沥青混合料宜由有资质的沥青混合料集中搅拌站供应。

（5）沥青混合料出厂时，应逐车检测沥青混合料的质量和温度，并附载有出场时间的运料单。不合格品不得出厂。

（6）热拌沥青混合料的摊铺应符合下列规定。

1）热拌沥青混合料应采用机械摊铺。摊铺温度应符合 CJJ 1—2008 表 8.2.5-2 的规定。城市快速路、主干路宜采用两台以上摊铺机联合摊铺。每台机器的摊铺宽度宜小于 6m。表面层宜采用多机全幅摊铺，减少施工接缝。

2）摊铺机应具有自动或半自动方式调节摊铺厚度及找平的装置，可加热的振动熨平板或初步振动压实装置、摊铺宽度可调整等功能，且受料斗容量应能保证更换运料车时连续摊铺。

3）采用自动调平摊铺机摊铺最下层沥青混合料时，应使用钢丝或路缘石、平石控制高程与摊铺厚度，以上各层可用导梁引导高程控制，或采用声纳平衡梁控制方式。经摊铺机初步压实的摊铺层应符合平整度、横坡的要求。

4）沥青混合料的最低摊铺温度应根据气温、下卧表面温度、摊铺层厚度与沥青混合料种类经试验确定。城市快速路、主干路不宜在气温低于 10℃条件下施工。

5）沥青混合料的松铺系数应根据混合料类型、施工机械和施工工艺等应通过试验段确定，试验段长不宜小于 100m。松铺系数可按照表 5-25 进行初选。

表 5-25　沥青混合料的松铺系数

种类	机械摊铺	人工摊铺
沥青混凝土混合料	1.15～1.35	1.25～1.50
沥青碎石混合料	1.15～1.30	1.20～1.45

6）铺沥青混合料应均匀、连续不间断，不得随意变换摊铺速度或中途停顿。摊铺速度宜为 2～6m/min。摊铺时螺旋送料器应不停地转动，两侧应保持有不少于送料器高度 2/3 的混合料，并保证在摊铺机全宽度断面上不发生离析。熨平板按所需厚度固定后不得随意调整。

7）摊铺层发生缺陷应找补，并停机检查，排除故障。

8）路面狭窄部分、平曲线半径过小的匝道小规模工程可采用人工摊铺。

（7）热拌沥青混合料的压实应符合下列规定。

1）应选择合理的压路机组合方式及碾压步骤，以达到最佳碾压结果。沥青混合料压实宜采用钢筒式静态压路机与轮胎压路机或振动压路机组合的方案压实。

2）压实应按初压、复压、终压（包括成形）三个阶段进行。压路机应以慢而均匀的速度碾压，压路机的碾压速度宜符合表 5-26 的规定。

表 5-26　压路机碾压速度（km/h）

压路机类型	初压		复压		终压	
	适宜	最大	适宜	最大	适宜	最大
钢筒式压路机	1.5～2	3	2.5～3.5	5	2.5～3.5	5
轮胎压路机			3.5～4.5	6	4～6	8
振动压路机	1.5～2（静压）	5（静压）	1.5～2（振动）	1.5～2（振动）	2～3（静压）	5（静压）

3）初压应符合下列要求。

① 初压温度应符合表 5-24 的有关规定，以能稳定混合料，且不产生推移、开裂为度。

② 碾压应从外侧向中心碾压，碾速稳定均匀。

③ 初压应采用轻型钢筒式压路机碾压 1～2 遍。初压后应检查平整度、路拱，必要时应修整。

4）复压应紧跟初压连续进行，并应符合下列要求。

① 复压应连续进行。碾压段长度宜为 60～80m。当采用不用型号的压路机组合碾压时，每一台压路机均应做全幅碾压。

② 密级配沥青混凝土宜优先采用重型的轮胎压路机进行碾压，碾压到要求的压实度为止。

③ 对大粒径沥青稳定碎石类的基层，宜优先采用振动压路机复压。厚度小于 30mm 的沥青层不宜采用振动压路机碾压。相邻碾压带重叠宽度宜为 10～20cm。振动压路机折返时应先停止振动。

④ 采用三轮钢筒式压路机时，总质量不宜小于 12t。

⑤ 大型压路机难于碾压的部位，宜采用小型压实工具进行压实。

5）终压温度应符合表 5-24 的有关规定。终压宜选用双轮钢筒式压路机，碾压至无明显轮迹为止。

（8）SMA 和 OGFC 混合料的压实应符合下列规定。

1）SMA 混合料宜采用振动压路机或钢筒式压路机碾压。

2）SMA 混合料不宜采用轮胎压路机碾压。

3）OGFC 混合料宜用 12t 以上的钢筒式压路机碾压。

（9）碾压过程中碾压轮应保持清洁，可对钢轮涂刷隔离剂或防黏剂，严禁刷柴油。当采用向碾压轮喷水（可添加少量表面活性剂）方式时，必须严格控制喷水量应成雾状，不得漫流。

（10）压路机不得在未碾压成形路段上转向、调头、加水或停留。在当天成形的路面上，不得停放各种机械设备或车辆，不得散落矿料、油料等杂物。

（11）接缝应符合下列规定。

1）沥青混合料面层的施工接缝应紧密、平顺。

2）上、下层的纵向热接缝应错开 15cm；冷接缝应错开 30～40cm。相邻两幅及上下层的横向接缝均应错开 1m 以上。

3）表面层接缝应采用直茬，以下各层可采用斜接茬，层较厚时也可做阶梯形接茬。

4）对冷接茬施作前，应在茬面涂少量沥青并预热。

（12）热拌沥青混合料路面应待摊铺层自然降温至表面温度低于 50℃后，方可开放交通。

（13）沥青混合料面层完成后应加强保护，控制交通，不得在面层上堆土或拌制砂浆。

2. 检验标准

热拌沥青混合料面层质量检验应符合下列规定。

（1）主控项目

1）热拌沥青混合料质量应符合下列要求。

① 道路用沥青的品种、标号应符合国家现行有关标准和 CJJ 1—2008 第 8.1 节的有关规定。

检查数量：按一生产厂家、同一品种、同一标号、同一批号连续进场的沥青（石油沥青每 100t 为 1 批，改性沥青每 50t 为 1 批）每批次抽检 1 次。

检验方法：查出厂合格证，检验报告并进场复验。

② 沥青混合料所选用的粗集料、细集料、矿粉、纤维稳定剂等的质量及规格应符合 CJJ 1—2008 第 8.1 节的有关规定。

检查数量：按不同品种产品进场批次和产品抽样检验方案确定。

检验方法：观察、检查进场检验报告。

③ 热拌沥青混合料、热拌改性沥青混合料、SMA 混合料，查出厂合格证、检验报告并进场复验，拌合温度、出厂温度应符合 CJJ 1—2008 第 8.2.5 条的有关规定。

检验数量：全数检查。

检验方法：查测温记录，现场检测温度。

④ 沥青混合料品质应符合马歇尔试验配合比技术要求。

检验数量：每日、每品种检查 1 次。

检验方法：现场取样试验。

2）热拌沥青混合料面层质量检验应符合下列规定。

① 沥青混合料面层压实度，对城市快速路、主干路不应小于96％；对次干路及以下道路不应小于95％。

检验数量：每1000m² 测1点。

检验方法：查试验记录（马歇尔实试件密度、试验室标准密度）。

② 面层厚度应符合设计规定，允许偏差为-5～+10mm。

检验数量：每1000m² 测1点。

检验方法：钻孔或刨挖，用钢尺量。

③ 弯沉值，不应大于设计规定。

检验数量：每车道、每道20m，测1点。

检验方法：弯沉仪检测。

（2）一般项目

1）表面应平整、坚实，接缝紧密，无枯焦；不应有明显轮迹、推挤裂缝、脱落、烂边、油斑、掉渣等现象，不得污染其他构筑物。面层与路缘石、平石及其他构筑物应接顺，不得有积水现象。

检查数量：全数检查。

检验方法：观察。

2）热拌沥青混合料面层允许偏差应符合表5-27的规定。

表 5-27 热拌沥青混合料面层允许偏差

项目			允许偏差	检验频率			检验方法
				范围	点数		
纵断高程（mm）			±15	20m	1		用水准仪测量
中线偏位（mm）			≤20	100m	1		用经纬仪测量
平整度（mm）	标准差σ值	快速路、主干路	≤1.5	100m	路宽（m）	<9	1	用测平仪检测，见注①
						9～15	2	
		次干路、支路	≤2.4			>15	3	
	最大间隙	次干路、支路	≤5	20m	路宽（m）	<9	1	用3m直尺和塞尺连续量取两尺，取较大值
						9～15	2	
						>15	3	
宽度（mm）			不小于设计值	40m	1		用钢尺量
横坡			±0.3%且不反坡	20m	路宽（m）	<9	2	用水准仪测量
						9～15	4	
						>15	6	
井框与路面高差（mm）			≤5	每座	1		十字法，用直尺、塞尺量取最大值

续表

项目		允许偏差	检验频率		检验方法
			范围	点数	
抗滑	摩托系数	符合设计要求	200m	1	摆式仪
			全线连续		横向力系数车
	构造深度	符合设计要求	200m	1	砂铺法
					激光构造深度仪

注：1. 测平仪为全线每车道连续检测 100m 计算标准差 σ；无测平仪时可以采用 3m 直尺检测；表中检验频率点数为测线数。

2. 平整度、抗滑性能也可采用自动检测设备进行检测。

3. 底基层表面、下面层应按设计规定用量洒泼透层油、粘层油。

4. 中面层、底面层仅进行中线偏位、平整度、宽度、横坡的检测。

5. 改性（再生）沥青混凝土路面可采用此表进行检验。

6. 十字法检查井框与路面高差，每座检查井均应检查，十字法检查中，以平行于道路中线，过检查井盖中心的直线做基线，另一条线与基线垂直，构成检查用十字法。

3. 检验方法

（1）热拌沥青混合料面层压实度检验：采用钻芯法为热拌沥青混合料面层压实度的检测方法。

1）检测标准：JTG E60—2008《公路路基路面现场测试规程》——T 0924—2008《钻芯法测定沥青面层压实度试验方法》。

2）目的与适用范围

① 沥青混合料面层的压实度是按施工规范规定的方法测定的混合料试样的毛体积密度与标准密度之比值，以百分率表示。

② 本方法适用于检验从压实的沥青路面上钻取的沥青混合料芯样试件的密度，以评定沥青面层的施工压实度。

3）仪器与材料技术要求

本方法需要下列仪器与材料：

① 路面取芯钻机。

② 天平：感量不大于 0.1g。

③ 水槽。

④ 吊篮。

⑤ 石蜡。

⑥ 其他：卡尺、毛刷、小勺、取样袋（容器）、电风扇。

4）方法与步骤

① 钻取芯样

按本规程"T0901 取样方法"钻取路面芯样，芯样直径不宜小于 ϕ100mm。当一次钻孔取得的芯样包含有不同层位的沥青混合料时，应根据结构组合情况用切割机将芯样沿各层结合面锯开分层进行测定。

钻孔取样应在路面完全冷却后进行，对普通沥青路面通常在第二天取样，对改性沥青及

SMA 路面宜在第三天以后取样。

② 测定试件密度

a. 将钻取的试件在水中用毛刷轻轻刷净黏附的粉尘。如试件边角有浮动颗粒，应仔细清除。

b. 将试件晾干或用电风扇吹干不少于 24h，直至恒重。

c. 按现行 JTJ 052《公路工程沥青及沥青混合料试验规程》的沥青混合料试件密度试验方法测定试件密度 ρ_s。通常情况下采用表干法测定试件的毛体积相对密度；对吸水率大于 2% 的试件，宜采用蜡封法测定试件的毛体积相对密度；对吸水率小于 0.5% 特别致密的沥青混合料，在施工质量检验时，允许采用水中重法测定表观相对密度。

③ 根据 JTG F40—2004《公路沥青路面施工技术规范》附录 E 的规定，确定计算压实度的标准密度。

5）计算

① 当计算压实度的标准密度采用每天试验室实测的马歇尔击实试件密度或试验路段钻孔取样密度时，沥青面层的压实度按式（5-1）计算。

$$K = \frac{\rho_s}{\rho_0} \times 100 \tag{5-1}$$

式中：K——沥青面层某一测定部位的压实度（%）；

ρ_s——沥青混合料芯样试件的实际密度（g/cm³）；

ρ_0——沥青混合料的标准密度（g/cm³）。

② 计算压实度的标准密度采用最大理论密度时，沥青面层的压实度按式（5-2）计算。

$$K = \frac{\rho_s}{\rho_t} \times 100 \tag{5-2}$$

式中：ρ_s——沥青混合料芯样试件的实际密度（g/cm³）；

ρ_t——沥青混合料的标准密度（g/cm³）。

③ 按 T 0924—2008《钻芯法测定沥青面层压实度试验方法》附录 B 的方法，计算一个评定路段检测的压实度的平均值、标准差、变异系数，并计算代表压实度。

6）报告

压实度试验报告应记载压实度检查的标准密度及依据，并列表表示各测点的试验结果。

（2）热拌沥青混合料面层厚度检测：采用钻芯法为热拌沥青混合料面层厚度的检测方法。

1）检测标准：JTG E60—2008《公路路基路面现场测试规程》——T 0912—2008《挖坑及钻芯法测定路面厚度试验方法》。

2）目的与适用范围

本方法适用于路面各层施工过程中的厚度检验及工程交工验收检查使用。

3）仪具与材料技术要求

本方法根据需要选用下列仪具和材料。

① 挖坑用镐、铲、凿子、锤子、小铲、毛刷。

② 路面取芯样钻机及钻头、冷却水。钻头的标准直径为 φ100mm，如芯样仅供测量厚度，不做其他试验时，对沥青面层与水泥混凝土板可用直径 φ50mm 的钻头，对基层材料有可能损坏试件时，也可用直径 φ150mm 的钻头，但钻孔深度均必须达到层厚。

③ 量尺：钢板尺、钢卷尺、卡尺。

④ 补坑材料：与检查层位的材料相同。

⑤ 补坑用具：夯、热夯、水等。

⑥ 其他：搪瓷盘、棉纱等。

4）钻孔取芯样法厚度测试步骤

① 根据现行相关规范的要求，按《挖坑及钻芯法测定路面厚度试验方法》T 0912—2008 附录 A 的方法，随机取样决定钻孔检查的位置，如为旧路，该点有坑洞等显著缺陷或接缝时，可在其旁边检测。

② 按规程 T0901 的方法用路面取芯钻机钻孔，芯样的直径应符合本方法第 2 条的要求，钻孔深度必须达到层厚。

③ 仔细取出芯样，清除底面灰土，找出与下层的分界面。

④ 用钢板尺或卡尺圆周对称的十字方向四处量取表面至上下层界面的高度，取其平均值，即为该层的厚度，准确至 1mm。

（3）热拌沥青混合料面层弯沉值检测：采用贝克曼梁法测定顶面弯沉。

4. 热拌沥青混合料面层检验批质量检验记录表（样式）

热拌沥青混合料面层检验批质量检验记录表见表 5-28。

（二）透层、粘层、封层

1. 检验要点

（1）透层施工应符合下列规定。

1）沥青混合料面层的基层表面应喷洒透层油，在透层油完全渗透入基层后方可铺筑面层。

2）施工中应根据基层类型选择渗透性好的液体沥青、乳化沥青、透层油。透层油的规格应符合表 5-29 的规定。

3）用作透层油的基质沥青的针入度不宜小于 100。液体沥青的黏度应通过调节稀释剂的品种和掺量经试验确定。

4）透层油的用量与渗透深度宜通过试洒确定，不宜超出 CJJ 1—2008 表 8.4.1 的规定。

5）用于石灰稳定土类或水泥稳定土类基层的透层油宜紧接在基层碾压成形后表面稍变干燥，但尚未硬化的情况下喷洒，洒布透层油后，应封闭各种交通。

6）透层油宜采用沥青洒布车或手动沥青洒布机喷洒。洒布设备喷嘴应与透层沥青匹配，喷洒应呈雾状，洒布管高度应使同一点接受 2～3 个喷油嘴喷洒的沥青。

7）透层油应洒布均匀，有花白遗漏应人工补洒，喷洒过量的应立即撒布石屑或砂吸油，必要时做适当碾压。

8）透层油洒布后的养护时间应根据透层油的品种和气候条件由试验确定。液体沥青中的稀释剂全部挥发或乳化沥青水分蒸发后，应及时铺筑沥青混合料面层。

（2）粘层施工应符合下列规定。

1）双层式或多层式热拌热铺沥青混合料面层之间应喷洒粘层油，或在水泥混凝土路面、沥青稳定碎石基层、旧沥青路面层上加铺沥青混合料层时，应在既有结构和路缘石、检查井等构筑物与沥青混合料层连接面喷洒粘层油。

表5-28 面层（热拌沥青混合料）检验批质量验收记录表

编号：030104□□

工程名称						分部工程名称										分项工程名称						热拌沥青混合料面层
施工单位						施工员										项目经理						
分包单位						分包项目经理										施工班组长						
工程数量						验收部位（或桩号）										项目技术负责人						
交方班组						接方班组										检查日期						年 月 日

检查项目	序号	检查内容	检验依据/允许偏差（规定值或±偏差值）	检验频率		检查结果/实测点偏差值或实测值											应测点数	合格点数	合格率（%）
				范围	点数	1	2	3	4	5	6	7	8	9	10			
主控项目	1	原材料、混合料	符合8.5.1条	按不同材料	每批次	出厂合格证或检验报告编号：												
	2	压实度	城市快速路、主干路≥96%，次干路及以下道路≥95%	1000m²	1	检验报告编号：												
	3	面层厚度（mm）	−5～+10	1000m²	1													
	4	弯沉值	≤设计规定	每车道，每20m	1	检验报告编号：												
一般项目	1	纵断高程（mm）	±15	20m	1													
	2	中线偏位（mm）	≤20	100m	1													
	3	平整度（mm）	快速路、主干路≤1.5；次干路≤2.4	100m	1～3													
	4	宽度	次干路、支路≤5	20m	1													
	5	横坡	±0.3%且不反坡	40m	1													
	6	井框与路面差	≤5	20m	2～6													
	7	抗滑 摩擦系数	符合设计要求	每座	1													
		构造深度（mm）	符合设计要求	200m	1													
				200m	1													

施工单位检查评定结论	项目专业质量检查员：（签字） 年 月 日
监理（建设）单位意见	监理工程师：（签字） （或建设单位项目专业技术负责人）：（签字） 年 月 日

表 5-29　沥青路面透层材料的规格和用量

用　途	液体沥青		乳化沥青	
	规格	用量（L/m²）	规格	用量（L/m²）
无结合料粒料基层	AL(M)-1、2 或 3 AL(S)-1、2 或 3	1.0～2.3	PC-2 PA-2	1.0～2.0
半刚性基层	AL(M)-1、2 AL(S)-1、2	0.6～1.5	PC-2 PA-2	0.7～1.5

注：表中用量是指包括稀释和水分等在内的液体沥青、乳化沥青的总量，乳化沥青中的残留物含量是以50%为基准。

2）粘层油宜采用快裂或中裂乳化沥青、改性乳化沥青，也可采用快、中凝液体石油沥青，其规格和用量应符合表 5-30 的规定。所使用的基质沥青标号宜与主层沥青混合料相同。

表 5-30　沥青路面粘层材料的规格和用量

下卧层类型	液体沥青		乳化沥青	
	规格	用量（L/m²）	规格	用量（L/m²）
建沥青层或旧沥青路面	AL(R)-3～ AL(R)-6 AL(M)-3～ AL(M)-6	0.3～0.5	PC-3 PA-3	0.3～0.6
水泥混凝土	AL(M)-3～ AL(M)-6 AL(S)-3～ AL(S)-6	0.2～0.4	PC-3 PA-3	0.3～0.5

注：表中用量是指包括稀释剂和水分等在内的液体沥青、乳化沥青的总量，乳化沥青中的残留物含量是以50%为基准。

3）粘层油品种和用量应根据下卧层的类型通过试洒确定，可应符合 CJJ 1—2008 表 8.4.2 的规定。当粘层油上铺筑薄层大孔隙排水路面时，粘层油的用量宜增加到 0.6～1.0L/m²。沥青层间兼做封层的粘层油宜采用改性沥青或改性乳化沥青，其用量不宜少于 1.0L/m²。

4）粘层油宜在摊铺面层当天洒布。

5）粘层油喷洒应符合 CJJ 1—2008 第 8.4.1 条的有关规定。

（3）当气温在 10℃ 及以下，风力大于 5 级及以上时，不应喷洒透层、粘层、封层油。

2. 检验标准

（1）主控项目

1）透层、粘层、封层所采用沥青的品种、标号和封层粒料质量、规格应符合 CJJ 1—2008 第 8.1 节的有关规定。

检查数量：按进场品种、批次，同品种、同批次检查不应少于 1 次。

检验方法：查产品出厂合格证、出厂检验报告和进场复查报告。

（2）一般项目

1）透层、粘层、封层的宽度不应小于设计规定值。

检查数量：每 40m 抽检 1 处。

检验方法：用尺量。

2）封层油层与粒料洒布应均匀，不应有松散。裂缝、油丁、泛油、波浪、花白、漏洒、堆积、污染其他构筑物等现象。

检查数量：全数检查。

检验方法：观察。

3. 面层（粘层、透层与封层）检验批质量检验记录表（样式）

面层（粘层、透层与封层）检验批质量检验记录表见表 5-31～表 5-33。

表 5-31　面层（粘层）检验批质量检验记录表

编号：030101□□

工程名称		分部工程名称		粘层面层
施工单位		项目经理		
分包单位		施工班组长		
工程数量		项目技术负责人		
交方班组		检查日期		年　月　日

检查项目	序号	检查内容	检验依据/允许偏差值（规定值或±偏差值）	检验频率		检查结果（实测点偏差值或实测值）										应测点数	合格点数	合格率（%）
				范围	点数	1	2	3	4	5	6	7	8	9	10			
主控项目	1	材料要求	沥青品种、标号及粒料质量符合 CJJ 1—2008 8.1 节有关规定	按进场批次、同批次同品种	1	合格证编号： 检验报告编号：												
一般项目	1	宽度	≥设计值	40m	1													
	2	观测	粒料洒布应均匀、不应有松散、裂缝、油丁、泛油、波浪、花白、漏洒、堆积、污染其他构筑物	全数	1													

施工单位检查评定结论	项目专业质量检查员：（签字） 年　月　日
监理（建设）单位意见	监理工程师：（签字） （或建设单位项目专业技术负责人）：（签字）　年　月　日

注：本表由施工项目专业质量检查员填写，监理工程师（建设单位项目技术负责人）组织项目专业质量检查员等进行验收，并应按表进行记录。

86

表5-32 面层（透层）检验批质量检验记录表

编号：030102□□

工程名称		分部工程名称		分项工程名称	透层面层				
施工单位		施工员		项目经理					
分包单位		分包项目经理		施工班组长					
工程数量		验收部位（或桩号）		项目技术负责人					
交方班组		接方班组		检查日期	年 月 日				

检查项目	序号	检查内容	检验依据/允许偏差（规定值或±偏差值）	检验频率		检查结果/实测点偏差值或实测值											应测点数	合格点数	合格率（%）
				范围	点数	1	2	3	4	5	6	7	8	9	10			
主控项目	1	材料要求	沥青品种、标号及粒料质量符合 CJJ 1—2008 8.1节有关规定	按进场批次、同批次同品种	1	合格证编号： 检验报告编号：												
一般项目	1	宽度	≥设计值	40m	1													
	2	观测	粒料洒布应均匀、不应有松散、裂缝、油丁、泛油、波浪、花白、漏洒、堆积、污染其他构筑物	全数														
施工单位检查评定结论						项目专业质量检查员：（签字） 年 月 日												
监理（建设）单位意见						监理工程师：（签字） （或建设单位项目专业技术负责人）：（签字） 年 月 日												

注：本表由施工项目专业质量检查员填写，监理工程师（建设单位项目技术负责人）组织项目专业技术负责人、监理工程师（建设单位项目专业技术负责人）、监理工程师（建设单位专业质量检查员等进行验收，并应按表进行记录。

表5-33 面层（封层）检验批质量检验记录表

编号：030103□□

工程名称			分部工程名称		分项工程名称		封层面层	
施工单位			施工员		项目经理			
分包单位			分包项目经理		施工班组长			
工程数量			验收部位（或桩号）		项目技术负责人			
交方班组			接方班组		检查日期		年 月 日	

检查项目	序号	检查内容	检验依据/允许偏差 （规定值或±偏差值）	检验频率		检查结果/实测点偏差值或实测值										应测 点数	合格 点数	合格率 （%）
				范围	点数	1	2	3	4	5	6	7	8	9	10			
主控项目	1	材料要求	沥青品种、标号及粒料质量符合 CJJ 1—2008 第 8.1 节有关规定	按进场批次、同批次同品种	1				合格证编号： 检验报告编号：									
一般项目	1	宽度	≥设计值	40m	1													
	2	观测	粒料洒布应均匀，不应有松散、裂缝、油丁、泛油、波浪、花白、漏洒、堆积、污染、其他构筑物	全数														

施工单位检查评定结论		项目专业质量检查员：（签字） （或建设单位项目专业质量检查员等进行验收，并应按表进行记录。） 年 月 日
监理（建设）单位意见		监理工程师：（签字） （或建设单位项目专业技术负责人）：（签字） 年 月 日

注：本表由施工项目专业质量检查员填写，监理工程师（建设单位项目专业技术负责人）组织项目专业质量检查员等进行验收，并应按表进行记录。

二、水泥混凝土面层

（一）检验要点

1. 混凝土摊铺前，应完成下列准备工作。

（1）混凝土施工配合比已获监理工程师批准，搅拌站经试运转，确认合格。

（2）模板支设完毕，检验合格。

（3）混凝土摊铺、养护、成形等机具试运行合格。专用器材已准备就绪。

（4）运输与现场浇筑通道已修筑，且符合要求。

2. 模板安装应符合下列规定。

（1）支模前应核对路面标高、面板分块、帐缝和构造物位置。

（2）模板应安装稳固、顺直、平整、无扭曲，相邻模板连接应紧密平顺，不应错位。

（3）严禁在基层上挖槽嵌入模板。

（4）使用轨道摊铺机应采用专用钢制轨摸。

（5）模板安装完毕，应进行检验，合格后方可使用。

3. 混凝土抗压强度达 8.0MPa 及以上方可拆模。当缺乏强度实测数据时，侧模允许最早拆模时间宜符合表 5-34 的规定。

表 5-34 混凝土侧模的允许最早拆模时间 （h）

昼夜平均气温	−5℃	0℃	5℃	10℃	15℃	20℃	25℃	≥30℃
硅酸盐水泥、R 型水泥	240	120	60	36	34	28	24	18
道路、普通硅酸盐水泥	360	168	72	48	36	30	24	18
矿渣硅酸盐水泥	—	—	120	60	50	45	36	24

4. 面层用混凝土宜选择具备资质、混凝土质量稳定的搅拌站供应。

5. 混凝土铺筑前应检查下列项目。

（1）基层或砂垫层表面、模板位置、高程等符合设计要求。模板支撑接缝严密、模内洁净、隔离剂刷均匀。

（2）钢筋、预埋胀缝板的位置正确，传力杆等安装符合要求。

（3）混凝土搅拌、运输与摊铺设备，状况良好。

6. 三辊轴机组铺筑作业应符合下列规定。

（1）卸料应均匀，布料应与摊铺速度相适应。

（2）设有接缝拉杆的混凝土面层，应在面层施工中及时安设拉杆。

（3）三辊轴整平机分段整平的作业单元长度宜为 20～30m，振捣机振实与三辊轴整平工序之间的时间间隔不宜超过 15min。

（4）在一个作业单元长度内，应采用前进振动、后退静滚方式工作，最佳滚压遍数应经过试铺确定。

7. 采用轨道摊铺机铺筑时，最小摊铺宽度不宜小于 3.75m，并应符合下列规定。

（1）应根据设计车道按表 5-35 的技术参数选择摊铺机。

表 5-35　轨道摊铺机的基本技术参数

项目	发动机功率（kW）	最大摊铺宽度（m）	摊铺厚度（mm）	摊铺速度（m/min）	整机质量（t）
三车道轨道摊铺机	33～15	11.75～18.3	250～600	1～3	13～38
双车道轨道摊铺机	15～33	7.5～9.0	250～600	1～3	7～13
单车道轨道摊铺机	8～22	3.5～4.5	250～450	1～4	≤7

（2）坍落度宜控制在 20～40mm。不同坍落度时的松铺系数可参考表 5-36 确定，并按此计算出松铺高度。

表 5-36　松铺系数 K 与坍落度 S_L 的关系

坍落度 S_L（mm）	5	10	20	30	40	50	60
松铺系数 K	1.30	1.25	1.22	1.19	1.17	1.15	1.12

（3）当施工钢筋混凝土面层时，宜选用两台箱型轨道摊铺机分两层两次布料。下层混凝土的布料长度应根据钢筋网片长度和混凝土凝结时间确定，且不宜超过 20m。

（4）振实作业应符合下列要求。

1）轨道摊铺机应配备振捣器组，当面板厚度超过 150mm，坍落度小于 30mm 时，必须插入振捣器振捣。

2）轨道摊铺机应配备振动梁或振动提浆饰面时，提浆厚度宜控制在（4±1）mm。

（5）面层表面整平时，应及时清除余料，用抹平板完成表面整修。

8. 人工小型机具施工水泥混凝土路面层，应符合下列规定。

（1）混凝土松铺系数宜控制在 1.10～1.25。

（2）摊铺厚度达到混凝土板厚的 2/3 时，应拔出模内钢钎，并填实钎洞。

（3）混凝土面层分两次摊铺时，上层混凝土的摊铺应在下层混凝土初凝前完成，且下层厚度宜为总厚的 3/5。

（4）混凝土摊铺与钢筋网、传力杆及边缘角隅钢筋的安放相配合。

（5）一块混凝土板应一次连续浇筑完毕。

（6）混凝土使用插入式振捣器振捣时，不应过振，且振动时间不宜少于 30s，移动间距不宜大于 50cm。使用平板振捣器振捣时应重叠 10～20cm，振捣器行进速度应均匀一致。

（7）真空脱水作业应符合下列要求。

1）真空脱水应在面层混凝土振捣后，抹面前进行。

2）开机后应逐渐升高真空度，当达到要求的真空度，开始正常出水后，真空度应保持稳定，最大真空度不宜正常出水后，真空度应保持稳定，最大真空度不宜超过 0.085MPa，待达到规定脱水时间和脱水量时，应逐渐减小真空度。

3）真空系统安装与吸水垫放置位置，应便于混凝土摊铺与面层脱水，不得出现未经吸水的脱空部位。

4）混凝土试件应与吸水作业同条件制作、同条件养护。

5）真空吸水作业后，应重新压实整平，并拉毛、压痕或刻痕。

（8）成活应符合下列要求。

1）现场应采取防风、防晒等措施；抹面拉毛等应在跳板上进行，抹面时严禁在板面上洒水、撒水泥粉。

2）采用机械抹面时，真空吸水完成后即可进行。先用带有浮动圆盘的重型抹面机粗抹，再用带有振动圆盘的轻型抹面机或人工细抹一遍。

3）混凝土抹面不宜少于4次，先找平抹平，待混凝土表面无泌水时再抹面，并依据水泥品种与气温控制抹面间隔时间。

9. 混凝土面层应拉毛、压痕或刻痕，其平均纹理深度应为1～2mm。

10. 横缝施工应符合下列规定。

（1）胀缝间距应符合设计规定，缝宽宜为20mm。在与结构物衔接处、道路交叉和填挖土方变化处，应设胀缝。

（2）胀缝上部的预留填缝空隙，宜用提缝板留置。提缝板应直顺，与胀缝密合、垂直于面层。

（3）缩缝应垂直板面、宽度宜为4～6mm。切缝深度：设传力杆时，不应小于面层厚的1/3，且不得小于70mm；不设传力杆时不应小于面层厚的1/4，且不应小于60mm。

（4）机切缝时，宜在水泥混凝土强度达到设计强度25％～30％时进行。

11. 当混凝土面层施工采取人工抹面、遇有5级及以上风时，应停止施工。

12. 水泥混凝土面层成活后，应及时养护。可选用保湿法和塑料薄膜覆盖等方法养护。气温较高时，养护不宜少于14d；低温时，养护期不宜少于21d。

13. 混凝土板在达到设计强度的40％以后，方可允许行人通行。

14. 填缝应符合下列规定。

（1）混凝土板养护期满后应及时填缝，缝内残留的砂石、灰浆杂物，应剔除干净。

（2）应按设计要求选择填缝料，并根据填料品种制定工艺技术措施。

（3）浇筑填缝料必须在缝槽干燥状态下进行，填缝料应与混凝土缝壁粘附紧密，不渗水。

（4）填缝料的充满程度应根据施工季节而定，常温施工应与路面平，冬期施工宜略低于板面。

15. 在面层混凝土弯拉强度达到设计强度，且填缝完成前不得开放交通。

（二）检验标准

1. 原材料

（1）主控项目

1）水泥品种、级别、质量、包装、贮存，应符合国家现行有关标准的规定。

检查数量：按同一生产厂家、同一等级、同一品种 、同一批号且连续进场的水泥，袋装水泥不超过200t为一批，散装水泥不超过500t为一批，每批抽样1次。水泥出厂超过三个月（快硬硅酸盐水泥超过一个月）时，应进行复验，复验合格后方可使用。

检验方法：检查产品合格证、出厂检验报告，进场复验。

2）混凝土中掺加外加剂的质量应符合现行国家标准 GB 8076《混凝土外加剂》和 GB 50119《混凝土外加剂应用技术规范》的规定。

检查数量：按进场批次和产品抽样检验方法确定，每批不少于 1 次。

检验方法：检查产品合格证、出厂检验报告和进场复验报告。

3）钢筋品种、规格、数量、下料尺寸及质量应符合设计要求及国家现行有关标准的规定。

检查数量：全数检查。

检验方法：观察、用钢尺量，检查出厂检验报告和进场复验报告。

4）钢纤维的规格质量应符合设计要求及 CJJ 1—2008 第 10.1.7 的有关规定。

检查数量：按进场批次，每批抽检 1 次。

检验方法：现场取样、试验。

5）粗集料、细集料应符合 CJJ 1—2008 第 10.1.2、10.1.3 条的有关规定。

检查数量：同产地、同品种、同规格且连续进场的集料，每 400m³ 为一批，不足 400m³ 按一批计，每批抽检 1 次。

检验方法：检查出厂合格证和抽检报告。

6）水应符合 CJJ 1—2008 第 7.2.1 条第 3 款的规定。

检查数量：同水源检查 1 次 。

检验方法：检查水质分析报告。

2．混凝土面层

（1）主控项目

1）混凝土弯拉强度应符合设计要求。

检查数量：每 100m³ 的同配比的混凝土，取样 1 次；不足 100m³ 时按 1 次计。每次取样应至少装置 1 组标准养护试件。同条件养护试件的留置组数应根据实际需要确定，最少 1 组。

检验方法：检查试件强度试验报告。

2）混凝土面层厚度应符合设计规定，允许误差为±5mm。

检查数量：每 1000m² 抽测 1 点。

检验方法：检查试验报告、复测。

3）抗滑构造深度应符合设计要求。

检查数量：每 1000m² 抽测 1 点。

检验方法：铺砂法。

（2）一般项目

1）水泥混凝土面层应板面平整、密实、边角应整齐、无裂缝，并不应有石子外露和浮浆、脱皮、踏痕、积水等现象，蜂窝麻面面积不得大于总面积的 0.5%。

检查数量：全数检查。

检验方法：观察、量测。

2）伸缩缝应垂直、直顺，缝内不应有杂物。伸缩缝在规定的深度和宽度范围内应全部贯通，传力杆应与缝面垂直。

检查数量：全数检查。

检验方法：观察。

3）混凝土路面允许偏差应符合表 5-37 的规定。

表 5-37 混凝土路面允许偏差

项目		允许偏差或规定值		检验频率		检验方法
		城市快速路、主干路	次干路、支路	范围	点数	
纵断高程（mm）		±15		20m	1	用水准仪测量
中线偏位（mm）		≤20		100m	1	用经纬仪测量
平整度	标准差 σ（mm）	≤1.2	≤2	100m	1	用测平仪检测
	最大间隙（mm）	≤3	≤5	20m	1	用3m直尺和塞尺连续量两尺、取较大值
宽度（mm）		0 −20		40m	1	用钢尺量
横坡（%）		±0.30%且不反坡		20m	1	用水准仪测量
井框与路面高差（mm）		≤3		每座	1	十字法、用直尺和塞尺量，取最大值
相邻板高差（mm）		≤3		20m	1	用钢板尺和塞尺量
纵缝直顺度（mm）		≤10		100m	1	用20m线和钢尺量
横缝直顺度（mm）		≤10		40m	1	
蜂窝麻面面积①（%）		≤2		20m	1	观察和用钢板尺量

注:①每20m查1块板的侧面。

（三）检验方法

1. 混凝土面层厚度：采用钻芯法为混凝土面层的检测方法，检测方法参照本文第 5.4.1.1.3 款的规定（同热拌沥青混合料路面）。

抗滑构造深度：采用手工铺砂法为混凝土面层抗滑构造深度的检测方法。

（1）目的与适用范围

本方法适用于测定沥青路面及水泥混凝土路面表面构造深度，用以评定路面表面的宏观粗糙度、路面表面的排水性能及抗滑性能。

（2）仪具与材料

1）人工铺砂仪：由圆筒、推平板组成。

① 量砂筒：一端是封闭的，容积为（25±0.15）mL，可通过称量砂筒中水的质量以确定其容积 V，并调整其高度，使其容积符合要求。带一专门的刮尺将筒口量砂刮平。

② 推平板：推平板应为木制或铝制，直径 50mm，底面粘一层厚 1.5mm 的橡胶片，上面有一圆柱把手。

③ 刮平尺：可用 30cm 钢尺代替。

2）量砂：足够数量的干燥洁净的匀质砂，粒径为 0.15～0.3mm。

3）量尺：钢板尺、钢卷尺，或采用将直径换算成构造深度作为刻度单位的专用的构造深度尺。

4）其他：装砂容器（小铲）、扫帚或毛刷、挡风板等。

（3）方法与步骤

1）准备工作

① 量砂准备：取洁净的细砂晾干、过筛，取 0.15～0.3mm 的砂置适当的容器中备用。量砂只能在路面上使用一次，不宜重复使用。回收砂必须经干燥、过筛处理后方可使用。

② 对测试路段按随机取样选点的方法，决定测点所在横断面位置。测点应选在行车道的轮迹带上，距路面边缘不应小于 1m。

2）试验步骤

① 用扫帚或毛刷子将测点附近的路面清扫干净；面积不小于 30cm×30cm。

② 用小铲装砂沿筒向圆筒中注满砂，手提圆筒上方，在硬质路面上轻轻地叩打 3 次，使砂密实，补足砂面用钢尺一次刮平。不可直接用量砂筒装砂，以免影响量砂密度的均匀性。

③ 将砂倒在路面上，用底面粘有橡胶片的推平板，由里向外重复做摊铺运动，稍稍用力将砂细心地尽可能地向外摊开；使砂填入凹凸不平的路表面的空隙中，尽可能将砂摊成圆形，并不得在表面上留有浮动余砂。注意摊铺时不可用力过大或向外推挤。

④ 用钢板尺测量所构成圆的两个垂直方向的直径，取其平均值，准确至 5mm。

⑤ 按以上方法，同一处平行测定不少于 3 次，3 个测点均位于轮迹带上，测点间距 3～5m。该处的测定位置以中间测点的位置表示。

（4）计算

1）计算路面表面构造深度测定结果。

2）每一处均取 3 次路面构造深度的测定结果的平均值作为试验结果，精确至 0.1mm。

3）计算每一个评定区间路面构造深度的平均值、标准差、变异系数。

（5）报告

1）列表逐点报告路面构造深度的测定值及 3 次测定的平均值，当平均值小于 0.2mm 时，试验结果以<0.2mm 表示。

2）每一个评定区间路面构造深度的平均值、标准差、变异系数。

（四）混凝土路面检验批质量检验记录表（样式）

混凝土路面检验批质量检验记录表见表 5-38～表 5-40。

三、铺砌式面层（料石面层）

（一）检验要点

1. 铺砌应采用干硬性水泥砂浆，虚铺系数应经试验确定。

2. 当采用水泥混凝土做基层时，铺砌面层胀缝应与基层胀缝对齐。

3. 铺砌中砂浆应饱满，且表面平整、稳定、缝隙均匀。与检查井等构筑物相接时，应平整、美观，不得反坡。不得用在料石下填塞砂浆或支垫方法找平。

4. 伸缩缝材料应安放平直，并应与料石粘贴牢固。

5. 在铺装完成并检查合格后，应及时灌缝。

6. 铺砌面层完成后，必须封闭交通，并应湿润养护，当水泥砂浆达到设计强度后，方可开放交通。

表 5-38　水泥混凝土路面模板检验批质量检验记录表

编号：030301□□

工程名称			分部工程名称			混凝土路面模板
施工单位			项目经理			
分包单位			分包项目经理			
工程数量			验收部位（或桩号）			
交方班组			接方班组			

检查项目	序号	检查内容	允许偏差			检验频率		检查结果/实测点偏差值或实测值										应测点数	合格点数	合格率（%）
			三辊轴机组	轨道摊铺机	小型机具	范围	点数	1	2	3	4	5	6	7	8	9	10			
主控项目	1	隔离剂	涂刷模板隔离剂不得污染钢筋和混凝土及搭接处			全数	1													
	2	支模	模板及支撑不得有松动、跑模或下沉现象，接缝严密，不得漏浆，模内必须清洁			全数	1													
一般项目	1	中线偏位（mm）	≤10	≤5	≤15	100m	2													
	2	宽度（mm）	≤10	≤5	≤15	20m	1													
	3	顶面高程（mm）	±5	±5	±10	20m	1													
	4	横坡（%）	±0.1	±0.1	±0.2	20m	1													
	5	相邻板高差（mm）	≤1	≤1	≤2	每缝	1													
	6	模板接缝宽度（mm）	≤3	≤2	≤3	每缝	1													
	7	侧面垂直度（mm）	≤3	≤2	≤4	20m	1													
	8	纵向顺直度（mm）	≤3	≤2	≤4	40m	1													
	9	顶面平整度（mm）	≤1.5	≤1	≤2	每两缝同	1													

施工单位检查评定结论

项目专业质量检查员：（签字）

监理（建设）单位意见

监理工程师：（签字）

（或建设单位项目专业技术负责人）组织项目专业质量检查员等进行验收，并应按表进行记录。

年　月　日

注：本表由施工项目专业质量检查员填写，监理工程师（建设单位项目技术负责人）组织项目专业质量检查员等进行验收，并应按表进行记录。

表 5-39 水泥混凝土路面钢筋检验批质量检验记录表

编号：030302□□

工程名称			分部工程名称		分项工程名称		混凝土路面钢筋
施工单位			施工员		项目经理		
分包单位			分包项目经理		施工班组长		
工程数量			验收部位（或桩号）		项目技术负责人		
交方班组			接方班组		检查日期		年 月 日

检查项目	序号	检查内容		检验依据/允许偏差（规定值或偏差值）			检验频率		检查结果/实测点/偏差值或实测值											应测点数	合格点数	合格率（%）
				焊接钢筋网	绑扎钢筋		范围	点数	1	2	3	4	5	6	7	8	9	10			
主控项目	1	原材料质量及加工要求		品种、规格与加工质量符合设计要求			每批、每品种	1	合格证、检验报告编号：													
钢筋加工	1	钢筋网的长度与宽度		±10	±10		每检验批	抽查10%														
	2	钢筋网眼尺寸		±10	±20																	
	3	钢筋骨架宽度及高度		±5	±5																	
	4	钢筋骨架的长度		±10	±10																	
钢筋安装	1	受力钢筋	排距	±5			每检验批	抽查10%														
	2		间距	±10																		
	3	钢筋弯起点位置		20																		
	4	绑扎钢筋网及骨架		±20																		
	5	焊接钢筋网及骨架		±10																		
	6	钢筋预埋位置	中心线位移	±5																		
	7		水平高差	±3																		
	8	钢筋保护层	距表面	±3																		
	9		距底面	±5																		
施工单位检查评定结论									项目专业质量检查员：（签字） 年 月 日													
监理（建设）单位意见									监理工程师：（签字） （或建设单位项目专业技术负责人）（签字） 年 月 日													

注：本表由施工项目专业质量检查员填写，监理工程师（建设单位项目专业技术负责人）组织项目专业质量检查员等进行验收，并应按表进行记录。

表 5-40　水泥混凝土面层检验批质量检验记录表

编号：030303□□　水泥混凝土面层

工程名称			分项工程名称	
施工单位			项目经理	
分包单位			施工班组长	
工程数量（或桩号）			项目技术负责人	
交方班组		接方班组	检查日期	年　月　日

检查项目	序号	检查内容	检验依据/允许偏差值（规定值或偏差值）	检验频率 范围	点数	检查结果/实测点偏差值或实测值 1 2 3 4 5 6 7 8 9 10	应测点数	合格点数	合格率（%）
主控项目	1	材料要求	所有材料质量符合 CJJ 1—2008 10.8.1 有关规定	进场批次	按规范				
	2	试件弯拉强度	标准养护，同条件应符合设计规定	100m³，每工作组	各1组	检验报告编号：　　　　　试验报告编号：			
	3	面层厚度（mm）	±5	1000m²	1				
	4	抗滑构造深度（mm）	符合设计规定	1000m²	1				
一般项目	1	纵断高程（mm）	±15	20m	1				
	2	中线偏位（mm）	≤20	100m	1				
	3	平整度（mm） 标准差σ值	快速路、主干路≤1.2；次干路≤2	100m	1				
		最大间隙	快速路、主干路≤3；次干路≤5	20m	1				
	4	宽度（mm）	0，-20	40m	1				
	5	横坡（%）	±3%且不反坡	20m	1				
	6	井框与路面高差（mm）	≤3	每座	1				
	7	相邻板高差（mm）	≤3	20m	1				
	8	纵缝直顺度（mm）	≤10	100m	1				
	9	横缝直顺度（mm）	≤10	40m	1				
	10	蜂窝麻面面积（%）	≤2	20m	1				

施工单位检查评定结论	项目专业质量检查员：（签字） 年　月　日
监理（建设）单位意见	监理工程师：（签字） （或建设单位项目专业技术负责人）组织项目专业质量检查员等进行验收，并应收表进行记录。 年　月　日

注：本表由施工项目专业质量检查员填写，监理工程师（建设单位项目专业技术负责人）组织项目专业质量检查员等进行验收，并应收表进行记录。

（二）检验标准

1．主控项目

（1）石材质量、外形尺寸应符合设计及规范要求。

检查数量：每检验批，抽样检查。

检验方法：查出厂检验报告或复验。

（2）砂浆平均抗压强度应符合设计规定，任一组试件抗压强度最低值不应低于设计强度的85％。

检查数量：同一配合比，每1000m² 1组（6块），不足1000m² 取1组。

检验方法：查试验报告。

2．一般项目

（1）表面应平整、稳固、无翘动，缝线直顺、灌缝饱满，无反坡积水现象。

检查数量：全数检查。

检查方法：观察。

（2）料石面层允许偏差应符合表5-41的规定。

表5-41　料石面层允许偏差

项目	允许偏差	检验频率		检验方法
		范围	点数	
纵断高程（mm）	±10	10m	1	用水准仪测量
中线偏位（mm）	≤20	100m	1	用经纬仪测量
平整度（mm）	≤3	20m	1	用3m直尺和塞尺连续量两尺，取较大值
宽度（mm）	不小于设计规定	40m	1	用钢尺量
横坡	±0.3%且不反坡	20m	1	用水准仪测量
井框与面层高差（mm）	≤3	每座	1	十字法、用直尺和塞尺量，取最大值
相邻板高差（mm）	≤2	20m	1	用钢尺量3点
纵横缝直顺（mm）	≤5	20m	1	用20m线和钢尺量
缝宽（mm）	+3 −2	20m	1	用钢尺量3点

（三）铺砌式面层检验批质量检验记录表（样式）

铺砌式面层检验批质量检验记录表见表5-42。

四、人行道铺筑

（一）检验要点

1．检验要点

（1）人行道应与相邻构筑物接触，不得反坡。

（2）人行道的路基施工应符合CJJ 1—2008第6章的有关规定。

（3）人行道的基层施工及检验标准应符合CJJ 1—2008第7章的有关规定。

2．料石与预制切块铺砌人行道面层

表 5-42 路面料石面层检验批质量检验记录表

编号：030401□□

工程名称		分部工程名称		分项工程名称		路面料石面层
施工单位		施工员		项目经理		
分包单位		分包项目经理		施工班组长		
工程数量		验收部位（或桩号）		项目技术负责人		
交方班组		接方班组		检查日期		年 月 日

检查项目	序号	检查内容	检验依据/允许偏差 （规定值或土偏差值）	检验频率		点数	检查结果/实测点偏差值或实测值											应测点数	合格点数	合格率（%）
				范围			1	2	3	4	5	6	7	8	9	10			
主控项目	1	石材质量	质量、尺寸符合设计要求	进场批次	抽检		试验报告编号：													
	2	砂浆抗压强度	平均值符合设计要求，任一组不低于设计值 85%	同一配合比 1000m²	1组															
一般项目	1	纵断高程（mm）	±10	10m	1															
	2	中线偏位（mm）	≤20	100m	1															
	3	平整度（mm）	≤3	20m	1															
	4	宽 度（mm）	不低于设计值	40m	1															
	5	横 坡（%）	±0.3%且不反坡	20m	1															
	6	井框与路面高差（mm）	≤3	每座	1															
	7	相邻板高差（mm）	≤2	20m	1															
	8	纵横缝直顺度（mm）	≤5	20m	1															
	9	缝 宽（mm）	+3，－2	20m	1															

施工单位检查评定结论	项目专业质量检查员：（签字） 年 月 日
监理（建设）单位意见	监理工程师：（签字） （或建设单位项目专业技术负责人）组织项目技术负责人等进行验收。 年 月 日

注：本表由施工项目专业质量检查员填写，监理工程师（建设单位项目专业技术负责人）组织项目技术负责人、项目专业质量检查员等进行验收，并应按表进行记录。

（1）料石应表面平整，粗糙、色泽、规格、尺寸应符合设计要求，其抗压强度不宜小于 80MPa。

（2）水泥混凝土预制人行道砌块的抗压强度应符合设计规定。设计无规定时，不宜低于 30MPa。砌块应表面平整，粗糙、纹路清晰、棱角整齐，不得有蜂窝、露石、脱皮等现象；彩色道砖应色彩均匀。

（3）料石、预制砌块宜由预制厂生产，并应提供强度、耐磨性能试验报告及产品合格证。

（4）预制人行道料石、砌块进场后，应经检验合格后方可使用。

（5）预制人行道料石、砌块铺装应符合 CJJ 1—2008 第 11 章的有关规定。

（6）盲道铺砌除应符合 CJJ 1—2008 第 11 章的有关规定外，还应遵守下列规定。

1）行进盲道砌块与提示盲道砌块不得混用。

2）盲道必须避开树池、检查井、杆线等障碍物。

（7）路口处盲道应铺设为无障碍形式。

（二）检验标准

1. 料石铺砌人行道面层

（1）主控项目

1）路床与基层压实度应大于或等于 90%。

检查数量：每 100m 查 2 点。

检验方法：环刀法、灌砂法、灌水法。

2）砂浆强度应符合设计要求。

检查数量：同一配合比，每 1000m² 1 组（6 块），不足 1000m² 取 1 组。

检验方法：查试验报告。

3）石材强度、外观尺寸应符合设计及 CJJ 1—2008 要求。

检查数量：每检验批抽样检验。

检验方法：查出厂检验报告及复检报告。

4）盲道铺砌应正确。

检查数量：全数检查。

检验方法：观察。

（2）一般项目

1）铺砌应稳固、无翘动，表面平整、缝线直顺、缝宽均匀、灌缝饱满，无翘边、无翘角、不反坡、无积水现象。

2）料石铺砌允许偏差应符合表 5-43 的规定。

表 5-43 料石铺砌允许偏差

项目	允许偏差	检验频率		检验方法
		范围	点数	
平整度（mm）	≤3	20m	1	用 3m 直尺和塞尺连续量两次，取较大值
横坡（%）	±0.3 且不反坡	20m	1	用水准仪测量
井框与面层高差（mm）	≤3	每座	1	十字法、用直尺和塞尺量，取最大值
相邻板高差（mm）	≤2	20m	1	用钢尺量 3 点

续表

项目	允许偏差	检验频率		检验方法
		范围	点数	
纵缝直顺度（mm）	≤10	40m	1	用20m线和钢尺量
横缝直顺度（mm）	≤10	20m	1	沿路宽用线和钢尺量
缝宽（mm）	+3 −2	20m	1	用钢尺量3点

2. 混凝土预制砌块人行道（含盲道）

（1）主控项目

1）路床与基层压实度应符合 CJJ 1—2008 第 13.4.1 条的规定。

2）混凝土预制砌块（含盲道砌块）强度应符合设计规定。

检查数量：同一品种、规格、每检验批 1 组。

检验方法：检查抗压强度试验报告。

3）砂浆平均抗压强度应符合设计规定，任一组试件抗压强度最低值不应低于设计强度的 85%。

检查数量：同一配合比，每 1000m² 1 组（6 块），不足 1000m² 取 1 组。

检验方法：查试验报告。

4）盲道铺砌应正确。

检查数量：全数检查。

检验方法：观察。

（2）一般项目

1）铺砌应稳固、无翘动、表面平整、缝线直顺、缝宽均匀、灌缝饱满，无翘边、无翘角、不反坡、无积水现象。

2）预制砌块铺砌允许偏差应符合表 5-44 的规定。

表 5-44 预制砌块铺砌允许偏差

项目	允许偏差	检验频率		检验方法
		范围	点数	
平整度（mm）	≤5	20m	1	用3m直尺和塞尺连续量两次，取较大值
横坡（%）	±0.3且不反坡	20m	1	用水准仪测量
井框与面层高差（mm）	≤4	每座	1	十字法、用直尺和塞尺量，取最大值
相邻板高差（mm）	≤3	20m	1	用钢尺量3点
纵缝直顺（mm）	≤10	40m	1	用20m线和钢尺量
横缝直顺（mm）	≤10	20m	1	沿路宽用线和钢尺量
缝宽（mm）	+3 −2	20m	1	用钢尺量

（三）检验方法

1. 路床压实度：土路基采用环刀法，塘渣路基采用灌砂法。

2. 基层压实度：采用灌砂法。

（四）人行道检验批质量检验记录表（样式）

人行道检验批质量检验记录表见表 5-45 和表 5-46。

表5-45 料石人行道面层检验批质量检验记录表

编号：050001□□

工程名称			分部工程名称		分项工程名称									料石人行道面层		
施工单位			施工员		项目经理											
分包单位			分包项目经理		施工班组长											
工程数量			验收部位（或桩号）		项目技术负责人											
交方班组			接方班组		检查日期							年		月		日
检查项目	序号	检查内容	检验依据/允许偏差	检验频率		检查结果/实测点偏差或实测值										
				范围	点数	1	2	3	4	5	6	7	8	9	10	应测点数	合格点数	合格率（%）
主控项目	1	路床与基层压实度	≥90%	100m	2													
	2	砂浆抗压强度	平均值符合设计要求，任一组不低于设计值≥85%	同一配合比1000m²	1组	检验报告编号： 试验报告编号：												
	3	石材强度、外观尺寸	符合设计要求及规范规定	检验批	1	检验报告编号：												
	4	盲道铺砌	应正确铺砌	全数检查														
一般项目	1	平整度（mm）	≤3	20m	1													
	2	横坡（%）	±0.3%且不反坡	20m	1													
	3	井框与面层高差（mm）	≤3	每座	1													
	4	相邻板高差（mm）	≤2	20m	1													
	5	纵缝直顺度（mm）	≤10	40m	1													
	6	横缝直顺度（mm）	≤10	20m	1													
	7	缝宽（mm）	+3，-2	20m	1													
施工单位检查评定结论						项目专业质量检查员：（签字） 年　月　日												
监理（建设）单位意见						监理工程师：（签字） （或建设单位项目专业技术负责人）：（签字）　年　月　日												

注：本表由施工项目专业质量检查员填写，监理工程师（建设单位项目专业技术负责人）组织项目专业质量检查员等进行验收，并应按表进行记录。

编号：050002□□

表5-46　预制块人行道面层检验批质量检验记录表

工程名称		分部工程名称		分项工程名称	预制块人行道面层
施工单位		施工员		项目经理	
分包单位		分包项目经理		施工班组长	
工程数量		验收部位（或桩号）		项目技术负责人	
交方班组		接方班组		检查日期	年　月　日

检查项目	序号	检查内容	检验依据/允许偏差	检验频率 范围	检验频率 点数	检查结果/实测点偏差或实测值 1	2	3	4	5	6	7	8	9	10	应测点数	合格点数	合格率（%）
主控项目	1	路床与基层压实度	≥90%	100m	2													
	2	砌块强度	强度符合设计要求	同批号、品种规格	1组	检验报告编号：出厂试验报告编号：												
	3	砂浆抗压强度	平均值符合设计要求，任一组不低于设计值≥85%	同一配合比1000m²	1组	试验报告编号：												
	4	盲道铺砌	应正确铺砌	全数检查														
一般项目	1	平整度（mm）	≤5	20m	1													
	2	横坡（%）	±0.3%且不反坡	20m	1													
	3	井框与面层高差（mm）	≤4	每座	1													
	4	相邻板高差（mm）	≤3	20m	1													
	5	纵缝直顺度（mm）	≤10	40m	1													
	6	横缝直顺度（mm）	≤10	20m	1													
	7	缝宽（mm）	+3，-2	20m	1													

施工单位检查评定结论	项目专业质量检查员：（签字） 年　月　日
监理（建设）单位意见	监理工程师：（签字） （或建设单位项目专业技术负责人）组织项目专业技术负责人、专业质量检查员等进行验收，并应按表进行记录。 年　月　日

注：本表由施工项目专业质量检查员填写、监理工程师（建设单位项目技术负责人）组织项目专业技术负责人、专业质量检查员等进行验收，并应按表进行记录。

第五节　人行地道结构

一、检验要点

（一）检验要点

1. 人行地道宜整幅施工。分幅施工时，临时道路宽度应满足现况交通的要求，且边坡稳定。需支护时，应在施工前对支护结构进行施工设计。

2. 人行地道地基承载力必须符合设计要求，地基承载力应经检验确认合格。

3. 人行地道两侧的回填土，应在主体结构防水层的保护层完成，且保护层砌筑砂浆强度达到 3MPa 后方可进行。地道两侧填土应对称进行，高差不宜超过 30cm。

4. 变形缝（伸缩缝、沉降缝）止水带安装应位置准确、牢固，缝宽及填缝材料应符合要求。

5. 采用暗挖法施工时，应符合国家现行有关标准的规定。

6. 有装饰的人行地道，装饰施工应符合国家现行有关标准的规定。

（二）现浇钢筋混凝土人行地道

1. 基础结构下应设混凝土垫层。垫层混凝土宜为 C15 级，厚度宜为 10～15cm。

2. 人行地道外防水层作业应符合下列规定。

（1）材料品质、规格、性能应符合设计要求。

（2）结构底部防水层应在垫层混凝土强度达到 5MPa 后铺设，且与地道结构粘贴牢固。

（3）防水材料纵横向搭接长度不小于 10cm，应粘结密实、牢固。

（4）人行地道基础施工不得破坏防水层。地道侧墙与顶板防水层铺设完成后，应在其外侧做保护层。

3. 混凝土浇筑前，钢筋、模板应经验收合格。模板内污物、杂物应清理干净，积水排干，缝隙堵严。

4. 浇筑混凝土自由落差不得大于 2m，侧墙混凝土宜分层对称浇筑，两侧墙混凝土高差不宜大于 30cm，宜 1 次浇筑完成。浇筑混凝土应分层进行，浇筑厚度应符合表 5-47 的规定。

表 5-47　混凝土建筑层的厚度

捣实水泥混凝土的方法		浇筑层厚度（cm）
插入式振捣		振捣器作用部分长度的 1.25 倍
表面振动	在无筋或配筋稀疏时	25
	配筋较密时	20
人工捣实	在无筋或配筋稀疏时	20
	配筋较密时	15

5. 混凝土应振捣密实，并符合下列规定。

（1）当插入式振捣器以直线式行列插入时，移动距离不应超过作用半径 1.5 倍；以梅花式行列插入时，移动距离不应超过作用半径的 1.75 倍；振捣器不得触振钢筋。

（2）振捣器宜与模板保持 5～10cm 净距。

（3）振捣至混凝土不再下沉、无显著气泡上升、表面平坦一致，开始浮现水泥浆为止。

（4）在下层混凝土尚未初凝前，应完成上层混凝土的振捣。振捣上层混凝土时振捣器应插入下层 5～10cm。

（5）现场需留置施工缝时，宜留置在结构剪力较小且便于施工的部位。施工缝应在留茬混凝土具有一定强度后进行凿毛处理（人工凿毛时强度宜为 2.5MPa，风镐凿毛时强度宜为 10MPa）。

6．人行地道的变形缝安装应垂直，变形缝埋件（止水带）处于所在结构的中心部位。严禁用铁钉、钢丝等穿透变形带材料，固定止水带。

7．结构混凝土达到设计规定强度，且保护防水层的砌体砂浆强度达到 3MPa 后，方可回填土。

二、检验标准

（一）主控项目

1．地基承载力应符合设计要求，填方地基压实度不应小于 95％，挖方地段钎探合格。

检查数量：每个通道抽检 3 点。

检验方法：检查压实度检验报告或钎探报告。

2．防水层材料应符合设计要求。

检查数量：同品种、同牌号材料每检验批 1 次。

检验方法：产品性能检验报告、取样试验。

3．防水层应粘贴密实、牢固，无破损；搭接长度大于或等于 10cm。

检查数量：全数检查。

检验方法：检查验收记录。

4．钢筋品种、规格和加工、成型与安装应符合设计要求。

检查数量：钢筋按品种每批 1 次。安装全数检查。

检验方法：查钢筋试验单和验收记录。

5．混凝土强度应符合设计规定。

检查数量：每班或每 100m³ 取 1 组（3 块），少于规定按 1 组计。

检验方法：查强度试验报告。

（二）一般项目

1．混凝土表面应光滑、平整、无蜂窝、无麻面、无缺边掉角现象。

2．钢筋混凝土结构允许偏差应符合表 5-48 的规定。

表 5-48　钢筋混凝土结构允许偏差

项　目	允许偏差	检验频率		检验方法
		范围	点数	
地道底板顶面高程（mm）	±10		1	用水准仪测量
地道宽度（mm）	±20		2	用钢尺量，宽、厚各 1 点
墙高（mm）	±10		2	用钢尺量，每侧 1 点
中线偏位（mm）	≤10	20	2	用钢尺量，每侧 1 点
墙面垂直度（mm）	≤10		2	用垂线和钢尺量，每侧 1 点
墙面平整度	≤5		2	用 2m 直尺、塞尺量，每侧 1 点
顶板挠度（mm）	≤L/100 且＜10mm		2	用钢尺量
现浇顶板底面平整度（mm）	≤5	10	2	用 2m 直尺和塞尺量

注：L 为人行地道净跨径。

三、检验方法

地基承载力：填方地基采用灌砂法测定地基压实度；挖方路基采用钎探法。

钎探是将钢钎打入土层，根据一定进尺所需的击数探测土层情况或粗略估计土层的容许承载力的一种简易的探测方法。

1. QB/ZJWS 5213—2003《基土钎探工艺标准》

2. 范围

本工艺标准适用于建筑物或构筑物的基础、坑（槽）底基土质量钎探检查。

3. 施工准备

（1）材料及主要机具

1）砂：一般中砂。

2）主要机具：

① 人工打钎：一般钢钎，用直径 $\phi 22 \sim 25mm$ 的钢筋制成，钎头呈 $60°$ 尖锥形状，钎长 $1.8 \sim 2.0m$；$8 \sim 10$ 磅大锤。

② 机械打钎：轻便触探器（北京地区规定必用）。

③ 其他：麻绳或铅丝、梯子（凳子）、手推车、撬棍（拔钢钎用）和钢卷尺等。

（2）作业条件

1）基土已挖至基坑（槽）底设计标高，表面应平整，轴线及坑（槽）宽、长均符合设计图纸要求。

2）根据设计图纸绘制钎探孔位平面布置图。如设计无特殊规定时，可按 QB/ZJWS 5213—2003《基土钎探工艺标准》中表 5213-1 执行。

3）夜间施工时，应有足够的照明设施，并要合理地安排钎探顺序，防止错打或漏打。

4）钎杆上预先划好 30cm 横线。

4. 操作工艺

（1）工艺流程

放钎点线→就位打钎→拔钎→灌砂→记录锤击数→检查孔深

（2）按钎探孔位置平面布置图放线；孔位钉上小木桩或洒上白灰点。

（3）就位打钎

1）人工打钎：将钎尖对准孔位，一人扶正钢钎，一人站在操作凳子上，用大锤打钢钎的顶端；锤举高度一般为 $50 \sim 70cm$，将钎垂直打入土层中。

2）机械打钎：将触探杆尖对准孔位，再把穿心锤套在钎杆上，扶正钎杆，拉起穿心锤，使其自由下落，锤距为 $50cm$，把触探杆垂直打入土层中。

（4）记录锤击数。钎杆每打入土层 $30cm$ 时，记录锤击数。钎探深度如设计无规定时，一般按表 5-49 执行。

表 5-49　钎探孔排列方式

槽宽（cm）	间距（m）	深度（m）
小于 80，中心一排	1.5	1.5
80～200，两排错开	1.5	1.5

续表

槽宽（cm）	间距（m）	深度（m）
大于200，梅花型	1.5	2.0
柱基，梅花型	1.5～2.0	1.5，并不浅于短边

（5）拔钎：用麻绳或铅丝将钎杆绑好，留出活套，套内插入撬棍或铁管，利用杠杆原理，将钎拔出。每拔出一段将绳套往下移一段，依此类推，直至完全拔出为止。

（6）移位：将钎杆或触探器搬到下一孔位，以便继续打钎。

（7）灌砂：打完的钎孔，经过质量检查人员和有关工长检查孔深与记录无误后，即可进行灌砂。灌砂时，每填入30cm左右可用木棍或钢筋棒捣实一次。灌砂有两种形式，一种是每孔打完或几孔打完后及时灌砂；另一种是每天打完后，统一灌砂一次。

（8）整理记录：按钎孔顺序编号，将锤击数填入统一表格内。字迹要清楚，再经过打钎人员和技术员签字后归档。

（9）冬、雨期施工

1）基土受雨后，不得进行钎探。

2）基土在冬季钎探时，每打几孔后及时掩盖保温材料一次，不得大面积掩盖，以免基土受冻。

5. 质量标准

（1）保证项目

钎探深度必须符合要求，锤击数记录准确，不得作假。

（2）基本项目

1）钎位基本准确，探孔不得遗漏。

2）钎孔灌砂应密实。

6. 成品保护

钎探完成后，应做好标记，保护好钎孔，未经质量检查人员和有关工长复验，不得堵塞或灌砂。

7. 应注意的质量问题

（1）遇钢钎打不下去时，应请示有关工长或技术员（取消钎孔或移位打钎）。不得不打和任意填写锤数。

（2）记录与平面布置图的探孔位置

1）将钎孔平面布置图上的钎孔与记录表上的钎孔先行对照，有无错误。发现错误及时修改或补打。

2）在记录表上用有色铅笔或符号将不同的钎孔（锤击数的大小）分开。

3）在钎孔平面布置图上，注明过硬或过软的孔号的位置，把枯井或坟墓等尺寸画上，以便设计勘察人员或有关部门验槽时分析处理。

8. 质量记录

本工艺标准应具备以下质量记录——工程地质勘察报告。

四、人行地道结构验收批质量检验记录表（样式）

人行地道结构验收批质量检验记录表见表5-50。

表5-50 人行地道预制顶板检验批质量检验记录表

编号：060207/060307□□

工程名称			分部工程名称		分项工程名称		人行地道顶板构件预制		
施工单位			施工员		项目经理				
分包单位			分包项目经理		施工班组长				
工程数量			验收部位（或桩号）		项目技术负责人				
交方班组			接方班组		检查日期		年 月 日		

检查项目	序号	检查内容	检验依据允许偏差（规定值或允许偏差值）	检验频率		检查结果/实测点偏差值或实测值											应测点数	合格点数	合格率（%）
				范围	点数	1	2	3	4	5	6	7	8	9	10			
主控项目	1	混凝土强度	符合设计要求	每块、每工作班	1组	检验报告编号：												
	2	厚、高	±5	每块、每工作班	1													
一般项目	3	宽度	0，−10	每构件（每类抽查总数20%）	1													
	4	长度	±10		1													
	5	对角线长度	≤10		2													
	6	外露面平整度	≤5		1													
		麻面	≤1%		1													

施工单位检查评定结论		项目专业质量检查员：（签字）
监理（建设）单位意见		监理工程师：（签字） （或建设单位项目专业技术负责人）组织项目专业质量检查员等进行验收，并应按表进行记录，编号按对应选一。 年 月 日

注：本表由施工项目专业质量检查员填写，监理工程师（建设单位项目技术负责人）组织项目专业质量检查员等进行验收，并应按表进行记录，编号按对应选一。

第六节 挡 土 墙

一、检验要点

（1）挡土墙基础地基承载力必须符合设计要求，且经检测验收合格后方可进行后续工序施工。

（2）施工中应按设计规定施作挡土墙的排水系统、泄水孔、反滤层和结构变形缝。

（3）墙背填土应采用透水性材料或设计规定的填料，土方施工应符合 CJJ 1—2008《城镇道路工程施工与质量验收规范》第 14.1 节的有关规定。

（4）挡土墙顶设帽石时，帽石安装应平顺、坐浆饱满、缝隙均匀。

（5）当挡土墙顶部设有栏杆时，栏杆施工应符合国家现行标准 CJJ 2—2008《城市桥梁施工与质量验收规范》的有关规定。

二、现浇钢筋混凝土挡土墙

（一）检验要点

模板、钢筋、混凝土施工应符合 CJJ 1—2008《城镇道路工程施工与质量验收规范》第 14.2 节的有关规定。

（二）检验标准

1. 现浇钢筋混凝土人行地道质量检验应符合下列规定。

（1）主控项目

1）地基承载力应符合设计要求，填方地基压实度不应小于 95%，挖方地段钎探合格。

检查数量：每个通道抽检 3 点。

检验方法：检查压实度检验报告或钎探报告。

2）防水层材料应符合设计要求

检查数量：同品种、同牌号材料每检验批 1 次。

检验方法：产品性能检验报告、取样试验。

3）防水层应粘贴密实、牢固，无破损；搭接长度大于或等于 10cm。

检查数量：全数检查。

检验方法：检查验收记录

4）钢筋品种、规格和加工、成型与安装应符合设计要求。

检查数量：钢筋按品种每批 1 次。安装全数检查。

检验方法：检查钢筋试验单和验收记录。

5）混凝土强度应符合设计规定。

检查数量：每班或每 100m³ 取 1 组（3 块），少于规定按 1 组计。

检验方法：检查强度试验报告。

（2）一般项目

1）混凝土表面应光滑、平整、无蜂窝、无麻面、无缺边掉角现象。

2）钢筋混凝土结构允许偏差应符合表 5-51 的规定。

表 5-51 钢筋混凝土结构允许偏差

项　　目	允许偏差	检验频率		检验方法
		范围	点数	
地道底板顶面高程（mm）	±10	20	1	用水准仪测量
地道宽度（mm）	±20		2	用钢尺量，宽、厚各1点
墙高（mm）	±10		2	用钢尺量，每侧1点
中线偏位（mm）	≤10		2	用钢尺量，每侧1点
墙面垂直度（mm）	≤10		2	用垂线和钢尺量，每侧1点
墙面平整度	≤5		2	用2m直尺、塞尺量，每侧1点
顶板挠度（mm）	≤L/100 且<10mm		2	用钢尺量
现浇顶板底面平整度（mm）	≤5	10	2	用2m直尺和塞尺量

注：L 为人行地道净跨径。

（三）检验方法

地基承载力：填方地基采用灌砂法测定地基压实度；挖方路基采用钎探法。钎探法检测方法参照本文第（5.5.2.3）条的规定。

（四）现浇钢筋混凝土挡土墙验收批质量检验记录表（样式）

现浇钢筋混凝土挡土墙验收批质量检验记录表见表 5-52 和表 5-53。

三、砌体挡土墙

（一）检验要点

砌筑挡土墙施工应符合 CJJ 1—2008《城镇道路工程施工与质量验收规范》第 14.4 节的有关规定。

（二）检验标准

砌体挡土墙质量检验应符合下列规定。

1. 主控项目

（1）地基承载力应符合设计要求。

检查数量和检验方法应符合 CJJ 1—2008 第 15.6.1 条第 1 款的规定。

（2）砌块、石料强度应符合设计要求。

检查数量：每品种、每检验批 1 组（3 块）

检验方法：检查试验报告。

（3）砌筑砂浆质量应符合 CJJ 1—2008 第 14.5.3 条第 7 款的规定。

2. 一般项目

（1）挡土墙应牢固，外形美观，勾缝密实、均匀，泄水孔通畅。

（2）砌筑挡土墙结构允许偏差应符合表 5-54 的规定。

表5-52　现浇钢筋混凝土挡土墙模板检验批质量检验记录

编号：070105□□

工程名称		分部工程名称		分项工程名称		现浇钢筋混凝土挡土墙模板
施工单位		施工员		项目经理		
分包单位		分包项目经理		施工班组长		
工程数量		验收部位（或桩号）		项目技术负责人		
交方班组		接方班组		检查日期		年　月　日

检查项目	序号	检查内容	检验依据/允许偏差值（规定值或允许偏差值）	检查频率 范围	检查频率 点数	检查结果/实测值/偏差值或偏差值实测点 1 2 3 4 5 6 7 8 9 10	应测点数	合格点数	合格率（%）
主控项目	1	隔离剂	不得污染钢筋和混凝土接槎处	全数					
	2	支模	模板及支撑不得有松动、跑模或下沉现象，接缝严密，不得漏浆，模内必须清洁	全数					
一般项目	1	相邻两板表面高差　刨光模板、钢模板	2	20m	4				
		不刨光模板	4						
	2	表面平整度　刨光模板刚模板	3	20m	4				
		不刨光模板	5						
	3	垂直度	≤0.1%H且≤6	20m	2				
	4	轴线位移（mm）	10	20m	2				
	5	顶面高程（mm）	＋2、－5	20m	2				

施工单位检查评定结论

项目专业质量检查员：（签字）

年　月　日

监理（建设）单位意见

监理工程师：（签字）

（或建设单位项目技术负责人）

年　月　日

注：本表由施工项目专业质量检查员填写，监理工程师（建设单位项目技术负责人）组织项目专业质量检查员等进行验收，并应按本表进行记录。

表5-53 现浇钢筋混凝土钢筋检验批质量检验记录

编号：070106□□

工程名称		分部工程名称		分项工程名称		现浇钢筋混凝土挡土墙钢筋
施工单位		施工员		项目经理		
分包单位		分包项目经理		施工班组长		
工程数量		验收部位（或桩号）		项目技术负责人		
交方班组		接方班组		检查日期		年　月　日

检查项目	序号	检查内容	检验依据/允许偏差值（规定值或±偏差值）	检查频率		检查结果/实测点偏差值或实测值												应测点数	合格点数	合格率（%）
				范围	点数	1	2	3	4	5	6	7	8	9	10				
主控项目	1	原材料	钢筋品种、规格和加工、成型安装符合设计要求	按品种、类型抽查	1	合格证、检验报告编号：													
钢筋加工	1	受力钢筋成型长度	+5，−10	每根（每一批次	1														
	2	箍筋尺寸	0，−3	10%且不少于5根）	2														
钢筋安装	1	配置两排以上受力筋时的排距	±5		2														
	2	受力筋间距	±10	10m	2														
	3	箍筋间距	±20		2														
	4	保护层厚度	±5		2														

施工单位检查评定结论：

项目专业质量检查员：（签字）

监理（建设）单位意见：

监理工程师：（签字）

（或建设单位项目技术负责人）　　　　　年　月　日

注：本表由施工项目专业质量检查员填写，监理工程师（建设单位项目技术负责人）组织项目专业质量检查员等进行验收，并应按表进行记录。

表 5-54 砌筑挡土墙结构允许偏差

项目		允许偏差、规定值			检验频率		检验方法
		料石	块石、片石	预制石	范围	点数	
断面尺寸（mm）		0 +10	不小于设计规定			2	用钢尺量，上下各1点
基底高程 （mm）	土方	±20	±20	±20	±20	2	用水准仪测量
	石方	±100	±100	±100	±100		
顶面高程（mm）		±10	±15	±20	±10	2	
轴线偏位（mm）		≤10	≤15	≤15	≤10	2	用经纬仪测量
墙面垂直度		≤0.5%H 且≤20mm	≤0.5%H 且≤30mm	≤0.5%H 且≤30mm	≤0.5%H 且≤20mm	2	用垂线检测
						2	用2m直尺和塞尺量
平整度（mm）		≤5	≤30	≤30	≤5	2	用20m线和钢尺量
水平缝平直度 （mm）		≤10	—	—	≤10	1	用坡度板检验
墙面坡度		不陡于设计规定					

注：表中 H 为构筑物全高。

（3）栏杆质量应符合 CJJ 1—2008 第 15.6.1 条的有关规定。

（三）检验方法

1. 填方地基采用灌砂法测定地基压实度；挖方路基采用钎探法。钎探法检测方法参照本文第（5.5.2.3）条的规定。

（四）砌体挡土墙验收批质量检验记录表（样式）

砌体挡土墙验收批质量检验记录表见表 5-55。

表5-55 砌筑挡土墙检验批质量检验记录

编号：070305/070306□ □

工程名称				分部工程名称				分项工程名称								砌筑挡土墙
施工单位				施工员				项目经理								
分包单位				分包项目经理				施工班组长								
工程数量				验收部位（或桩号）				项目技术负责人								
交方班组				接方班组				检查日期				年	月		日	

检查项目	序号	检查内容		检验依据/允许偏差（规定值或±偏差值）				检查频率		检查结果/实测点偏差值或实测值											应测点数	合格点数	合格率（%）
				料石	块石	片石	预制块	范围	点数	1	2	3	4	5	6	7	8	9	10			
主控项目	1	材料质量		砌块、石料强度符合设计要求				每品种、每检验批	1组													
	2	砂浆强度		平均抗压强度符合设计规定，任一组最低值不低于设计强度85%				≤50m³砌体	1组													
一般项目	1	断面尺寸（mm）		0，+10	＜设计值			20m	2													
	2	基底高程	土方	±20	±20	±20	±20		2													
			石方	±100	±100	±100	±100		2													
	3	顶面高程（mm）		±10	±15	±20	±10		2													
	4	轴线偏位（mm）		≤10	≤15	≤15	≤10		2													
	5	墙面垂直度		≤0.5%H 且≤20mm	≤0.5%H 且≤30mm	≤0.5%H 且≤30mm	≤0.5%H 且≤20mm		2													
	6	平整度（mm）		≤5	≤30	≤30	≤5		2													
	7	水平缝平整度（mm）		≤10	—	—	≤10		2													
	8	墙面坡度		不陡于设计规定					1													

施工单位检查评定结论		项目专业质量检查员：（签字）						
							年 月 日	
监理（建设）单位意见		监理工程师：（签字） （或建设单位项目专业技术负责人）						
							年 月 日	

注：本表由施工项目专业质量检查员填写，监理工程师（建设单位项目技术负责人）组织项目专业质量检查员等进行验收，并应按表进行记录，编号按对应选一。

第七节　附属构筑物

一、路缘石

（一）检验要点

1. 路缘石宜由加工厂生产，并应提供产品强度、规格尺寸等技术资料及产品合格证。

2. 石质路缘石应采用质地坚硬的石料加工，强度应符合设计要求，宜选用花岗石。机具加工石质路缘石允许偏差应符合表 5-56 的规定。

表 5-56　机具加工石质路缘石允许偏差

项　　目		允许偏差
外形尺寸（mm）	长	±4
	宽	±1
	厚（高）	±2
对角线长度差		±4
外露面平整度		2

3. 预制混凝土路缘石应符合下列规定。

（1）混凝土强度等级应符合设计要求。设计未规定时，不应小于 C30。路缘石弯拉与抗压强度应符合表 5-57 的规定。

表 5-57　路缘石弯拉与抗压强度

直线路缘石			直线路缘石（含圆形，L 形）		
弯拉强度（MPa）			抗压强度（MPa）		
强度等级	平均值	单块最小值	强度等级	平均值	单块最小值
3.0	≥3.00	2.10	30	≥30.0	24
4.0	≥4.00	3.20	35	≥35.0	28
5.0	≤5.00	4.00	40	≥40.0	32

（2）路缘石吸水率不得大于 8%。有抗冻要求的路缘石经 50 次冻融试验（D50）后，质量损失率应小于 3%，抗盐冻性路缘石经 ND25 次试验后，质量损失应小于 $0.5 kg/m^2$。

（3）预制混凝土路缘石加工尺寸允许偏差应符合下表 5-58 的规定。

表 5-58　预制混凝土路缘石加工尺寸允许偏差

项　　目	允许偏差（mm）
长度	−3，+5
宽度	−3，+5
高度	−3，+5
平整度	≤3
垂直度	≤3

（4）预制混凝土路缘石外观质量允许偏差应符合表 5-59 的规定。

表 5-59　预制混凝土路缘石外观质量允许偏差

项　　目	允许偏差
缺棱掉角影响顶面或侧面的破坏最大投影尺寸（mm）	≤15
面层非贯穿裂纹最大投影尺寸（mm）	≤10
可视面粘皮（脱皮）及表面缺损最大面积（mm²）	≤30
贯穿裂纹	不允许
分层	不允许
色差、染色	不明显

（5）路缘石基础宜与相应的基层同步施工。

（6）路缘石应以干硬性砂浆铺砌，砂浆应饱满、厚度均匀。路缘石砌筑应稳固、直线段顺直、曲线段圆曲、缝隙均匀；路缘石灌缝应密实，平缘石表面应平顺不阻水。

（7）路缘石背后宜浇筑水泥混凝土支撑，并换土夯实。换土夯实宽度不宜小于 50cm，高度不宜小于 15cm，压实度不得小于 90%。

（8）路缘石宜采用 M10 水泥砂浆灌缝。灌缝后，常温期养护不应少于 3d。

（二）检验标准

路缘石安砌质量应符合下列规定。

1. 主控项目

（1）混凝土路缘石强度应符合设计要求。

检查数量：每种、每检验批 1 组（3 块）

检验方法：检查出厂检验报告并复验。

2. 一般项目

（1）路缘石应砌筑稳固、砂浆饱满、勾缝密实、外露面清洁、线条顺畅、平缘石不阻水。

检查数量：全数检查。

检验方法：观察。

（2）立缘石、平缘石安砌允许偏差应符合表 5-60 的规定。

表 5-60　立缘石、平缘石安砌允许偏差

项　　目	允许偏差（mm）	检验频率		检验方法
		范围（m）	点数	
直顺度	≤10	100	1	用 20m 线和钢尺量①
相邻块高差	≤3	20	1	用钢板尺和塞尺量①
缝宽	±3	20	1	用钢尺量①
顶面高程	±10	20	1	用水准仪测量

注：1. ①表示随机抽样，量 3 点取最大值。

　　2. 曲线段缘石安装的圆顺度允许偏差应结合工程具体制定。

（三）检验方法

混凝土路缘石强度：对路缘石按标准试件尺寸进行取样，经试验获得路缘石强度。

（四）路缘石验收批质量检验记录表（样式）

路缘石验收批质量检验记录表见表 5-61。

表 5-61 路缘石检验批质量检验记录表

编号：080001□□

工程名称		分部工程名称		分项工程名称		路缘石安砌
施工单位		施工员		项目经理		
分包单位		分包项目经理		施工班组长		
工程数量		验收部位（或桩号）		项目技术负责人		
交方班组		接方班组		检查日期		年 月 日

检查项目	序号	检查内容	检验依据/允许偏差 （规定值或士偏差值）	检查频率		检查结果/实测点偏差值或实测值											合格点数	合格率（%）
				范围	点数	1	2	3	4	5	6	7	8	9	10	应测点数		
主控项目	1	混凝土路缘石强度	符合设计要求	每个品种、每个检验批	1组	出厂检验报告、复检报告编号：												
一般项目	1	直顺度（mm）	≤10	100m	1													
	2	相邻块高差（mm）	≤3	20m	1													
	3	缝宽（mm）	士3	20m	1													
	4	顶面高程	士10	20m	1													
施工单位检查评定结论						项目专业质量检查员：（签字）												
监理（建设）单位意见						监理工程师：（签字） （或建设单位项目专业技术负责人） 年 月 日												

注：本表由施工项目专业质量检查员填写，监理工程师（建设单位项目专业技术负责人）组织项目专业质量检查员等进行验收，并应按表进行记录。

117

二、雨水支管与雨水口

（一）检验要点

1. 雨水支管应与雨水口配合施工。

2. 雨水支管、雨水口基底应坚实，现浇混凝土基础应振捣密实，强度符合设计要求。

3. 砌筑雨水口应符合下列规定。

（1）雨水管端面应露出井内壁，其露出长度不应小于 2cm。

（2）雨水口井壁，应表面平整，砌筑砂浆应饱满，勾缝应平顺。

（3）雨水管穿井墙处，管顶应砌砖券。

（4）井底应采用水泥砂浆抹出雨水口泛水坡。

4. 雨水支管敷设应直顺，不应错口、不反坡、无凹兜。检查井、雨水口内的外露管端面应完好，不应将断管端置入雨水口。

5. 雨水支管与雨水口四周回填应密实。处于道路基层内的雨水支管应做 360°混凝土包封，且在包封混凝土达至设计强度 75％前不得放行交通。

6. 雨水支管与既有雨水干线连接时，宜避开雨期。施工中，需进入检查井时，必须采取防缺氧、防有毒和有害气体的安全措施。

（二）检验标准

雨水支管与雨水口质量检验应符合下列规定。

1. 主控项目

（1）管材应符合现行国家标准 GB 11836《混凝土和钢筋混凝土排水管》的有关规定。

检查数量：每种、每检验批。

检验方法：查合格证和出厂检验报告。

（2）基础混凝土强度应符合设计要求。

检查数量：每 100m³ 1 组（3 块），不足 100m³ 取 1 组。

检查方法：检查试验报告。

（3）砌筑砂浆强度应符合 CJJ 1—2008 第 14.5.3 条第 7 款的规定。

（4）回填土应符合 CJJ 1—2008 第 6.6.3 条压实度的有关规定。

检查数量：全数检查。

检验方法：环刀法、灌砂法或灌水法。

2. 一般项目

（1）雨水口内壁勾缝应直顺、坚实，无漏勾、无脱落。井框、井箅应完整、配套，安装平稳、牢固。

检查数量：全数检查。

检验方法：观察。

（2）雨水支管安装应直顺，无错口、不反坡、无存水，管内清洁，接口处内壁无砂浆外露及无破损现象。管端面应完整。

检查数量：全数检查。

检验方法：观察。

（3）雨水支管与雨水口允许偏差应符合表 5-62 的规定。

表 5-62　雨水支管与雨水口允许偏差

项　目	允许偏差 (mm)	检验频率		检验方法
		范围	点数	
井框与井壁吻合	≤10		1	用钢尺量
井框与周边路面吻合	0，−10		1	用直尺靠量
雨水口与路边线间距	≤20	每座	1	用钢尺量
井内尺寸	+20，0		1	用钢尺量，最大值

（三）雨水支管与雨水口验收批质量检验记录表（样式）

雨水支管与雨水口检验批质量检验记录表见表 5-63。

三、隔离墩

（一）检验要点

1. 隔离墩宜由有资质的生产厂供货。现场预制时宜采用钢模板，拼缝严密、牢固，混凝土拆模时的强度不得低于设计强度的 75%。

2. 隔离墩吊装时，其强度应符合设计规定，设计无规定时不应低于设计强度的 75%。

3. 安装必须稳固，坐浆饱满；当采用焊接连接时，焊缝应符合设计要求。

（二）检验标准

隔离墩质量检验应符合下列规定。

1. 主控项目

（1）隔离墩混凝土强度应符合设计要求。

检查数量：每种、每批（2000 块）1 组。

检验方法：检查出厂检验报告并复验。

（2）隔离墩预埋件焊接应牢固，焊缝长度、宽度、高度均应符合设计要求，且无夹渣、无裂纹、无咬肉现象。

检查数量：全数检查。

检验方法：检查隐蔽验收记录。

2. 一般项目

（1）隔离墩安装应牢固、位置正确、线形美观，墩表面整洁。

检查数量：全数检查。

检验方法：观察。

表 5-63 雨水支管与雨水口检验批质量检验记录表

编号：080002□□

工程名称				分部工程名称								分项工程名称				雨水支管与雨水口
施工单位				施工员								项目经理				
分包单位				分包项目经理								施工班组长				
工程数量				验收部位（或桩号）								项目技术负责人				
交方班组				接方班组								检查日期				年 月 日

检查项目	序号	检查内容	检验依据/允许偏差（规定值或允许偏差值）	检查频率			检查结果/实测点偏差值或实测值										应测点数	合格点数	合格率（%）
				范围	点数	1	2	3	4	5	6	7	8	9	10			
主控项目	1	管材质量	符合规范规定	每种、每检验批	1组	出厂合格证、检验报告编号：												
	2	基础混凝土强度	符合设计要求	≤100m³	1组	试验报告编号：												
	3	砂浆强度	平均抗压强度符合设计规定，任一组最低值不低于设计强度的85%	≤50m³砌体	1组	试验报告编号：												
	4	沟槽回填	快速路、主干路≥95%，次干路≥93%，支路及其他小路≥90%	全数	每层3点	压实度报告：												
一般项目	1	井框与井壁吻合	≤10	每座	1													
	2	井框与周边路面吻合	0，-10	每座	1													
	3	雨水口与路边线间距	≤20	每座	1													
	4	井内尺寸	+20，0	每座	1													
施工单位检查评定结论						项目专业质量检查员：（签字）												
监理（建设）单位意见						监理工程师：（签字）（或建设单位项目专业技术负责人）：（签字） 年 月 日												

注：本表由施工质量检查员填写，监理（建设单位项目技术负责人）组织项目专业质量检查员等进行验收，并应按表进行记录。

120

（2）隔离墩安装允许偏差应符合表 5-64 的规定。

表 5-64　隔离墩安装允许偏差

项　　目	允许偏差（mm）	检验频率		检验方法
		范围	点数	
直顺度	≤5	每 20m	1	用 20m 线和钢尺量
平面偏位	≤4	每 20m	1	用经纬仪和钢尺量测
预埋件位置	≤5	每件	2	用经纬仪和钢尺量测（发生时）
断面尺寸	±5	每 20m	1	用钢尺量
相邻高差	≤3	抽查 20%	1	用钢板尺和钢尺量
缝宽	±3	每 20m	1	用钢尺量

第八节　冬雨期施工

一、检验要点

1. 施工中应根据工程所在地的气候环境，确定冬、雨期的起、止时间。

2. 冬、雨期施工应加强与气象部门联系，及时掌握气象条件变化，做好防范准备。

二、雨期施工检验要点

（一）雨中、雨后应及时检查工程主体及现场环境，发现雨患、水毁必须及时采取处理措施。

（二）路基施工应符合下列规定。

1. 路基土方宜避开主汛期施工。

2. 易翻浆与低洼积水地段宜避开雨期施工。

3. 路基因雨产生翻浆时，应及时进行逐段处理，不应全线开挖。

4. 挖方地段每日停止作业前应将开挖前整平，保持基面排水与边坡稳定。

5. 填方地段应符合下列要求。

（1）低洼地带宜在主汛期前填土至汛期水位以上，且做好路基表面、边坡与排水防冲刷措施。

（2）填方宜避开主汛期施工。

（3）当日填土应当日碾压密实。填土过程中遇雨，应对已摊铺的虚土及时碾压。

（三）雨后摊铺基层时，应先对路基状况进行检查，符合要求后方可摊铺。

（四）石灰稳定土类、水泥稳定土类基层施工应符合下列规定。

1. 宜避开主汛期施工。

2. 搅拌厂应对原材料与搅拌成品采取防雨淋措施，并按计划向现场供料。

3. 施工现场应计划用料，随到随摊铺。

4. 摊铺段不宜过长，并应当日摊铺、当日碾压成活。

5. 未碾压的料层受雨淋后，应进行测试分析，按配合比要求重新搅拌。

（五）沥青混合料类面层施工应符合下列规定。

1. 降雨或基层有集水或水膜时，不应施工。

2. 施工现场应与沥青混合料生产厂保持联系，遇天气变化及时调整产品供应计划。

3. 沥青混合料运输车辆应有防雨措施。

（六）水泥混凝土面层施工应符合下列规定。

1. 搅拌站应具有良好的防水条件与防雨措施。

2. 根据天气变化情况及时测定砂石含水量，准确控制混合料的水灰比。

3. 雨天运输混凝土时，车辆必须采取防雨措施。

4. 施工前应准备好防雨棚等防雨措施。

5. 施工中遇雨时，应立即使用防雨措施完成对已铺筑混凝土的振实成型，不应再开新作业段，并采用覆盖等措施保护尚未硬化的混凝土面层。

三、冬期施工检验要点

1. 当施工现场环境日平均气温连续 5d 温度低于 5℃，或最低环境气温低于—3℃，应视为进入冬期施工。

2. 挖土应符合下列规定。

（1）施工中遇有冻土时，应选择适宜的破冻土机械开挖机械设备。

（2）施工严禁掏洞取土。

（3）路基土方开挖宜每日开挖至规定深度，并及时采取防冻措施。当开挖至路床时，必须当日碾压成活，成活面亦应采取防冻措施。

（4）路堑的边坡应在开挖过程中及时休整。

3. 路基填方应符合下列规定。

（1）铺土层应及时碾压密实，不应受冻。

（2）填方土层宜用未冻、易透水、符合规定的土。气温低于—5℃时，每层虚铺厚度应较常温施工规定厚度小 20％～25％。

（3）城市快速路、主干路的路基不应用含有冻土块的土料填筑。次干路以下道路填土材料中冻土块最大尺寸不应大于 10cm，冻土块含量应小于 15％。

4. 石灰及石灰、粉煤灰稳定土（粒料、钢渣）类基层，宜在进入冬期前 30～45d 停止施工，不应在冬期施工。水泥稳定土（粒料）类基层，宜在进入冬期前 15～30d 停止施工。当上述材料养护期进入冬期时，应在基层施工时向基层材料中掺入防冻剂。

5. 级配砂石、级配砾石、级配碎石和级配碎砾石施工，应根据施工环境最低温度洒布防冻剂溶液，随洒布、随碾压。当抗冻剂为氯盐时，氯盐溶液浓度和冰点的关系应符合表 5-65 的规定。

表 5-65　不同浓度氯盐水溶液的冰点

| 溶液密度 | 氯盐含量 | | 冰点 |
（g/cm³）15℃时	100g 溶液内	100g 水内	（℃）
1.04	5.6	5.9	—3.5
1.05	8.3	9.0	—5.0

续表

溶液密度	氯盐含量		冰点
（g/cm³）15℃时	100g 溶液内	100g 水内	（℃）
1.09	12.2	14.0	−8.5
1.10	13.6	15.7	−10.0
1.14	18.8	23.1	−15.0
1.17	22.4	29.6	−20.0

6. 沥青类面层施工应符合下列规定。

（1）粘层、透层、封层严禁冬期施工。

（2）城市快速路、主干路的沥青混合料面层严禁冬期施工，次干路及其以下道路在施工温度低于5℃时，应停止施工。

（3）沥青混合料施工时，应视沥青品种、标号，比常温适度提高混合料搅拌与施工温度。

（4）当风力在6级及以上时，沥青混合料不应施工。

（5）贯入式沥青面层与表面处治沥青面层严禁冬期施工。

7. 水泥混凝土面层施工应符合下列规定。

（1）施工中应根据气温变化采取保温防冻措施。当连续5昼夜平均气温低于−5℃，或最低温低于−15℃时，宜停止施工。

（2）水泥应选用水化总热量大的 R 型水泥或单位水泥用量较多的 32.5 级水泥，不宜掺粉煤灰。

对搅拌物中掺加的早强剂、防冻剂应经优选确定。

（3）采用加热水或砂石料拌制混凝土，应依据混凝土出料温度的要求，经热工计算，确定水与粗细集料加热温度。水温不得高于80℃；砂石温度不宜高于50℃。

1）搅拌机出料温度不得低于10℃，摊铺混凝土温度不应低于5℃。

2）养护期应加强保温、保湿覆盖，混凝土面层最低温度不应低于5℃。

3）养护期应经常检查保温、保湿隔离膜，保持其完好。并应按规定检测气温与混凝土面层温度。

8. 当面层混凝土弯拉强度未达到1MPa或抗压强度未达到5MPa时，必须采取防止混凝土受冻的措施，严禁混凝土受冻。

第六章　城市桥梁工程施工质量检查及验收

第一节　基本规定

1. 施工单位应具备相应的桥梁工程施工资质。总承包施工单位，必须选择合格的分包单位，分包单位应接受承包单位的管理。

2. 施工单位应建立健全质量保证体系和施工安全管理制度。

3. 施工前，施工单位应组织有关施工技术管理人员深入现场调查，了解掌握现场情况，做好充分的施工准备工作。

4. 施工组织设计应按其审批程序报批，经主管领导批准后方可实施；施工中需修改或补充时，应履行原审批程序。

5. 施工单位应按合同规定的或经过审批的设计文件进行施工。发生设计变更及工程洽商应按国家现行有关规定程序办理设计变更与工程洽商手续，并形成文件。严禁按未批准的设计变更进行施工。

6. 施工中必须建立技术与安全交底制度。作业前主管施工技术人员必须向作业人员进行安全与技术交底，并形成文件。

7. 施工中应按合同文件规定的国家现行标准和设计文件的要求进行施工过程与成品质量控制，确保工程质量。

8. 工程质量验收应在施工单位自检基础上，按照检验批分项工程、分部工程（子分部工程）、单位工程顺序进行。单位工程完成且监理工程师预验收合格后，应由建设单位按相关规定进行验收。各项单位工程验收合格后，建设单位应按相关规定及时组织竣工验收。

9. 验收后的桥梁工程，应结构坚固、表面平整、色泽均匀、棱角分明、线条直顺、轮廓清晰，满足城市景观要求。

10. 桥梁工程范围内的排水设施、挡土墙、引道等工程施工及验收应符合国家现行标准CJJ 1—2008《城镇道路工程施工与质量验收规范》的有关规定。

第二节　施工准备

1. 开工前，建设单位应召集施工、监理、设计、建设单位有关人员，由设计人员进行施工设计交底，并形成文件。

2. 开工前，建设单位应向施工单位提供施工现场及其毗邻区域内各种地下管线等建（构）筑物的现况详实资料和气象、水文观测资料，并应向施工单位的有关技术管理人员和监理工程师进行详细的交底，应研究确定施工区域内管线等建（构）筑物的拆移或保护、加固方案，并应形成文件后实施。

3. 开工前，建设单位应组织设计、勘测单位向施工单位移交现场测量控制桩、水准点，并形成文件。施工单位应结合实际情况，制定施工测量方案，建立测量控制网。

4. 开工前，施工单位应组织有关施工技术人员学习工程招投标文件、施工合同、设计文件和相关技术标准，掌握工程情况。

5. 施工单位应根据建设单位提供的资料，组织有关施工技术管理人员对施工现场进行全面、详尽、深入的调查，掌握现场地形、地貌环境条件；掌握水、电、劳动力、设备等资源供应情况。并应核实施工影响范围内的管线、建（构）筑物、河湖、绿化、杆线、文物古迹等情况。

6. 开工前，施工单位应组织有关施工技术人员对施工图进行认真审查，发现问题应及时与设计人联系进行变更，并形成文件。

7. 开工前，施工单位应根据合同、设计文件和现场环境条件编制施工组织设计。施工组织设计应包括施工部署、计划安排、施工方法、保证质量和安全的技术措施，以及必要的专项施工方案与施工设计等。当跨冬、雨期和高温施工时，施工组织设计应包含冬、雨期施工方案和高温期施工安全技术措施。

8. 开工前，应将工程划分为单位（子单位）、分部（子分部）、分项工程和检验批，作为施工控制的基础。

9. 开工前，应对全体施工人员进行安全教育，组织学习安全管理规定，并结合工程特点对现场作业人员进行安全技术培训，对特殊工种应进行资格培训。

第三节　测　　量

一、检验要点

（1）施工测量开始前应完成下列工作。

1）学习设计文件和相应的技术标准，掌握设计要求。

2）办理桩点交接手续。桩点应包括：各种基准点、基准线的数据及依据、精度等级，施工单位应进行现场踏勘、复核。

3）根据桥梁的形式、跨径及设计要求的施工精度、施工方案，编制工程测量方案，确定在利用原设计网基础上加密或重新布设控制网。补充施工需要的水准点、桥涵轴线、墩台控制桩。

4）对测量仪器、设备、工具等进行符合性检查，确认符合要求。严禁使用未经计量检定或超过检定有效期的仪器、设备、工具。

（2）开工前应对基准点、基准线和高程进行内业、外业复核。复核过程中发现不符或相邻工程矛盾时，应向建设单位提出，进行查询，并取得准确结果。

（3）施工单位应在合同规定的时间期限内，向建设单位提供施工测量复测报告，经监理工程师批准后方可根据工程测量方案建立施工测量控制网，进行工程测量。

（4）供施工测量用的控制桩，应注意保护，经常校测，保持准确。雨后、春融期或受到碰撞、遭遇损害，应及时校测。

（5）应建立测量复核制度。从事工程测量的作业人员，应经专业培训、考核合格，持证上岗。

（6）测量记录应按规定填写并按编号顺序保存。测量记录应字迹清楚、规整，严禁擦改，并不得转抄。

二、测量作业

（1）测量作业必须由两人以上进行，且应进行相互检查校对并做出测量和检查核对记录。经复核、确认无误后方可生效。

（2）桥涵放样测量应符合下列规定。

1）采用直接丈量法进行墩台施工定位时，应对尺长、温度、拉力、垂直和倾斜进行修正计算。

2）大、中桥的水中墩、台和基础的位置，宜采用校验过的电磁波测距仪测量。桥墩中心线在桥轴线方向上的位置误差不得大于±15mm。

3）曲线上的桥梁施工测量，应按照设计文件及公路曲线测定方法处理。

（3）桥梁施工过程中的测量应符合下列规定。

1）桥梁控制网应根据需要及时复测。

2）施工过程中，应测定并经常检查桥梁结构浇砌和安装部分的位置和标高，并做出测量记录和结论。如超过允许偏差时，应分析原因，并予以补救和改正。

3）桥轴线长度超过1000m的特大桥梁和结构复杂的桥梁施工过程，应进行主要墩、台的沉降变形监测。

第四节　模板、支架和拱架

一、检验要点

（一）模板、支架和拱架的制作与安装

1. 模板与混凝土接触面应平整，接缝严密。

2. 组合钢模板的制作、安装应符合现行国家标准 GB 50214《组合钢模板技术规范》的规定。

3. 采用其他材料做模板时，应符合下列规定。

（1）钢框胶合模板的组配面板宜采用错缝布置。

（2）高分子合成材料面板、硬塑料或玻璃钢模板，应与边肋及加强肋连接牢固。

4. 支架立柱必须落在有足够承载力的地基上，立柱底端必须放置垫板或混凝土垫块。支架地基严禁被水浸泡，冬期施工必须采取防止冻胀的措施。

5. 支架通行孔的两边应加护桩，夜间应设警示灯。施工中易受漂流物冲撞的河中支架应设牢固的防护设施。

6. 安装拱架前，应对立柱支承面标高进行检查和调整，确认合格后方可安装。在风力较大的地区，应设置风缆。

7. 安设支架、拱架过程中，应随安装随架设临时支撑。采用多层支架时，支架的横垫板应水平，立柱应铅直，上下层立柱应在同一中心线上。

8. 支架或拱架不得与施工脚手架、便桥相连。

9. 安装模板应符合下列规定。

（1）支架、拱架安装完毕，经检验合格后方可安装模板。

（2）安装模板应与钢筋工序配合进行，妨碍绑扎钢筋的模板，应待钢筋工序结束后再安装。

（3）安装墩、台模板时，其底部应与基础预埋件连接牢固，上部应采用拉杆固定。

（4）模板在安装过程中必须设置防倾覆设施。

10. 浇筑混凝土和砌筑前，应对模板、支架和拱架进行检查和验收，合格后方可施工。

（二）模板、支架和拱架的拆除

1. 模板、支架和拱架拆除应符合下列规定。

（1）非承重侧模应在混凝土强度能保证结构棱角不损坏时方可拆除，混凝土强度宜为2.5MPa 及以上。

（2）芯模和预留孔道内模应在混凝土抗压强度能保证结构表面不发生塌陷和裂缝时，方可拔出。

（3）钢筋混凝土结构的承重模板、支架和拱架的拆除，应符合设计要求。当设计无规定时，应符合表 6-1 的规定。

表 6-1　现浇结构拆除底模时的混凝土强度

结构类型	结构跨度（m）	按设计混凝土强度标准值的百分率（%）
板	≤2	50
	2～8	75
	>8	100
梁、拱	≤8	75
	>8	100
悬臂构件	≤2	75
	>2	100

注：构件混凝土强度必须通过同条件养护的试件强度确定。

2. 浆砌石、混凝土砌块拱桥拱架的卸落应符合下列规定。

（1）浆砌石、混凝土砌块拱桥应在砂浆强度达到设计要求强度后卸落拱架，设计未规定时，砂浆强度达到设计标准值的 80% 以上。

（2）跨径小于 10m 的拱桥宜在拱上结构全部完成后卸落拱架；中等跨径实腹式拱桥宜在护拱完成后卸落拱架；大跨径空腹式拱桥宜在腹拱横墙完成（未砌腹拱圈）后卸落拱架。

（3）在裸拱状态卸落拱架时，应对主拱进行强度及稳定性验算，并采取必要的稳定措施。

3. 模板、支架和拱架拆除应按设计要求的程序和措施进行，遵循"先支后拆、后支先拆"的原则。支架和拱架，应按几个循环卸落，卸落量宜由小渐大，每一循环中，在横向应同时卸落，在纵向应对称均衡卸落。

4. 预应力混凝土结构的侧模应在预应力张拉前拆除，底模应在结构建立预应力后拆除。

5. 拆除模板、支架和拱架时不得猛烈敲打、强拉和抛扔。模板、支架和拱架拆除后，应维护整理，分类妥善存放。

二、检验标准

（一）主控项目

模板、支架和拱架制作及安装应符合施工设计图（施工方案）的规定，且稳固牢靠、接缝严密，立柱基础有足够的支撑面和排水、防冻融措施。

  检验数量：全数检查。

  检验方法：观察和用钢尺量。

  （二）一般项目

  1. 模板制作允许偏差应符合表 6-2 的规定。

表 6-2 模板制作允许偏差

项　目			允许偏差（mm）	检验频率		检验方法
				范围	点数	
木模板	模板的长度和宽度		±5	每个构筑物或每个构件	4	用钢尺量
	不刨光模板相邻两板表面高低差		3			用钢板尺和塞尺量
	刨光模板和相邻两板表面高低差		1			
	平板模板表面最大的局部不平（刨光模板）		3			用 2m 直尺和塞尺量
	平板模板表面最大的局部不平（不刨光模板）		5			
	榫槽嵌接紧密度		2		2	用钢尺量
钢模板	模板的长度和宽度		0 −1		4	用钢尺量
	肋高		±5		2	
	面板端偏斜		0.5		2	用水平尺量
	连接配件（螺栓、卡子等）的孔眼位置	孔中心与板面的间距	±0.3		4	用钢尺量
		板端孔中心与板端的间距	0 −0.5			
		沿板长宽方向的孔	±0.6			
	板面局部不同		1.0			用 2m 直尺和塞尺量
	板面和板侧挠度		±1.0		11	用水准仪和拉线量

  2. 模板、支架和拱架安全允许偏差应符合表 6-3 的规定。

表 6-3 模板、支架和拱架安全允许偏差

项　目		允许偏差（mm）	检验频率		检验方法
			范围	点数	
相邻两板表面高低差	清水模板	2	每个构筑物或每个构件	4	用钢板尺和塞尺量
	混水模板	4			
	钢模板	2			
表面平整度	清水模板	3			
	混水模板	5			
	钢模板	3			
垂直度	墙、柱	$H/1000$，且不大于 6		2	用经纬仪或垂线和钢尺量
	墩、台	$H/500$，且不大于 20			
	塔柱	$H/3000$，且不大于 30			
模内尺寸	基础	±10		3	用钢尺量，长宽、高各 1 点
	墩、台	＋5 −8			
	梁、板、墙、柱、桩、拱	＋3 −6			

续表

项 目			允许偏差（mm）	检验频率		检验方法
				范围	点数	
轴线偏位	基础		15	每个构筑物或每个构件	2	用经纬仪测量，纵、横向各1点
	墩、台、墙		10			
	梁、柱、拱、塔柱		8			
	悬浇各梁段		8			
	横隔梁		5			
支承面高程			+2 −5	每支承面	1	用水准仪测量
悬浇各梁段底面高程			+10 0	每个梁段	1	用水准仪测量
预埋件	支座板、锚垫板、连接板等	位置	5	每个预埋件	1	用钢尺量
		平面高差	2		1	用水准仪测量
	螺栓、锚筋等	位置	3		1	用钢尺量
		外露长度	±5		1	
预留孔洞	预应力筋孔道位置（梁端）		5	每个预留孔洞	1	用钢尺量
	其他	位置	8		1	用钢尺量
		孔径	+10 0		1	
梁底模拱度			+5 −2	每根梁、每个构件、每个安装段	1	沿底模全长拉线，用钢尺量
对角线差	板		7		1	用钢尺量
	墙板		5			
	桩		3			
侧向弯曲	板、拱肋、桁架		L/1500		1	沿侧模全长拉线，用钢尺量
	柱、桩		L/1000，且不大于10			
	梁		L/2000，且不大于10			
支架、拱架	纵轴线的平面偏位		L/2000，且不大于30		3	用经纬仪测量
	拱架高程		+20 −10			用水准仪测量

注：1. H 为构筑物高度（mm），L 为计算长度（mm）。

2. 支承面高程系数指模板底模上表面支撑混凝土面的高程。

3. 固定在模板上的预埋件、预留孔内模不得遗漏，且应安装牢固。

检查数量：全数检查。

检验方法：观察。

三、模板、支架和拱架检验批质量验收记录表（样式）

模板、支架和拱架检验批质量验收记录表见表6-4。

表6-4 模板、支架和拱架检验批质量验收记录表

编号：

工程名称					验收部位		
分项工程名称					施工班组长		
施工单位					施工员		
施工执行标准名称及编号					项目经理		

检查项目	序号	检查内容		允许偏差(mm)	检验频率 范围	检验频率 点数	施工单位检查评定记录 1	2	3	4	5	6	7	8	9	10	应检点数	合格点数	合格率(%)
主控项目		模板、支架和拱架制作与安装应符合施工设计图（施工方案）的规定，且稳固牢靠；接缝严密，立柱基础有足够的支撑面和排水、防冻融措施																	
一般项目	1	木模板	模板的长度和宽度	±5	每个构筑物或每个构件														
	2		不刨光模板相邻两板表面高低差	3															
	3		刨光模板相邻两板表面高低差	1															
	4		平板模板表面最大的局部不平 不刨光模板	3		4													
	5		刨光模板	5															
	6		槽榫嵌接紧密度	2		2													
	7		模板的长度和宽度	0，−1		4													
	8		肋高	±5		2													
	9		面板端偏斜	0.5		2													
	10	钢模板	连接配件（螺栓、卡子等）的孔眼位置 孔中心与板面的间距	±0.3															
	11		板端孔中心与板端的间距	0，−0.5															
	12		沿板长宽方向的孔	±0.6		4													
	13		板面局部不平	1.0															
	14		板面和板侧翘度	±1.0		1													

续表

检查项目	序号	检查内容		质量验收规范的规定 允许偏差（mm）	检验频率 范围	检验频率 点数	施工单位检查评定记录 1	2	3	4	5	6	7	8	9	10	应检点数	合格点数	合格率（%）
一般项目	15	固定在模板上的预埋件、预留孔内模不得遗漏，且应安装牢固																		
	16	相邻两板表面高低差	清水模板	2		4														
			混水模板	4																
			钢模板	2																
	17	表面平整度	清水模板	3		4														
			混水模板	5																
			钢模板	3																
	18	垂直度	墙柱	$H/1000$，且$\not>6$	每个构筑物或每个构件	2														
			墩台	$H/500$，且$\not>20$																
			塔柱	$H/3000$，且$\not>30$																
	19	模内尺寸	基础	±10		3														
			墩、台	+5，-8																
			梁、板、墙、柱、桩、拱	+3，-6																

续表

检查项目	序号	检查内容			质量验收规范的规定		检验频率		施工单位检查评定记录											应检点数	合格点数	合格率（%）
						允许偏差（mm）	范围	点数	1	2	3	4	5	6	7	8	9	10				
一般项目	20	轴线偏位	基础			15	每个构筑物或每个构件	2														
			墩、台、墙			10																
			梁、柱、拱、塔柱			8																
			悬浇各梁段			8																
			横隔梁			5																
	21	悬浇各梁段底面高程	支承面高程			+2，−5	每个支承面	1														
	22					+10，0	每个梁段	1														
	23	预埋件	支座板、锚垫板、连接板等	位置		5	每个预埋件	1														
				平面高差		2		1														
			螺栓、锚筋等	位置		3		1														
				外露长度		±5		1														
	24	预留孔洞	预应力筋孔道位置（梁端）	位置		5	每个预留孔洞	1														
			其他	位置		8		1														
				孔径		+10，0		1														

续表

检查项目	序号	质量验收规范的规定		检验频率		施工单位检查评定记录										应检点数	合格点数	合格率（%）
		检查内容	允许偏差（mm）	范围	点数	1	2	3	4	5	6	7	8	9	10			
一般项目	25	梁底模板拱度　板	+5、-2	每根梁	1													
	26	对角线差　墙板	7	每根梁，每个构件，每个安装段	1													
		桩	5															
	27	侧向弯曲　板、拱肋、桁架	3		1													
		柱、桩	15															
		梁	10															
	28	支架、拱架　纵轴线的平面	8															
			+2、-5															
	29	拱架高程	+10、0		3													

施工单位检查评定结论	项目专业质量检查员（签字）：　　　　　　　　　　年　月　日
监理（建设）单位验收结论	监理工程师（签字）： （建设单位项目专业技术负责人）（签字）：　　　年　月　日

注：1. H 为构筑物高度（mm），L 为计算长度（mm）。
　　2. 支承面高程系指模板底模上表面混凝土上面的高程。
　　3. 本表式为通用表式，可根据具体分项工程检验批套用相应格式。

133

第五节 钢 筋

一、检验要点

1. 混凝土结构所用钢筋的品种、规格、性能等均应符合设计要求和国家现行标准 GB 1499.1《钢筋混凝土用钢 第 1 部分：热轧光圆钢筋》、GB 1499.2《钢筋混凝土用钢 第 2 部分：热轧带肋钢筋》、GB 13788《冷轧带肋钢筋》和 JG 3042《环氧树脂涂层钢筋》等的规定。

2. 钢筋应按不同钢种、等级、牌号、规格及生产厂家分批验收，确认合格后方可使用。

3. 钢筋的级别、种类和直径应按设计要求采用。当需要代换时，应由原设计单位做变更设计。

4. 预制构件的吊环必须采用未经冷拉的 HPB235 热轧光圆钢筋制作，不得以其他钢筋替代。

5. 在浇筑混凝土之前应对钢筋进行隐蔽工程验收，确认符合设计要求。

（一）钢筋加工

1. 钢筋弯制前应先调直。钢筋宜优先选用机械方法调直。当采用冷拉法进行调直时，HPB 235 钢筋冷拉率不得大于 2％；HRB 335、HRB 400 钢筋冷拉率不得大于 1％。

2. 箍筋末端弯钩的形式应符合设计要求。箍筋弯钩的弯曲直径应大于被箍主钢筋的直径，且 HPB 235 钢筋不得小于箍筋直径的 2.5 倍，HPB 335 不得小于箍筋直径的 4 倍，弯钩平直部分的长度，一般结构不宜小于箍筋直径的 5 倍，有抗震要求的结构不得小于箍筋直径的 10 倍。

（二）钢筋连接

1. 热轧钢筋接头应符合设计要求。当设计无规定时，应符合下列规定。

（1）钢筋接头宜采用焊接接头或机械连接接头。

（2）焊接接头应优先选择闪光对焊。焊接接头应符合国家现行标准 JGJ 18《钢筋焊接及验收规程》的有关规定。

（3）机械连接接头适用于 HRB 335 和 HRB 400 带肋钢筋的连接。机械连接接头应符合国家现行标准 JGJ 107《钢筋机械连接通用技术规程》的有关规定。

（4）当普通混凝土中钢筋直径等于或小于 22mm 时，在无焊接条件时，可采用绑扎连接，但受拉构件中的主钢筋不得采用绑扎连接。

（5）钢筋骨架和钢筋网片的交叉点焊接宜采用电阻点焊。

（6）钢筋与钢板的 T 形连接，宜采用埋弧压力焊或电弧焊。

2. 钢筋接头设置应符合下列规定。

（1）在同一根钢筋上宜少设接头。

（2）钢筋接头应设在受力较小区段，不宜位于构件的最大弯矩处。

（3）在任一焊接或绑扎接头长度区段内，同一根钢筋不得有两个接头，在该区段内的受力钢筋，其接头的截面面积占总截面面积的百分率应符合表 6-5 规定。

表 6-5 接头长度区段内受力钢筋接头面积的最大百分率

接头类型	接头面积最大百分率（%）	
	受拉区	受压区
主钢筋绑扎接头	25	50
主钢筋焊接接头	50	不限制

注：1. 焊接头长度区段内是指 35d（d 为钢筋直径）长度范围内，但不得小于 500mm，绑扎接头长度区段是指 1.3 倍焊接长度。
2. 装配式构件连接处的受力钢筋焊接接头可不受此限制。
3. 环氧树脂涂层钢筋绑扎长度，对受拉钢筋应至少为涂层钢筋锚固长度的 1.5 倍且不小于 375 mm，对受压钢筋为无涂层钢筋锚固长度 1.0 倍且不小于 250 mm。

（4）接头末端至钢筋弯起点的距离不得小于钢筋直径的 10 倍。

（5）施工中钢筋受力分不清受拉、受压的，按受拉处理。

（6）钢筋接头部位横向净距不得小于钢筋直径，且不得小于 25 mm。

3. 从事钢筋焊接的焊工必须经考试合格后持证上岗。钢筋焊接前，必须根据施工条件进行试焊。

4. 钢筋闪光对焊应符合下列规定。

（1）每批钢筋焊接前，应先选定焊接工艺和参数，进行试焊，在试焊质量合格后，方可正式焊接。

（2）闪光对焊接头的外观质量应符合下列要求。

① 接头周缘应有适当的镦粗部分，并呈均匀的毛刺外形。

② 钢筋表面不得有明显的烧伤或裂纹。

③ 接头边弯折的角度不得小于 3°。

④ 接头轴线的偏移不得大于 0.1d，并不得大于 2 mm。

（3）在同条件下经外观检查合格的焊接接头，以 300 个作为一批（不足 300 个，也应按一批计），从中切取 6 个试件，3 个做拉伸试验，3 个做冷弯试验。

5. 焊接材料应符合国家现行标准 JGJ 18《钢筋焊接及验收规程》的有关规定。

6. 钢筋采用绑扎接头时，应符合下列规定。

（1）受拉区域内，HPB 235 钢筋绑扎接头的末端应做成弯钩，HRB 335、HRB 400 钢筋可不做弯钩。

（2）直径不大于 12mm 的受压 HPB 235 钢筋的末端，以及轴心受压构件中任意直径的受力钢筋末端，可不做弯钩，但搭接长度不得小于钢筋直径的 35 倍。

（3）钢筋搭接处，应在中心和两端至少 3 处用绑丝绑牢，钢筋不得滑移。

（4）受拉钢筋绑扎接头的搭接长度，应符合表 6-6 的规定；受压钢筋绑扎接头的搭接长度，应取受拉钢筋绑扎接头长度的 0.7 倍。

（5）施工中钢筋受力分不清受拉或受压时，应符合受拉钢筋的规定。

表 6-6 受拉钢筋绑扎接头的搭接长度

钢筋牌号	混凝土强度等级		
	C20	C25	＞C25
HPB 235	35d	30d	25d
HRB 335	45d	40d	35d
HRB 400	—	50d	45d

7. 钢筋采用机械连接接头时，应符合下列规定。

（1）从事钢筋机械连接的操作人员应经专业技术培训，考核合格后，方可上岗。

（2）钢筋采用机械连接接头时，其应用范围、技术要求、质量检验及采用设备、施工安全、技术培训等应符合国家现行标准 JGJ 107《钢筋机械连接通用技术规程》、JGJ 108《带肋钢筋套筒挤压连接技术规程》的有关规定。

（3）当混凝土结构中钢筋接头部位温度低于−10℃时，应进行专门的试验。

（4）型式检验应由国家、省部级主管部门认定有资质的检验机构进行，并应按国家现行标准 JGJ 107《钢筋机械连接通用技术规程》规定的格式出具试验报告和评定结论。

（5）带肋钢筋套筒挤压接头的套筒两端外径和壁厚相同时，被连接钢筋直径相差不得大于 5mm。套筒在运输和储存中不得腐蚀和沾污。

（6）同一结构内机械连接不得使用两个生产厂家提供的产品。

（7）在同条件下经外观检查合格的机械连接接头，应以每 300 个为一批（不足 300 个也按一批计），从中抽取 3 个试件做单向拉伸试验，并做出评定，如有 1 个试件抗拉强度不符合要求，应再取 6 个试件复验，如再有 1 个试件不合格，则该批接头应判为不合格。

（三）钢筋骨架和钢筋网的组成与安装

1. 施工现场可根据结构情况和现场运输起重条件，先分布预制成钢筋骨架或钢筋网片，入模就位后再焊接或绑扎成整体骨架。为确保分部钢筋骨架具有足够的刚度和稳定性，可在钢筋的部分交叉点处施焊或用辅助钢筋加固。

2. 钢筋骨架制作和组装应符合下列规定。

（1）钢筋骨架的焊接应在坚固的工作台上进行。

（2）组装时应按设计图纸放大样，放样时应考虑骨架预拱度。简支梁钢筋骨架预拱度宜符合表 6-7 的规定。

表 6-7　简支梁钢筋骨架预拱度

跨度 （m）	工作台上预拱度 （cm）	骨架拼装时预拱度 （cm）	构件预拱度 （cm）
7.5	3	1	0
10～12.5	3～5	2～3	1
15	4～5	3	2
20	5～7	4～5	3

注：跨度大于 20mm 时应按设计规定预留拱度。

（3）组装时应采取控制焊接局部变形措施。

（4）骨架接长焊接时，不同直径钢筋的中心线应在同一平面上。

3. 现场绑扎钢筋应符合下列规定。

（1）钢筋的交叉点应采用绑丝绑牢，必要时可辅以电焊。

（2）钢筋网的外围两行钢筋交叉点应全部扎牢，中间部分交叉点可间隔交错扎牢。但双向受力的钢筋网，钢筋交叉点必须全部绑牢。

（3）梁和柱的箍筋，除设计有特殊要求外，应与受力钢筋垂直设置；箍筋弯钩叠合处，应位于梁和柱角的受力钢筋处，并错开设置（同一截面上有两个以上箍筋的大截面梁和柱除外）；螺旋形箍筋的起点和终点均应绑扎在纵向钢筋上，有抗扭要求的螺旋箍筋，钢筋应伸入核心混凝土中。

（4）矩形柱角部竖向钢筋的弯钩平面与模板面的夹角应为 45°；多边形柱角部竖向钢筋弯钩平面应朝向断面中心；圆形柱所有竖向钢筋弯钩平面与模板面的夹角不得小于 15°。

（5）绑扎接头搭接长度范围内的箍筋间距：当钢筋受拉时应小于 $5d$，且不得大于 100mm；当钢筋受压时应小于 $10d$，且不得大于 200mm。

（6）钢筋骨架的多层钢筋之间，应用短钢筋支垫，确保位置准确。

4. 钢筋的混凝土保护层厚度，必须符合设计要求，设计无规定时应符合下列规定。

（1）普通钢筋和预应力直线形钢筋的最小混凝土保护层厚度不得小于钢筋公称直径。后张法构件预应力直线形钢筋不得小于其管道直径 1/2，且应符合表 6-8 的规定。

表 6-8　普通钢筋和预应力直线形钢筋最小混凝土保护层厚度（mm）

构件类别		环境条件		
		Ⅰ	Ⅱ	Ⅲ、Ⅳ
基础、桩基承台	基坑底面有垫层或侧面有模板（受力主筋）	40	50	60
	基坑底面无垫层或侧面无模板（受力主筋）	60	75	85
墩台身、挡土结构、涵洞、梁、板、拱圈、拱上建筑（受力主筋）		30	40	45
缘石、中央分隔带、护栏等行、车道构件（受力主筋）		30	40	45
人行道构件、栏杆（受力主筋）		20	25	30
箍筋				
收缩、温度、分布、防裂等表层钢筋		15	20	25

注：1. 环境条件Ⅰ——温暖或寒冷地区的大气环境、与无侵蚀性的水或土接触的环境。

　　2. 环境条件Ⅱ——严寒地区的大气环境、使用除冰盐环境。

　　3. 环境条件Ⅲ——海水环境。

　　4. 环境条件Ⅳ——受侵蚀性物质影响的环境。

（2）对于环境涂层钢筋，可按环境类别取用Ⅰ。

（3）当受拉区主筋的混凝土保护层厚度大于 50mm 时，应在保护层内设置直径不小于 6mm，间距不大于 100mm 的钢筋网。

（4）钢筋机械连接件的最小保护层厚度不得小于 20mm。

（5）应在钢筋与模板之间设置垫块，确保钢筋的混凝土保护层厚度，垫块应与钢筋绑扎牢固，错开布置。

二、检验标准

（一）主控项目

1. 材料应符合下列规定。

（1）钢筋、焊条的品种、牌号、规格和技术性能必须符合国家现行标准规定和设计要求。

检查数量：全数检查。

检验方法：检查产品合格证、出厂检验报告。

（2）钢筋进场时，必须按批抽取试件做力学性能和工艺性能试验，其质量必须符合国家现行标准的规定。

检查数量：以同牌号、同炉号、同规格、同交货状态的钢筋，每 60t 为一批，不足 60t 也按一批计，每批抽检 1 次。

检验方法：检查试件检验报告。

（3）当钢筋出现脆断、焊接性能不良或力学性能显著不正常等现象时，应对该批钢筋进行化学成分检验或其他专项检验。

检查数量：该批钢筋全数检查。

检验方法：检查专项检验报告。

2. 钢筋弯制和末端弯钩均应符合设计要求和 CJJ 2—2008《城市桥梁工程施工与质量验收规范》第 6.2.3、6.2.4 条的规定。

检查数量：每工作日同一类型钢筋抽查不少于 3 件。

检验方法：用钢尺量。

3. 受力钢筋连接应符合下列规定。

（1）钢筋的连接形式必须符合设计要求。

检查数量：全数检查。

检验方法：观察。

（2）钢筋接头位置、同一截面的接头数量、搭接长度应符合设计要求和 CJJ 2—2008《城市桥梁工程施工与质量验收规范》第 6.3.2 条和第 6.3.5 条的规定。

检查数量：全数检查。

检验方法：观察、用钢尺量。

（3）钢筋焊接接头质量应符合国家现行标准 JGJ 18《钢筋焊接及验收规程》的规定和设计要求。

检查数量：外观质量全数检查；力学性能检验按 CJJ 2—2008《城市桥梁工程施工与质量验收规范》第 6.3.4、6.3.5 条规定抽样做拉伸试验和冷弯试验。

检验方法：观察、用钢尺量、检查接头性能检验报告。

（4）HRB 335 和 HRB 400 带肋钢筋机械连接接头质量应符合国家现行标准 JGJ 107《钢筋机械连接通用技术规程》的规定和设计要求。

检查数量：外观质量全数检查；力学性能检验按 CJJ 2—2008《城市桥梁工程施工与质量验收规范》第 6.3.8 条规定抽样做拉伸试验。

检验方法：外观用卡尺或专用量具检查、检查合格证和出厂检验报告、检查进场验收记录和性能复验报告。

4. 钢筋安装时，其品种、规格、数量、形状，必须符合设计要求。

检查数量：全数检查。

检验方法：观察、用钢尺量。

（二）一般项目

1. 预埋件的规格、数量、位置等必须符合设计要求。

检查数量：全数检查。

检验方法：观察、用钢尺量。

2. 钢筋表面不得有裂纹、结疤、折叠、锈蚀和油污，钢筋焊接接头表面不得有夹渣、焊瘤。

检查数量：全数检查。

检验方法：观察。

3. 钢筋加工允许偏差应符合表 6-9 的规定。

表 6-9　钢筋加工允许偏差

检查项目	允许偏差 （mm）	检查频率		检验方法
		范围	点数	
受力钢筋顺长度方向全长的净尺寸	±10	按每工作日同一类型 钢筋、同一加工设备 抽查 3 件	3	用钢尺量
弯起钢筋的弯折	±20			
箍筋内净尺寸	±5			

4. 钢筋网允许偏差应符合表 6-10 的规定。

表 6-10　钢筋网允许偏差

检查项目	允许偏差 （mm）	检查频率		检验方法
		范围	点数	
网的长、宽	±10	每片 钢筋网	3	用钢尺量两端和中间各 1 处
网眼尺寸	±10			用钢尺量任意 3 个网眼
网眼对角线差	15			用钢尺量任意 3 个网眼

5. 钢筋成型和安装允许偏差应符合表 6-11 的规定。

表 6-11　钢筋成型和安装允许偏差

检查项目			允许偏差 （mm）	检查频率		检验方法
				范围	点数	
受力钢 筋间距	两排以上排距		±5	每个构筑 物或每个 构件	3	用钢尺量，两端和中间各一个断 面，每个断面连续量取钢筋间（排） 距，取其平均值计 1 点
	同排	梁板、拱肋	±10			
		基础、墩台、柱	±20			
	灌注桩		±20			
箍筋、横向水平筋、螺旋筋间距			±10		5	连续量取 5 个间距，其平均值计 1 点
钢筋骨架 尺寸	长		±10		3	用钢尺量，两端和中间各 1 处
	宽、高或直径		±5		3	
弯起钢筋位置			±20		30%	用钢尺量
钢筋保护 层厚度	墩台、基础		±10		10	沿模板周边检查、用钢尺量
	梁、柱、桩		±5			
	板、墙		±3			

三、钢筋检验批质量验收记录表（样式）

钢筋检验批质量验收记录表见表 6-12。

表6-12 钢筋检验批质量验收记录表

编号：

工程名称				验收部位	
分项工程名称				施工班组长	
施工单位				施工员	
施工执行标准名称及编号				项目经理	

检查项目	序号	检查内容	质量验收规范的规定 允许偏差(mm)	检验频率 范围	检验频率 点数	施工单位检查评定记录 1	2	3	4	5	6	7	8	9	10	应检点数	合格点数	合格率(%)
主控项目	1	钢筋、焊条的品种、牌号、规格和技术性能必须符合合国家现行标准规定和设计要求																
	2	钢筋进场时，必须按批抽取试件做力学性能和工艺性能试验，其质量必须符合合国家现行标准的规定																
	3	当钢筋出现脆断、焊接性能不良或力学性能显著不正常等现象时，应对该批钢筋进行化学成分检验或其他专项检验																
	4	钢筋弯制和末端弯钩均应符合设计要求和CJJ 2—2008规范第6.2.3、6.2.4条规定																
	5	钢筋的连接形式必须符合设计要求																
	6	钢筋接头的位置、同一截面的接头数量、搭接长度应符合设计要求和CJJ 2—2008规范第6.3.2和6.3.5条的规定																
	7	钢筋焊接接头质量应符合合国家现行标准JGJ 18《钢筋焊接及验收规程》的规定和设计要求																
	8	HRB 335和HRB 400带肋钢筋机械连接接头质量应符合合国家现行标准JGJ 107《钢筋机械连接通用技术规程》的规定和设计要求																
	9	钢筋安装时，其品种、规格、数量、位置等必须符合设计要求																
一般项目	1	预埋件的规格、数量、位置等符合设计要求																
	2	钢筋表面不得有裂痕、结疤、折叠、锈蚀和油污，钢筋焊接接头表面不得有夹渣、焊瘤																

续表

检查项目	序号	检查内容	允许偏差(mm)	检验频率 范围	检验频率 点数	施工单位检查评定记录 1	2	3	4	5	6	7	8	9	10	应检点数	合格点数	合格率(%)
一般项目	3	钢筋加工　受力钢筋顺长度方向全长的净尺寸	±10	每工作日同一类型钢筋一加工一设备抽查3件	3													
	4	弯起钢筋的弯折	±20															
	5	箍筋内净尺寸	±5															
	6	钢筋网　网的长、宽	±10	每片钢筋网	3													
	7	网眼尺寸	±10															
	8	网眼对角线差	15															
	9	钢筋成形和安装　受力钢筋间距　两排以上排距	±5		3													
	10	同排　梁板、拱肋	±20															
	11	基础、墩台、柱	±20															
	12	灌注桩	±20															
	13	箍筋、横向水平筋、螺旋筋间距	±10	每个构筑物或每个构件	5													
	14	钢筋骨架尺寸　长	±10		3													
	15	宽、高或直径	±5		3													
	16	弯起钢筋位置	±20		30%													
	17	钢筋保护层厚度　基础	±10		10													
	18	梁、柱、桩	±5															
	19	板、墙	±3															

施工单位检查评定结论	项目专业质量检查员(签字): 项目专业技术负责人(签字): 　　　　年　月　日
监理(建设)单位验收结论	监理工程师(签字): (建设单位项目专业技术负责人)(签字): 　　　　年　月　日

注: 本表式为通用表式,可根据具体分项工程检验批套用相应格式。

第六节　混　凝　土

一、检验要点

1. 混凝土强度应按现行国家标准 GB/T 50107—2010《混凝土强度检验评定标准》的规定检验评定。

2. 混凝土的强度达到 2.5MPa 后，方可承受小型施工机械荷载。进行下道工序前，混凝土应达到相应的强度。

（一）混凝土拌制和运输

1. 混凝土应使用机械集中拌制。

2. 混凝土拌合物的坍落度，应在搅拌地点和浇筑地点分别随机取样检测，每一工作班或每一单元结构物不应少于两次。评定是应以浇筑地点的测值为准，如混凝土拌合物从搅拌出起至浇筑入摸的时间不超过 15min 时，其坍落度可仅在搅拌地点取样检测。

（二）混凝土浇筑

1. 浇筑混凝土前，应对支架、模板、钢筋和预埋件进行检查，确认符合设计和施工设计要求。模板内的杂物、积水、钢筋上的污垢应清理干净。模板内面应涂刷隔离剂，并不得污染钢筋等。

2. 自高处向模板内倾斜混凝土时，其自由倾落高度不得超过 2m；当倾落高度超过 2m时，应通过串筒、溜槽或振动溜管等设施下落；倾落高度超过 10m 时应设置减速装置。

3. 混凝土应按一定厚度、顺序和方向水平分层浇筑，上层混凝土应在下层前后浇筑距离应保持 1.5m 以上。混凝土分层浇筑厚度不宜超过表 6-13 的规定。

表 6-13　混凝土分层浇筑厚度

方法	配筋情况	浇筑层厚度
用插入式搅动器	—	300
用附着式搅动器	—	600
用表面搅动器	无筋时	250
	配筋时	150

注：表列规定可根据结构和搅动器型号情况适当调整。

4. 浇筑混凝土时，应采用振动器振捣。振捣时不得碰撞模板、钢筋和预埋部件。振捣持续时间宜为 20～30s，以混凝土不再沉落、不出现气泡、表面呈现浮浆为止。

5. 混凝土的浇筑连续进行，如因故间歇时，其间歇时间应小于前层混凝土的初凝时间。混凝土运输、浇筑及间歇的全部时间不得超过表 6-14 的规定。

表 6-14　混凝土运输、浇筑及间歇的全部允许时间

混凝土强度等级	气温不高于 25℃	气温高于 25℃
≤C30	210	180
>C30	180	150

注：C50 以上混凝土和混凝土中掺有促催剂或缓催剂时，其允许间歇时间应根据实验结构确定。

6. 当浇筑混凝土过程中，间歇时间超过 CJJ 1—2008 第 7.5.5 条规定时，应设置施工缝，并应符合下列规定。

（1）施工缝宜留置在结构受剪力和弯距较小、便于施工的部位，且应在混凝土浇筑之前确定。施工缝不得呈斜面。

（2）先浇混凝土表面的水泥砂浆和松弱层应及时凿除，凿除时的混凝土强度，水冲法应达到 0.5MPa；人工凿毛应达到 2.5MPa；机械凿毛应达到 10MPa。

（3）经凿毛处理的混凝土面，应清除干净，在浇筑后续混凝土前，应铺 10～20mm 同配比的水泥砂浆。

（4）重要部位及有抗震要求的混凝土结构或钢筋稀疏的混凝土结构，应在施工缝处补插锚固钢筋，有抗渗要求的施工缝宜做成凹形、凸形或设止水带。

（5）施工缝处理后，应待下层混凝土强度达到 2.5MPa 后，方可浇筑后续混凝土。

（三）混凝土养护

1. 施工现场应根据施工对象、环境、水泥品种、外加剂以及对混凝土性能的要求，制定具体的养护方案，并应严格执行方案规定的养护制度。

2. 常温下混凝土浇筑完成后，应及时覆盖并洒水养护。

3. 当气温低于 5℃时，应采取保温措施，并不得对混凝土洒水养护。

4. 混凝土洒水养护的时间，采用硅酸盐水泥、普通硅酸盐水泥或矿渣硅酸盐水泥的混凝土，不得少于 7d；掺用缓凝型外加剂或有抗渗等要求以及高度混凝土，不得少于 14d；使用真空吸水的混凝土，可在保证强度条件下适当缩短养护时间。

5. 采用塑料膜覆盖养护时，应在混凝土浇筑完成后及时覆盖严密，保证膜内有足够的凝结水。

（四）大体积混凝土

1. 大体积混凝土施工时，应根据结构、环境状况采取减少水化热的措施。

2. 大体积混凝土应均匀分层、分段浇筑，并应符合下列规定。

（1）分层混凝土厚度宜为 1.5～2.0m。

（2）分段数目不宜过多。当横截面面积在 200m² 以内时不宜大于 2 段，在 300m² 以内不得大于 3 段。每段面积不得小于 50m²。

（3）上、下层的竖缝应错开。

3. 大体积混凝土应在环境湿度较低时浇筑。浇筑温度（振捣后 50～100mm 深度的温度）不宜高于 28℃。

4. 大体积混凝土应采取循环水冷却、蓄热保温等控制体内外湿差的措施，并及时测定浇筑后混凝土表面的温度，其温差应符合设计要求。当设计无规定时不宜大于 25℃。

5. 大体积混凝土湿润养护时间应符合表 6-15 的规定。

表 6-15　大体积混凝土湿润养护时间

水泥品种	养护时间（d）
硅酸盐水泥，普通硅酸盐水泥	14
火山灰质硅酸盐水泥，矿渣硅酸盐水泥，低热微膨胀水泥，矿渣硅酸大坝水泥	21
在现场掺粉煤灰的水泥	

注：高温期施工湿润养护时间不得少于 28d。

（5）冬期混凝土施工

1. 当工地昼夜平均温度连续 5d 低于 5℃或最低气温低于－3℃时,应确定混凝土进入冬期施工。

2. 冬期施工期间,当采用硅酸盐水泥或普通硅酸盐水泥配制混凝土,抗压强度未达到设计强度的 30%时、或采用矿渣硅酸盐水泥配制混凝土抗压强度未达到设计强度的 40%时、C15 及以下的混凝土抗压强度未达到 5MPa 时,混凝土不得受冻。浸水冻融条件下的混凝土开始受冻时,不得小于设计强度的 75%。

3. 冬期混凝土的运输容器应有保温设施,运输时间应缩短,并减少中间倒运。

4. 冬期混凝土的浇筑应符合下列规定。

(1) 混凝土浇筑前,应清除模板及钢筋上的冰雪。当环境气温低于－10℃时,应将直径小于或等于 25mm 的钢筋和金属预埋件加热至 0℃以上。

(2) 当旧混凝土面和外露钢筋暴露在冷空气中时,应对距离新旧混凝土施工缝 1.5m 范围内的旧混凝土和长度在 1m 范围内的外露钢筋,进行防寒保温。

(3) 在非冻胀性地基或旧混凝土面上浇筑混凝土加热养护时,地基或旧混凝土面的温度不得低于 2℃。

(4) 当浇筑负温早强混凝土时,对于用冻结法开挖地基,或在冻结线以上且气温低于－5℃的地基做隔热层。

(5) 混凝土拌合物入模温度不宜低于 10℃。

(6) 混凝土分层浇筑的厚度不得小于 20cm。

5. 冬期混凝土拆模应符合下列规定。

(1) 当混凝土达到 CJJ 2—2008《城市桥梁工程施工与质量验收规范》第 5.3.1 条规定的拆模强度,同时符合 CJJ 2—2008《城市桥梁工程施工与质量验收规范》第 7.11.2 条规定的抗冻强度后,方可拆除模板。

(2) 拆模时混凝土与环境的温差不得大于 15℃。当温差在 10~15℃时,拆除模板后的混凝土表面应采取临时覆盖措施。

(3) 采用外部热源加热养护的混凝土,当环境气温在 0℃以下时,应待混凝土冷却至 5℃以下后,方可拆除模板。

6. 冬期施工的混凝土,除应按 CJJ 2—2008《城市桥梁工程施工与质量验收规范》第 7.13 节规定制作标准试件外,尚应根据养护、拆模和承受荷载的需要,增加与结构同条件养护的试件不少于 2 组。

(六)高温期混凝土施工

1. 当昼夜平均气温高于 30℃时,应确定混凝土进入高温期施工。

2. 高温期混凝土拌合时,应掺加减水剂或磨细粉煤灰。施工期间应对原材料和拌合设备采取防晒措施,并根据检测混凝土坍落度的情况,在保证配合比不变的情况下,调整水的掺量。

3. 高温期混凝土的运输与浇筑应符合下列规定。

(1) 尽量缩短运输时间,宜采用混凝土搅拌运输车。

(2) 混凝土的浇筑温度应控制在 32℃以下,宜选在 1 天温度较低的时间内进行。

(3) 浇筑场地宜采取遮阳、降温措施。

4. 混凝土浇筑完成后,表面宜立即覆盖塑料膜,终凝后覆盖土工布等材料,并应洒水保持湿润。

5. 高温期施工混凝土，除应按 CJJ 2—2008《城市桥梁工程施工与质量验收规范》第 7.13 节规定制作标准试件外，尚应增加与结构同条件养护的试件 1 组，检测其 28d 的强度。

二、检验标准

（一）主控项目

1. 水泥进场除全数检验合格证和出厂检验报告外，应对其强度、细度、安定性和凝固时间抽样复验。

检验数量：同生产厂家、同批号、同品种、同强度等级、同出厂日期且连续进场的水泥，散装水泥每 500t 为一批，袋装水泥每 200t 为一批，当不足上述数量时，也按一批计，每批抽样不少于 1 次。

检验方法：检查试验报告。

2. 混凝土外加剂除全数检查合格证和出厂检验报告外，应对其减水率、凝结时间差、抗压强度比抽样检验。

检验数量：同生产厂家、同批号、同品种、同出厂日期且连续进场的外加剂，每 50t 为一批，不足 50t 时，也按一批计，每批至少抽检 1 次。

检验方法：检查试验报告。

3. 混凝土配合比设计应符合 CJJ 2—2008《城市桥梁工程施工与质量验收规范》第 7.3 节规定。

检验数量：同强度等级、同性能混凝土的配合比设计应各至少抽检 1 次。

检验方法：检查配合比设计选定单、试配试验报告和经审批后的配合比报告单。

4. 当使用具有潜在碱活性集料时，混凝土中的总碱含量应符合 CJJ 2—2008《城市桥梁工程施工与质量验收规范》第 7.1.2 条的规定和设计要求。

检验数量：每一混凝土配合比进行 1 次总碱含量计算。

检验方法：检查核算单。

5. 混凝土强度等级应按现行国家标准 GB/T 50107—2010《混凝土强度检验评定标准》的规定检验评定，其结果必须符合设计要求。用于检查混凝土强度的试件，应在混凝土浇筑地点随机抽取。取样与试件留置应符合下列规定。

（1）每拌制 100 盘且不超过 100m³ 的同配比的混凝土，取样不得少于 1 次。

（2）每工作班拌制的同一配合比的混凝土不足 100 盘时，取样不得少于 1 次。

（3）每次取样应至少留置 1 组标准养护试件，同条件养护试件留置组数应根据实际需要确定。

检验数量：全数检查。

检验方法：检查试验报告。

6. 抗冻混凝土应进行抗冻性能试验，抗渗混凝土应进行抗渗性能试验。试验方法应符合国家标准 GB/T 50082《普通混凝土长期性能和耐久性能试验方法》的规定。

检验数量：混凝土数量小于 200m³，应制作抗冻或抗渗试件 1 组（6 个）；250～500m³，应制作 2 组。

检验方法：检查试验报告。

（二）一般项目

1. 混凝土掺用的矿物掺合料除全数检验合格证和出厂检验报告外，应对其细度、含水率、抗压强度比等项目抽样检验。

检验数量：同品种、同等级且连续进场的矿物掺合料，每 200t 为一批，当不足 200t 时，也按一批计，每批至少抽样 1 次。

检验方法：检查试验报告。

2. 对细集料，应抽样检验其颗粒级配、细度模数、含泥量及规定要求的检验项，并应符合 JGJ 52《普通混凝土用砂、石质量及检验方法标准》的规定。

检验数量：同产地、同品种、同规格且连续进场的细集料，每 400m³ 或 600t 为一批，不足 400m³ 或 600t 也按一批计，每批至少抽样 1 次。

检验方法：检查试验报告。

3. 对粗集料，应抽样检验其颗粒级配、压碎值、针片状颗粒含量及规定要求的检验项，并应符合 JGJ 52《普通混凝土用砂、石质量及检验方法标准》的规定。

检验数量：同产地、同品种、同规格且连续进场的粗集料，机械生产的每 400m³ 或 600t 为一批，不足 400m³ 或 600t 也按一批计；人工生产的每 200m³ 或 300t 为一批，不足 200m³ 或 300t 也按一批计，每批至少抽检 1 次。

检验方法：检查试验报告。

4. 当拌制混凝土用水采用非饮用水源时，应进行水质检测，并应符合国家现行标准 JGJ 63《混凝土用水标准》的规定。

检验数量：同水源检查不少于 1 次。

检验方法：检查水质分析报告。

5. 混凝土拌合物的坍落度应符合设计配合比要求。

检验数量：每工作班不少于 1 次。

检验方法：用坍落度仪检测。

6. 混凝土原材料每盘称量允许偏差应符合表 6-16 的规定。

表 6-16 混凝土原材料每盘称量允许偏差

材料名称	允许偏差	
	工地	工厂或搅拌站
水泥和干燥状态的掺合料	±2%	±1%
粗、细集料	±3%	±2%
水、外加剂	±2%	±1%

注：1. 各种衡器应定期检定，每次使用前应进行零点校核，保证计量准确。

2. 当遇雨天或含水率有显著变化时，应增加含水率检测次数，并及时调整水和集料的用量。

检验数量：每工作班抽查不少于 1 次。

检验方法：复称。

三、混凝土检验批质量验收记录表（样式）

混凝土检验批质量验收记录表见表 6-17。

表 6-17　混凝土检验批质量验收记录表

编号：

工程名称						验收部位	
分项工程名称						施工班组长	
施工单位						施工员	
施工执行标准名称及编号	《城市桥梁工程施工与质量验收规范》CJJ 2—2008					项目经理	

检查项目	序号	检查内容	质量验收规范的规定 允许偏差（mm）	检验频率 范围	检验频率 点数	施工单位检查评定记录 1 2 3 4 5 6 7 8 9 10	应检点数	合格点数	合格率（%）
主控项目	1	水泥进场除全数检验合格证和出厂检验报告外，应对其强度、细度、安定性和凝固时间抽样复验							
	2	混凝土外加剂除全数检验合格证和出厂检验报告外，应对其减水率、凝结时间差、抗压强度比抽样检验							
	3	混凝土配合比设计应符合设计要求和规范 CJJ 2—2008 的有关规定							
	4	当使用具有潜在碱活性骨料时，混凝土中的总碱含量不宜大于 3kg/m³，大桥、特大桥梁的总碱含量不宜大于 1.8kg/m³，对处于环境类别属三类以上受严重侵蚀环境的桥梁，不得使用碱活性骨料							
	5	混凝土强度等级应按现行国家标准 GB/T 50107—2010《混凝土强度检验评定标准》的规定检验评定，其结果必须符合设计要求。用于检查混凝土强度的试件，应在混凝土浇筑地点随机抽取。取样与试件留置应符合规定							
	6	抗冻混凝土应进行抗冻性能试验，抗渗混凝土应进行抗渗性能试验。试验方法应符合现行国家标准 GB/T 50082《普通混凝土长期性能和耐久性能试验方法》的规定							

续表

检查项目	序号	检查内容	质量验收规范的规定 允许偏差（mm）		检验频率 范围	检验频率 点数	施工单位检查评定记录 1	2	3	4	5	6	7	8	9	10	应检点数	合格点数	合格率（%）
一般项目	1	混凝土掺用的矿物掺合料除全数检验合格证和出厂检验报告外，应对其细度、含水率、抗压强度比等项目抽样检验																		
	2	对细骨料，应抽样检验其颗粒级配、细度模数、含泥量及规定要求的检验项，并应符合JGJ 52《普通混凝土用砂、石质量及检验方法标准》的规定																		
	3	对粗骨料，应抽样检验其颗粒级配、压碎指标、针片状颗粒含量及规定要求的检验项，并应符合JGJ 52《普通混凝土用砂、石质量及检验方法标准》的规定																		
	4	当拌制混凝土拌合物用非饮用水源时，应进行水质检测，并应符合国家现行标准JGJ 63《混凝土用水标准》的规定			每工作班抽查不少1次															
	5	混凝土拌合物的坍落度应符合设计配合比要求																		
	6	材料名称	工地	工厂或搅拌站																
	7	水泥和干燥状态的掺合料	±2%	±1%																
	8	粗、细骨料	±3%	±2%																
	9	水、外加剂	±2%	±1%																

施工单位检查评定结论		项目专业质量检查员（签字）：　　　　　　　　　年　月　日
监理（建设）单位验收结论		监理工程师（签字）： （建设单位项目专业技术负责人）（签字）：　　年　月　日

注：本表式为通用表式，可根据具体分项工程检验批套用相应格式。

第七节　预应力混凝土

一、检验要点

（1）预应力钢筋制作

1. 预应力筋下料应符合下列规定。

（1）预应力筋的下料长度应根据构件孔道或台座的长度、锚夹具长度等经过计算确定。

（2）预应力筋宜使用砂轮锯或切断机切断，不得采用电弧切割。钢铰线切断前，应在距切口 5cm 处用铅丝绑牢。

（3）钢丝束的两端均采用墩头锚具时，同一束中各根钢丝下斜长度的相对差值，当钢丝束长度小于或等于 20m 时，不宜大于 1/3000；当钢丝束长度大于 20m 时，不宜大于 1/5000，且不得大于 5mm。长度不大于 6m 的先张预应力构件，当钢丝成束张拉时，同束钢丝下料长度的相对差值不得大于 2mm。

2. 高强钢丝采用镦头锚固时，宜采用液压冷镦。

3. 预应力筋由多根钢丝钢铰线组成时，在同束预应力筋内，应采用强度相等的预应钢材。编束时，应逐根梳理顺直，不扭转，绑扎牢固，每隔 1m 一道，不得互相缠绞。编束后的钢丝和钢铰线应按编号分类存放。钢丝和钢铰线束移运时支点距离不得大于 3m，端部悬出长度不得大于 1.5m。

（2）混凝土施工

1. 拌制混凝土应优先采用硅酸盐水泥、普通硅酸盐水泥，不宜使用矿渣硅酸盐水泥，不得使用火山灰质硅酸盐水泥及粉煤灰硅酸盐水泥。粗集料应采用碎石，其粒径宜为 5～25mm。

2. 混凝土中的水泥用量不宜大于 $550kg/m^3$。

3. 混凝土中严禁使用含氯化物的外加剂及引气剂或引气型减水剂。

4. 从各种材料引入混凝土中的氯离子最大含量不宜超过水泥用量的 0.06%。超过以上规定时，宜采取掺加阻锈剂，增加保护厚度、提高混凝土密度等防锈措施。

5. 浇筑混凝土时，对预应力筋锚固区及钢筋密集部位、应加强振捣。后张构件应避免振动器碰撞预应力筋的管道。

6. 混凝土施工尚应符合 CJJ 2—2008《城市桥梁工程施工与质量验收规范》第 7 章的有关规定。

（3）预应力施工

1. 预应力钢筋张拉应由工程技术负责人主持，张拉作业人员应经培训考核合格后方可上岗。

2. 张拉设备的校准期限不得超过半年，且不得超过 200 次张拉作业。张拉设备应配套校准，配套使用。

3. 预应力筋的张拉控制应力必须符合设计规定。

4. 预应力采用应力控制方法张拉时，应以伸长值进行校核。实际伸长值与理论伸长值的差值应符合设计要求；设计无规定时，实际伸长值与理论伸长值之差应控制在 6% 以内。

5. 预应力张拉时，应先调整到初应力（σ_0），该初应力宜为张拉控制应力（σ_{con}）的 10%～15%，伸长值应从初应力时开始量测。

6. 预应力筋的锚固应在张拉控制应力处于稳定状态下进行，锚固阶段张拉端预应力筋的内缩量，不得大于设计规定。当设计无规定时，应符合规范规定。

7. 先张法预应力施工应符合下列规定。

（1）张拉台座应具有足够的强度和刚度，其抗倾覆安全系数不得小于1.5，抗滑移安全系数不得小于1.3，张拉横梁应有足够的刚度，受力后的最大挠度不得大于2mm，锚板受力中心应与预应力筋合力中心一致。

（2）预应力筋连同隔离套管应在钢筋骨架完成后一并穿入就位。就位后，严禁使用电弧焊对梁体钢筋及模板进行切割或焊接。隔离套管内端应堵严。

（3）预应力筋张拉应符合下列要求。

① 同时张拉多根预应力筋时，各预应力筋的初始应力应一致。张拉过程中应使活动横梁与固定横梁保持平行。

② 张拉程序应符合设计要求，设计未规定时，其张拉程序应符合表6-18的规定。张拉钢筋时，为保证施工安全，应在超张至$0.9\sigma_{con}$时安装模板、普通钢筋及预埋件等。

表6-18　先张法预应力筋张拉程序

预应力筋种类	张　拉　程　序
钢筋	$0\rightarrow$初应力$\rightarrow1.05\sigma_{con}\rightarrow0.9\sigma_{con}\rightarrow\sigma_{con}$（锚固）
钢丝束、钢绞丝束	$0\rightarrow$初应力$\rightarrow1.05\sigma_{con}$（持荷2min）$\rightarrow0\rightarrow\sigma_{con}$（锚固） 对于夹片式等具有自锚性能的锚具： 普通松弛力筋　$0\rightarrow$初应力$\rightarrow1.03\sigma_{con}$（锚固） 低松弛力筋　$0\rightarrow$初应力$\rightarrow\sigma_{con}$（持续2min锚固）

注：σ_{con}张拉时的控制应力值，包括预应力损失值。

③ 张拉过程中，预应力筋的断丝、断筋数量不得超过表6-19的规定。

表6-19　先张法预应力筋断丝、断筋控制值

预应力筋种类	项目	控制值
钢丝、钢绞线	同一构件内断丝数不得超过钢丝总数的	1%
钢筋	断筋	不允许

（4）放张预应力筋时混凝土强度必须符合设计要求。设计未规定时，不得低于设计强度的75%。放张顺序应符合设计要求。设计未规定时，应分阶段、对称、交错地放张。放张前，应将限制位移的模板拆除。

8. 后张法预应力施工应符合下列规定。

（1）预应力管道安装应符合下列要求。

① 管道应采用定位钢筋牢固地固定于设计位置。

② 金属管道接头应采用套管连接，连接套管宜采用大一个直径型号的同类管道，且应与金属管道封裹严密。

③ 管道应留压浆孔和溢浆孔；曲线孔道的波峰部位应留排气孔；在最低部位宜留排水孔。

④ 管道安装就位后应立即通孔检查，发现堵塞应及时疏通。管道经检查合格后应及时将其端面封堵。

⑤ 管道安装后，需在其附近进行焊接作业时，必须对管道采取保护措施。

（2）预应力筋安装应符合下列要求。

① 先穿束后浇混凝土时，浇筑之前，必须检查管道，并确认完好；浇筑混凝土时应定

时抽动、转动预应力筋。

② 先浇混凝土后穿束时，浇筑后应立即疏通管道，确保其畅通。

③ 混凝土采用蒸汽养护时，养护期不得装入预应力筋。

④ 穿束后至孔道灌浆完成应控制在下列时间以内，否则应对预应力筋采取防锈措施。

a. 空气湿度大于70%或盐分过大时，7d。

b. 空气湿度40%～70%时，15d。

c. 空气湿度小于40%时，20d。

⑤ 在预应力筋附近进行电焊时，应对预应力钢筋采取保护措施。

（3）预应力筋张拉应符合下列要求。

① 混凝土强度应符合设计要求。设计未规定时，不得低于设计强度的75%，且应将限制位移的模板拆除后，方可进行张拉。

② 预应力筋张拉端的设置，应符合设计要求。当设计未规定时，应符合下列规定。

a. 曲线预应力筋或长度大于或等于25m的直线预应力筋，宜在两端张拉；长度小于25m的直线预应力筋，可在一端张拉。

b. 当同一截面中有多束一端张拉的预应力筋时，张拉端宜均匀交错的设置在结构的两端。

③ 张拉前应根据设计要求对孔道的摩阻损失进行实测，以便确定张拉控制应力，并确定预应力筋的理论伸长值。

④ 预应力筋的张拉顺序应符合要求设计。当设计无规定时，可采取分批、分阶段对称张拉，宜先中间，后上、下或两侧。

⑤ 预应力筋张拉程序应符合表6-20的规定。

表6-20 后张法预应力筋张拉程序

预应力筋种类		张 拉 程 序
钢绞线束	对夹片式等有自锚性能的锚具	普通松弛力筋 0→初应力→$1.03\sigma_{con}$（锚固）低松弛力筋 0→初应力→σ_{con}（持续2min锚固）
	其他锚具	0→初应力→$1.05\sigma_{con}$（持荷2min）→σ_{con}（锚固）
钢丝束	对夹片式等有自锚性能的锚具	普通松弛力筋 0→初应力→$1.06\sigma_{con}$（锚固）低松弛力筋 0→初应力→σ_{con}（持续2min锚固）
	其他锚具	0→初应力→$1.05\sigma_{con}$（持荷2min）→0→σ_{con}（锚固）
精轧螺纹钢筋	直线配筋时	0→初应力→σ_{con}（持续2min锚固）
	曲线配筋时	0→σ_{con}（持荷2min）→0（上述程序可反复几次）→初应力→σ_{con}（持续2min锚固）

注：1. σ_{con}为张拉时的控制应力值，包括预应力损失值。

2. 梁的竖向预应力筋可一次性张拉到控制应力，持荷5mm锚固。

⑥ 张拉过程中预应力筋断丝、滑丝、断筋的数量不得超过表6-21的规定。

表6-21 后张法预应力筋断丝、滑丝、断筋控制值

预应力筋种类	项 目	控制值
钢丝束、钢绞丝束	每束钢丝断丝、滑丝	1根
	每根钢绞丝断丝、滑丝	1丝
	每个断面断丝之和不超过该断面钢丝总数的	1%
钢筋	断筋	不允许

注：1. 钢绞丝断丝是指单根钢绞线内钢丝的断丝。

2. 超过表列控制数值时，原则上应更换。当不能更换时，在条件许可下，可采取补救措施，如提高其他钢丝束控制应力值，应满足设计上各阶段极限状态的要求。

（4）张拉控制应力达到稳定后方可锚固，预应力筋锚固后的外露长度不宜小于 30mm，锚具应采用封端混凝土保护，当需较长时间外露时，应采取防锈蚀措施。锚固完毕经检验合格后，方可切割端头多余的预应力筋，严禁使用电弧焊切割。

（5）预应力筋张拉后，应及时进行孔道压浆，对多跨连续有连接器的预应力筋孔道，应张拉完一段灌注一段。孔道压浆宜采用水泥浆，水泥浆的强度应符合设计要求。设计无规定时，不得低于 30MPa。

（6）压浆后应从检查孔抽查压浆的密实情况，如有不实，应及时处理。压浆作业，每一工作班应留取不少于 3 组砂浆试块，标准养护 28d，以其抗压强度作为水泥浆试验室的评定依据。

（7）压浆过程中及压浆后 48h 内，结构混凝土的温度不得低于 5℃，否则应采取保湿措施。当白天气温高于 35℃时，压浆宜在夜间进行。

（8）埋设在结构内的锚具，压浆后应及时浇筑封锚混凝土。封锚混凝土的强度等级应符合设计要求，不宜低于结构混凝土强度等级的 80%，且不得低于 30MPa。

（9）孔道内的水泥浆强度达到设计规定后方可吊移预制构件。按设计规定，不应低于砂浆设计强度的 75%。

二、检验标准

（一）主控项目

1. 混凝土质量检验应符合 CJJ 2—2008 第 7.13 节有关规定。

2. 预应力筋进场检验应符合 CJJ 2—2008 第 8.1.2 条的规定。

检查数量：按进场的批次抽样检验。

检查方法：检查产品合格证、出厂检验报告和进场试验报告。

3. 预应力筋用锚具、夹具和连接器进场检验应符合 CJJ 2—2008 第 8.1.3 条的规定。

检查数量：按进场的批次抽样检验。

检查方法：检查产品合格证、出厂检验报告和进场试验报告。

4. 预应力筋张拉和放张时，混凝土强度必须符合设计规定。设计无规定时，不得低于设计强度的 75%。

检查数量：全数检查。

检查方法：检查同条件养护试件试验报告。

5. 预应力筋张拉允许偏差应分别符合表 6-22～表 6-24 的规定。

表 6-22　钢丝、钢绞线先张法允许偏差

项　　目		允许偏差（mm）	检验频率	检验方法
镦头钢丝同束长度相对差	束长>20m	$L/5000$，且不大于 5	每批抽查 2 束	用钢尺量
	束长 6～20m	$L/3000$，且不大于 4		
	束长<6m	2		
张拉应力值		符合设计要求	全数	查张拉记录
张拉伸长率		±6%		
断丝数		不超过总数的 1%		

注：L 为束长（mm）。

表 6-23　钢筋先张法允许偏差

项　目	允许偏差（mm）	检验频率	检验方法
接头在同一平面内的轴线偏位	2，且不大于 1/10 直径	抽查 30%	用钢尺量
中心偏位	4% 短边，且不大于 5		
张拉应力值	符合设计要求	全数	查张拉记录
张拉伸长率	±6%		

表 6-24　钢筋后张法允许偏差

项　目		允许偏差（mm）	检验频率	检验方法
管道坐标	梁长方向	30	抽查 30%	用钢尺量
	梁高方向	10		
管道间距	同排	10	抽查 30%	用钢尺量
	上下排	10		
张拉应力值		符合设计要求	全数	查张拉记录
张拉伸长率		±6%		
断丝滑丝数	钢束	每束一丝，且每断面不超过钢丝总数的 1%		
	钢筋	不允许		

6. 孔道压浆的水泥浆强度必须符合设计要求，压浆时排气孔、排水孔应有水泥浆溢出。

检查数量：全数检查。

检查方法：观察、检查压浆记录和水泥浆试件强度试验报告。

7. 锚具的封闭保护应符合 CJJ 2—2008 第 8.4.8 条第 8 款的规定。

检查数量：全数检查。

检查方法：观察，用钢尺量，检查施工记录。

（二）一般项目

1. 预应力筋使用前应进行外观质量检查，不得有弯折，表面不得有裂纹、毛刺、机械损伤、氧化铁锈、油污等。

检查数量：全数检查。

检查方法：观察。

2. 预应力筋用锚具、夹具和连接器使用前应进行外观质量检查，表面不得有裂、机械操作、锈蚀、油污等。

检查数量：全数检查。

检查方法：观察。

3. 预应力混凝土用金属螺旋管使用前应按国家现行标准 JG 225—2007《预应力混凝土用金属螺旋管》的规定进行检验。

检查数量：按进场的批次抽样检验。

检查方法：检查产品合格证、出厂检验报告和进场复验报告。

4. 锚固阶段张拉端预应力筋的内缩量，应符合 CJJ 2—2008 第 8.4.6 条的规定。

检查数量：每工作日抽查预应力筋总数的 3%，且不少于 3 束。

检查方法：用钢尺量，检查施工记录。

三、预应力混凝土检验批质量验收记录表（样式）

预应力混凝土检验批质量验收记录表见表 6-25。

表6-25 预应力混凝土检验批质量验收记录表

编号：

工程名称							验收部位									
分项工程名称							施工班组长									
施工单位							施工员									
施工执行标准名称及编号		城市桥梁工程施工与质量验收规范（CJJ 2—2008）					项目经理									

检查项目	序号	检查内容	质量验收的规定 允许偏差（mm）	检验频率 范围	检验频率 点数	施工单位检查评定记录 1 2 3 4 5 6 7 8 9 10	应检点数	合格点数	合格率（%）
主控项目	1	混凝土质量检验应符合有关规定							
	2	预应力筋进场时应对其质量证明文件、包装、标志和规格进行检验							
	3	预应力筋用锚具、夹具和连接器进场时应符合现行国家标准 GB/T 14370《预应力筋锚具、夹具和连接器》和 JGJ 85《预应力筋用锚具、夹具和连接器应用技术规程》的规定对其质量证明文件、包装、标志和规格进行检验							
	4	预应力筋放张时，混凝土强度必须符合设计规定。设计无规定时，不得低于设计强度的75%		全数					
	5	预应力筋张拉允许偏差必须符合设计要求							
		钢丝、钢绞线先张法 允许偏差 墩头钢丝、同束长度相对差 束长>20m	L/5000，且不大于5						
		束长6～20m	L/3000，且不大于4						
		束长<6m	2						
		张拉应力值	符合设计要求	每批抽查2束					
		张拉伸长率	±6%						
		断丝数	不超过总数的1%						
		钢筋先张法 允许偏差 接头在同一平面内的轴线偏位	2，且≤1/10直径	抽检30%					
		中心偏位	4%短边，且≤5						
		张拉应力值	符合设计要求	全数					
		张拉伸长率	±6%						

续表

检查项目	序号	检查内容		质量验收规范的规定 允许偏差（mm）	检验频率 范围	检验频率 点数	施工单位检查评定记录 1	2	3	4	5	6	7	8	9	10	应检点数	合格点数	合格率（%）
主控项目	5	钢筋后张法允许偏差	管道坐标	梁长方向 30 梁高方向 10	抽检30%，每根查10个点														
			管道间距	同排 10 上下排 10	抽检30%，每根查10个点														
			张拉应力值	符合设计要求	全数														
			张拉伸长率	±6%															
			断丝滑 钢束	每束一丝，且每断面不超过钢丝总数的1%															
			丝数 钢筋	不允许															
	6	孔道压浆的水泥浆强度必须符合设计规定，压浆时排气孔、排水孔应有水泥浆溢出																	
	7	埋设在结构的锚具，压浆后应及时用封锚混凝土封闭。封锚混凝土强度等级应符合设计要求，不宜低于结构混凝土强度等级的80%，且不应低于30MPa																	
一般项目	1	预应力筋使用前应进行外观质量检查，不得有弯折、毛刺、机械损伤、氧化铁锈、油污等			全数														
	2	预应力筋、夹具和连接器使用前应进行外观质量检查，表面不得有裂纹、机械损伤、锈蚀、油污等			全数														
	3	预应力混凝土用金属螺旋管使用前应按国家现行标准《预应力混凝土用金属波纹管》JG 225—2007的规定进行检验			全数														
	4	锚固阶段	支撑式锚具（墩头带、墩头带）、有螺丝端杆的锚具等	1	每个锚具														
		张拉端预应力筋内	锥塞式锚具	5															
			夹片式锚具	5	每个锚具														
		缩量	每块后加的锚具垫板	1	每块后加的锚具垫板														

施工单位检查评定结论	项目专业质量检查员（签字）： 项目专业技术负责人（签字）： 年　月　日
监理（建设）单位验收结论	监理工程师（签字）： （建设单位项目专业技术负责人）（签字）： 年　月　日

注：1. L为钢丝、钢绞线束长。
　　2. 本表式为通用表式，可根据具体分项工程验收批套用相应格式。

第八节 砌 体

一、检验要点

（一）浆砌石

1. 采用分段砌筑时，相邻段的高差不宜超过 1.2m，工作缝位置宜在伸缩缝或沉降缝处，同一砌体当天连续砌筑高度不宜超过 1.2m。

2. 砌体应分层砌筑，各层石块应安放稳固，石块间的砂浆应饱满，粘结牢固，石块不得直接粘靠或留有空隙。砌筑过程中，不得在砌体上用大锤修凿石块。

3. 在已砌筑的砌体上继续砌筑时，应将已砌筑的砌体表面清扫干净和湿润。

4. 浆砌片石施工尚应符合下列规定。

（1）砌体下部宜选用较大的片石，转角及外缘处应选用较大且方正的片石。

（2）砌筑时宜以 2～3 层片石组成一个砌筑层，每个砌筑层的水平缝应大致找平，竖缝应错开，灰缝宽度不宜大于 4cm。

（3）片石应采取坐浆法砌筑，自外边开始，片石应大小搭配，相互错叠、咬接密实，较大的缝隙中应填塞小石块。

（4）砌片石墙必须设置拉结石，拉结石应均匀分布，相互错开，每 0.7m² 墙面至少应设置一块。

5. 浆砌块石施工尚应符合下列规定。

（1）用作镶面的块石，外露面四周应加以修凿，其修凿进深不得小于 7cm。镶面丁石的长度不得短于顺石宽度的 1.5 倍。

（2）每层块石的高度应尽量一致，每砌筑 0.7～1.0m 应找平一次。

（3）砌筑镶面石时，上下层立缝错开的距离应大于 8cm。

（4）砌筑填心石时，灰缝应错开，水平灰缝宽度不得大于 3cm；垂直灰缝宽度不得大于 4cm，较大缝隙应填塞小块石。

6. 浆砌料石施工尚应符合下列规定。

（1）每层镶面石均应先按规定灰缝宽及错缝要求配好石料，再用坐浆法顺序砌筑，并应随砌随填塞立缝。

（2）一层镶面石砌筑完毕，方可砌填心石，其高度应与镶面石平，当采用水泥混凝土填心，镶面石可先砌 2～3 层后再浇筑混凝土。

（3）每层镶面石均应采用一丁一顺法，宽度应均匀，相邻两层立缝错开距离不得小于 10cm；在丁石的上层和下层不得有立缝；所有立缝均应垂直。

（二）砌体勾缝及养护

1. 砌筑时应及时把砌体表面的灰缝砂浆向内剔除 2cm，砌筑完成 1～2 日内应采用水泥砂浆勾缝。如设计规定不勾缝，则应随砌随将灰缝砂浆刮平。

2. 勾缝前应封堵脚手架眼，别凿瞎缝和窄缝，清除砌体表面粘结的砂浆、灰尘和杂物等，并将砌体表面洒水湿润。

3. 砌体勾缝形式、砂浆强度等级应符合设计要求。设计无规定时，块石砌体宜采用凸缝或平缝，细料石及粗料石砌体应采用凹缝，勾缝砂浆强度等级不得低于 M10。

4. 砌石勾缝宽度应保持均匀，片石勾缝宽度宜为 3～4cm；块石勾缝宽宜为 2～3cm；料石、混凝土预制块缝宽宜为 1～1.5cm。

5. 块石砌体勾缝应保持砌筑的自然缝，勾凸缝时，灰缝应整齐，拐弯圆滑流畅，宽度一致，不出毛刺，不得空鼓脱落。

6. 料石砌体勾缝应横平竖直，深浅一致，十字缝衔接平顺，不得有瞎缝、丢缝和粘结不牢等现象，勾缝深度应较墙面凹进 5mm。

7. 砌体在砌筑和勾缝砂浆初凝后，应立即覆盖洒水，湿润养护 7～14d，养护期间不得碰撞、振动或承重。

（三）冬期施工

1. 当工地昼夜平均气温连续 5d 低于 5℃或最低气温低于－3℃时，应确定砌体进入冬期施工。

2. 砂浆强度未达到设计强度的 70％，不得使其受冻。

3. 砌块应干净，无冰雪附着。砂中不得有冰块或冻结团块。遇水浸泡后受冻的砌块不得使用。

4. 砂浆应随拌随用，每次拌合最宜在 0.5h 内用完，已冻结的砂浆不得使用。

5. 施工中应根据施工方法、环境气温，通过热加工计算确定砂浆砌筑温度，石料、混凝土砌块表面与砂浆的温差不宜大于 20℃。

6. 采用抗冻砂浆砌筑时，应符合下列规定。

（1）抗冻砂浆宜优先选用硅酸盐水泥或普通硅酸盐水泥和细度模数较大的砂。

（2）抗冻砂浆的温度不得低于 5℃。

（3）用抗冻砂浆砌筑的砌体，应在砌筑后加以保温覆盖，不得浇水。

（4）抗冻砂浆的抗冻剂掺量可通过试验确定。

（5）桥梁支座垫石不宜采用抗冻砂浆。

二、检验标准

（一）主控项目

1. 石材的技术性能和混凝土砌块的强度等级应符合设计要求。

同产地石材至少抽取一组试件进行抗压强度试验（每组试件不少于 6 个）；在潮湿和浸水地区使用的石材，应各增加一组抗冻性能指标和软化系数试验的试件。混凝土砌块抗压强度试验，应符合 CJJ 2—2008 第 7.13.5 条的规定。

检查数量：全数检查。

检查方法：检查试验报告。

2. 砌筑砂浆应符合下列规定：

（1）砂、水泥、水和外加剂的质量检验应符合 CJJ 2—2008 第 7.13 节的有关规定。

（2）砂浆的强度等级应符合设计要求。

每个构筑物、同类型、同强度等级每 100m³ 砌体为一批，不足 100m³ 的按一批计，每批取样不得少于一次。砂浆强度试件在砂浆搅拌机出料口随机抽取，同一盘砂浆制作 1 组试件。

检查数量：全数检查。

检查方法：检查试验报告。

3. 砂浆的饱满度应达到 80％以上。

检查数量：每一砌筑段、每步脚手架高度抽查不少于 5 处。

检查方法：观察。

（二）一般项目

1. 砌体必须分层砌筑，灰缝均匀，缝宽符合要求，咬槎紧密，严禁通缝。

检查数量：全数检查。

检查方法：观察。

2. 预埋件、泄水孔、滤层、防水设施、沉降缝等应符合设计规定。

检查数量：全数检查。

检查方法：观察，用钢尺量。

3. 砌体砌缝宽度、位置应符合表 6-26 的规定。

表 6-26　砌体砌缝宽度、位置

项　　目		允许偏差（mm）	检验频率		检验方法
			范围	点数	
表面砌缝宽度	浆砌片石	≤40	每个构筑物、每个砌筑面或两条伸缩缝之间为一检验批	10	用钢尺量
	浆砌块石	≤30			
	浆砌料石	15～20			
三块石料相接处的空隙		≤70			
两层间竖向错缝		≥80			

4. 勾缝应坚固、无脱落，交接处应平顺，宽度、深度应均匀，灰缝颜色一致，砌体表面应洁净。

检查数量：全数检查。

检查方法：观察。

三、砌体检验批质量验收记录表（样式）

砌体检验批质量验收记录表见表 6-27。

表 6-27　砌体检验批质量验收记录表

编号：

工程名称							验收部位													
分项工程名称							施工班组长													
施工单位							施工员													
施工执行标准名称及编号	城市桥梁工程施工与质量验收规范（CJJ 2—2008）						项目经理													

		质量验收规范的规定		检验频率		施工单位检查评定记录										应检点数	合格点数	合格率（%）
检查项目	序号	检查内容	允许偏差（mm）	范围	点数	1	2	3	4	5	6	7	8	9	10			
主控项目	1	石材的技术性能和混凝土砌块的强度等级应符合设计要求																
	2	砌筑砂浆应符合以下规定：（1）砂、水泥、水和外加剂的质量应符合 CJJ2—2008 的有关规定。（2）砂浆的强度等级应符合设计要求																
	3	砂浆的饱满度应达到 80%以上																
一般项目	1	砌体必须分层砌筑，灰缝均匀、缝宽符合要求、咬槎紧密，严禁通缝																
	2	预埋件、泄水孔、滤层、防水设施、沉降缝等应符合设计规定																
	3	表面砌缝宽度	浆砌片石	≤40	每个构筑物、每个砌筑面或砌体之间为一检验批	10												
			浆砌块石	≤30														
			浆砌料石	15～20														
		三块石料相接处的空隙	≤70															
		两层同竖向错缝	≥80															
	4	勾缝应坚固、无脱落，交接处应平顺、宽度、深度应均匀、灰缝颜色应一致、砌体表面应洁净																

| 施工单位检查评定结论 | | | 项目专业质量检查员（签字）： | 年　月　日 |
| 监理（建设）单位验收结论 | | | 监理工程师（签字）：
（建设单位项目专业技术负责人）（签字）： | 年　月　日 |

注：本表式为通用表式，可根据具体分项工程检验批验收套用相应格式。

第九节 基 础

一、检验要点

（一）扩大基础

1. 基础位于旱地上，且无地下水时，基坑顶面应设置防止地面水流入基坑的设施。基坑顶有动荷载时，坑顶边与动荷载间应留有不小于 1m 宽的护道。遇不良的工程地质与水文地质时，应对相应部位采取加固措施。

2. 当基础位于河、湖、浅滩中采用围堰进行施工时，施工前应对围堰进行施工设计，并应符合下列规定。

（1）围堰顶宜高出施工期间可能出现的最高水位（包括浪高）0.5～0.7m。

（2）围堰应减少对现状河道通航、导流的影响。对河流断面被围堰压缩而引起的冲刷，应有防护措施。

（3）围堰应便于施工、维护及拆除。围堰材质不得对现况河道水质产生污染。

（4）围堰应严密，不得渗漏。

3. 井点降水应符合下列规定。

（1）井点降水适用于粉、细砂和地下水位较高、有承压水、挖基较深、坑壁不易稳定的土质基坑。在无砂的黏质土中不宜使用。

（2）井管可根据土质分别用射水、冲击、旋转及水压钻机成孔。降水曲线应深入基底设计标高以下 0.5m。

（3）施工中应做好地面、周边建（构）筑物沉降及坑壁稳定的观测，必要时应采取防护措施。

4. 当基坑收场地限制不能按规定放坡或土质松软、含水量比较大基坑不易保持下，应对坑壁采取支护措施。

5. 开挖基坑应符合下列规定。

（1）基坑宜安排在枯水或少雨季节开挖。

（2）坑壁必须稳定。

（3）基底应避免超挖，严禁受水浸泡或受冻。

（4）当基坑及其周围有地下管线时，必须有开挖前探明现状。对施工损坏的管线，必须及时处理。

（5）槽边推土时，推土坡脚距基坑顶边线的距离不得小于 1m，推土高度不得大于 1.5m。

（6）基坑挖至标高后应及时进行基础施工，不得长期暴露。

6. 基坑内地基承载力必须满足设计要求。基坑开挖完成后，应会同设计、勘探单位实地验槽，确认地基承载力满足设计要求。

7. 当地基承载力不满足设计要求或出现超挖、被水浸泡现象时，应按设计要求处理，并在施工前结合现场情况，编制专项地基处理方案。

8. 回填土方应符合下列规定。

（1）填土应分层填筑并压实。

（2）基坑在道路范围时，其回填技术要求应符合国家现行标准 CJJ 1—2008《城镇道路工程施工与质量验收规范》的有关规定。

（3）当回填涉及管线时，管线四周的填土压实度应符合相关管线的技术规定。

（二）灌注桩

1. 钻孔施工准备工作应符合下列规定。

（1）钻孔场地应符合下列要求。

① 在旱地上，应清楚杂物，平整场地；遇软土应进行处理。

② 在浅水中，宜用筑岛法施工。

③ 在深水中，宜搭设平台。如水流平稳，钻机可设在船上，船必须锚固稳定。

（2）制浆池、储蓄池、沉淀池，宜搭设在桥的下游，也可设在桥上或平台上。

（3）钻孔前应埋设护筒。护筒可用钢或混凝土制作，应坚实、不漏水。当使用旋转钻时，护筒内径应比钻头直径大 20cm；使用冲击钻机时护筒内径应大 40cm。

（4）护筒顶面宜高出施工水位或地下水位 2m，并宜高出施工地面 0.3m，其高度尚应满足孔内泥浆面高度的要求。

（5）护筒埋设应符合下列要求。

① 在岸滩上的埋设深度：黏性土、粉土不得小于 1m；砂性土不得小于 2m；当裹面土层松软时，护筒应埋入密实土层中 0.5m 以下。

② 水中筑岛，护筒应埋入河床面以下 1m 左右。

③ 在水中平台上沉入护筒，可根据施工最高水位、流速、冲刷及地质条件等因素确定沉入深度，必要时应深入不透水层。

④ 护筒埋设允许偏差：顶面中心偏位宜为 5cm，护筒斜度宜为 1%。

（6）在砂类土、碎石土或黏土砂土土夹层中钻孔应用泥浆护壁。

（7）泥浆宜选用优质黏土、膨润土或符合环保要求的材料制备。

2. 钻孔施工应符合下列规定。

（1）钻孔时，孔内水位宜高出护筒底脚 0.5m 以上或地下水位以上 1.5～2m。

（2）钻孔时，起落钻头速度应均匀，不得过猛或骤然变速。孔内出土，不得堆积在钻孔周围。

（3）钻孔应一次成孔，不得中途停顿。钻孔达到设计深度后，应对孔位、孔径、孔深和孔型等进行检查。

（4）钻孔中出现异常情况，应进行处理，并应符合下列要求。

① 坍孔不严重时，可加大泥浆相对密度继续钻进，严重时必须回填重钻。

② 出现流沙现象时，应增大泥浆相对密度，提高孔内压力或用黏土、大泥块、泥砖投下。

③ 钻孔偏斜、弯曲不严重时，可重新调整钻机在原位反复扫孔、钻孔正直后继续钻进。发生严重斜偏、弯曲、梅花孔、探头石时，应回填重钻。

④ 出现缩孔时，可提高孔内泥浆量或加大泥浆相对密度，采用上下反复扫孔的方法，恢复孔径。

⑤ 冲击钻孔发生卡钻时，不宜强提。应采用措施，使钻头松动后再提起。

3. 清孔应符合下列规定。

（1）钻孔至设计标高后，应对孔径、孔深进行检查，确认合格后再进行清孔。

（2）清孔时，必须保持孔内水头，防止坍孔。

（3）清孔后应对泥浆试样进行性能指示试验。

（4）清孔后的沉渣厚度应符合设计要求。设计未规定时，摩擦桩的沉渣厚度不应大于300mm；端承装的沉渣厚度不应大于100mm，

4. 吊装钢筋笼应符合下列规定。

（1）钢筋笼宜整体吊装入孔。需分段入孔时，上下两段应保持顺直。接头应符合规范第6章的有关规定。

（2）应在骨架外侧设置控制保护层厚度的垫块，其间距竖向宜为2m，径向圆周不得少于4处，钢筋笼入孔后，应牢固定位。

（3）在骨架上应设置吊环，为防止骨架起吊变形，可采用临时加固措施，入孔时拆除。

（4）钢筋笼吊放入孔应对中、慢放，防止碰撞孔壁。下放时应随时观察孔内水位的变化，发现异常应立即停放，检查原因。

5. 灌注水下混凝土应符合下列规定。

（1）灌注水下混凝土之前，应再次检查孔内泥浆性能指标和孔底沉渣厚度，如超过规定，应进行第二次清孔，符合要求后方可灌注水下混凝土。

（2）水下混凝土的原材料及配合比除应满足 CJJ 2—2008《城市桥梁工程施工与质量验收规范》第7.2.7.2节要求以外，尚应符合下列规定。

① 水泥的初凝时间，不宜小于2.5h。

② 粗集料优先选用卵石，如果采用碎石宜增加混凝土配合比的含砂率，粗集料的最大粒径不得大于导管内径的 1/6 ～1/8 和钢筋最小净距的 1/4，同时不得大于40mm。

③ 细集料宜采用中砂。

④ 混凝土配合比的含砂率宜采用 0.4～0.5，水胶比宜采用 0.5～0.6。经试验，可掺入部分粉煤灰（水泥与掺合料总量不宜小于 350kg/m³，水泥用量不得小于 300kg/m³）。

⑤ 水下混凝土拌合物应具有足够的流动性和良好的和易性。

⑥ 灌注时坍落度宜为 180～220mm。

⑦ 混凝土的配制强度应比设计强度提高 10%～20%。

（3）浇筑水下混凝土的导管应符合下列规定。

① 导管内壁应光滑圆顺，直径宜为 20～30cm，节长宜为 2m。

② 导管不得漏水，使用前应试拼、试压的压力宜为孔底静水压力的 1.5 倍。

③ 导管轴线偏差不宜超过孔深的 0.5%，且不宜大于 10cm。

④ 导管采用法兰盘接头宜加锥形活套；采用螺旋丝扣型接头时必须有防止松脱装置。

（4）水下混凝土施工应符合下列要求。

① 在灌注水下混凝土前，宜向孔底射水（或射风）翻动沉淀物 3～5min。

② 混凝土应连续灌注，中途停顿时间不宜大于 30min。

③ 在灌注过程中，导管的埋置深度宜控制在 2～6m。

④ 灌注混凝土应采用防止钢筋骨架上浮的措施。

⑤ 灌注的桩顶标高应比设计高出 0.5～1m。

⑥ 使用全护筒灌注水下混凝土时，护筒底端应埋于混凝土内不小于 1.5m，随导管提升逐步上拔护筒。

6. 灌注水下混凝土过程中，发生断桩时，应会同设计、监理工程师根据断桩情况研究处理措施。

7. 在特殊条件下需人工挖孔时，应根据设计文件、水文地质条件、现场状况、编制专项施工方案。其护壁结构应经技术确定。施工中应采用防坠落、坍塌、缺氧和有毒、有害气体中毒的措施。

（三）承台

1. 承台施工前应检查基桩位置，确认符合设计要求，如偏差超过检验标准，应会同设计、监理工程师制定措施并实施后，方可施工。

2. 在基坑无水情况下浇筑钢筋混凝土承台。如设计无要求，基底应浇筑 10cm 厚混凝土垫层。

3. 在基坑有渗水情况下浇筑钢筋混凝土承台，应有排水措施，基坑不得积水。如设计无要求，基底可铺 10cm 厚碎石，并浇筑 5～10cm 厚混凝土垫层。

4. 承台混凝土宜连续浇筑成型。分层浇筑时，接缝应按施工缝处理。

5. 水中高桩承台采用套箱法施工时，套箱应架设在可靠的支承上，并具有足够的强度、刚度和稳定性。套箱顶面高程应高于施工期间的最高水位。套箱应拼装严密，不漏水。套箱底板与基桩之间缝隙应堵严。套箱下沉就位后，应及时浇筑水下混凝土封底。

二、检验标准

基础施工涉及的模板与支架、钢筋、混凝土、预应力混凝土、砌体质量检验应符合 CJJ 2—2008 第 5.4、6.5、7.13、8.5、9.6 节的规定。

（一）扩大基础质量检验

1. 基坑开挖

基坑开挖允许偏差应符合表 6-28 的规定。

（1）一般项目

表 6-28　基坑开挖允许偏差

项目		允许偏差（mm）	检验频率		检验方法
			范围	点数	
基底高程	土方	0，−20	每座基坑	5	用水准仪测量四角和中心
	石方	+50，−200		5	
轴线偏位		50		4	用经纬仪测量，纵横各 2 点
基坑尺寸		不小于设计规定		4	用钢尺量每边各 1 点

2. 地基检验

（1）主控项目

1）地基承载力应按 CJJ 2—2008 第 10.1.7 条规定进行检验，确认符合设计要求。

检查数量：全数检查。

检验方法：检查地基承载力报告。

2）地基处理应符合专项处理方案要求，处理后的地基必须满足设计要求。

检查数量：全数检查。

检验方法：观察，检查施工记录。

3. 回填土方

（1）主控项目

1）当年筑路和管线上填方的压实度标准应符合表 6-29 的要求。

表 6-29　当年筑路和管线上填方的压实度标准

项　　目	压实度	检验频率		检验方法
		范围	点数	
填土上当年筑路	符合国家现行标准 CJJ 1—2008《城镇道路工程施工与质量验收规范》的有关规定	每个基坑	每层 4 点	用环刀法或灌砂法
管线填土	符合现行相关施工标准的规定	每条管线	每层 1 点	

（2）一般项目

1）除当年筑路和管线上回填土方以外，填方压实度不应小于 87%（轻型击实）。检查频率与检验方法同表 6-29 第 1 项。

2）填料应符合设计要求，不得含有影响填筑质量的杂物。基坑填筑应分层回填、分层夯实。

3）检查数量：全数检查。

检验方法：观察，检查回填压实度报告和施工记录。

4. 现浇混凝土基础

现浇混凝土基础的质量检验应符合 CJJ 2—2008 第 10.7.1 条规定，且应符合下列要求。

（1）一般项目

1）现浇混凝土基础允许偏差应符合表 6-30 的要求。

表 6-30　现浇混凝土基础允许偏差

项目		允许偏差（mm）	检验频率		检验方法
			范围	点数	
断面尺寸	长、宽	±20	每座基础	4	用钢尺量，长、宽各 2 点
顶面高程		±10		4	用水准仪测量
基础厚度		+10，0		4	用钢尺量，长、宽各 2 点
轴线偏位		15		4	用经纬仪测量，纵、横各 2 点

2）基础表面不得有孔洞、露筋。

检查数量：全数检查。

检验方法：观察。

5．砌体基础

砌体基础的质量检验应符合 CJJ 2—2008 第 10.7.1 条规定，砌体基础允许偏差应符合表 6-31 的要求。

（1）一般项目

表 6-31　砌体基础允许偏差

项目		允许偏差（mm）	检验频率		检验方法
			范围	点数	
顶面高程		±25		4	用水准仪测量
基础厚度	片石	+30，0	每座基础	4	用钢尺量，长、宽各 2 点
	料石、砌块	+15，0			
轴线偏位		15		4	用经纬仪测量，纵、横各 2 点

（二）混凝土灌注桩质量检验

1．混凝土灌注桩质量

（1）主控项目

1）成孔达到设计深度后，必须核实地质情况，确认符合设计要求。

检查数量：全数检查。

检验方法：观查，检查施工记录。

2）孔径、孔深应符合设计要求。

检查数量：全数检查。

检验方法：观查，检查施工记录。

3）混凝土抗压强度应符合设计要求。

检查数量：每根桩在浇筑地点制作混凝土试件不得少于 2 组。

检验方法：检查试验报告。

4）桩身不得出现断桩、缩径。

检查数量：全数检查。

检验方法：检查桩基无损检测报告。

（2）一般项目

1）钢筋笼制作和安装质量检验应符合 CJJ 2—2008 第 10.7.1 条的规定，且钢筋笼底端高程偏差不得大于±50mm。

检查数量：全数检查。

检验方法：用水准仪测量。

2）混凝土灌注桩允许偏差应符合表 6-32 的规定。

表 6-32　混凝土灌注桩允许偏差

项目		允许偏差（mm）	检验频率		检验方法
			范围	点数	
桩位	群桩	100	每根桩	1	用全站仪检查
	排架桩	50		1	
沉渣厚度	摩擦桩	符合设计要求		1	沉淀盒或标准锤，查灌注前记录
	支承桩	不大于设计要求		1	
垂直度	钻孔桩	≤1%桩长，且不大于500		1	用测壁仪或钻杆垂线和钢尺量
	挖孔桩	≤0.5%桩长，且不大于200		1	用垂线和钢尺量

注：此表适用于钻孔和挖孔。

（三）现浇混凝土承台质量检验

（1）主控项目

现浇混凝土承台质量检验，应符合 CJJ 2—2008 第 10.7.1 条规定。且应符合有关规定。

（2）一般项目

1）混凝土承台允许偏差应符合表 6-33 的规定。

表 6-33　混凝土承台允许偏差

项目		允许偏差（mm）	检验频率		检验方法
			范围	点数	
断面尺寸	长、宽	±20	每座	4	用钢尺量，长、宽各2点
承台厚度		0，+10		4	用钢尺量
顶面高程		±10		4	用水准仪测量四角
轴线偏位		15		4	用经纬仪测量，纵横向各2点
预埋件位置		10	每件	2	用经纬仪放线，用钢尺量

2）承台表面应无孔洞、露筋、缺棱掉角、蜂窝、麻面和宽度超过 0.15mm 的收缩裂缝。

检查数量：全数检查。

检验方法：观察，用读数放大镜观测。

三、相关检验批质量验收记录表（样式）

（一）扩大基础检验批质量验收记录表见表 6-34～表 6-37。

（二）混凝土灌注桩检验批质量验收记录表见表 6-38。

（三）现浇混凝土承台检验批质量验收记录表见表 6-39。

表 6-34　扩大基础基坑开挖与地基验槽检验批质量验收记录表

编号：

工程名称											验收部位		
分项工程名称	基坑开挖与地基验槽										施工班组长		
施工单位											施工员		
施工执行标准名称及编号											项目经理		

检查项目	序号	检查内容	质量验收规范的规定	检验频率		施工单位检查评定记录											应检点数	合格点数	合格率（%）
			允许偏差（mm）	范围	点数	1	2	3	4	5	6	7	8	9	10			
主控项目	1	基坑内地基承载力必须满足设计要求。基坑开挖完成后，会同设计、勘探单位实地验槽																	
	2	地基处理符合各专项处理方案要求、处理后的地基满足设计要求																	
一般项目	1	基底高程	土方	0，−20		5													
			石方	+50，−200	每座基坑	5													
	2	轴线偏差		50		4													
	3	基坑尺寸		不小于设计规定		4													

施工单位检查评定结论		项目专业质量检查员（签字）： 年　月　日
监理（建设）单位验收结论		监理工程师（签字）： （建设单位项目专业技术负责人）（签字）： 年　月　日

表6-35 扩大基础土方回填检验批质量验收记录表

工程名称						
分项工程名称	土方回填			验收部位		
施工单位				施工班组长		
施工执行标准名称及编号			施工员		项目经理	

编号：

检查项目	序号	检查内容	质量验收规范的规定（允许偏差 mm）	检验频率 范围	检验频率 点数	施工单位检查评定记录 1 2 3 4 5 6 7 8 9 10	应检点数	合格点数	合格率（%）
主控项目	1	填土上当年筑路	符合国家现行标准 CJJ 1—2008《城镇道路工程与质量验收规范》的有关规定	每个基坑	每层4点				
主控项目	2	管线填土	符合现行相关专业施工标准的规定	每条管线	每层1点				
一般项目	1	其他填方压实度	不应小于87%（轻型击实）	每个基坑	每层4点				
一般项目	2	填写应符合设计要求，不得含有影响填筑质量的杂物，基坑填筑应分层回填，分层夯实							

施工单位检查评定结论	项目专业质量检查员（签字）： 年　月　日
监理（建设）单位验收结论	监理工程师（签字）： （建设单位项目专业技术负责人）（签字）： 年　月　日

表 6-36　扩大基础现浇混凝土基础施工检验批质量验收记录表

编号：

工程名称					验收部位											
分项工程名称	现浇混凝土基础施工				施工班组长											
施工单位					施工员											
施工执行标准名称及编号					项目经理											

检查项目	序号	检查内容	质量验收规范的规定		检验频率		施工单位检查评定记录										应检点数	合格点数	合格率（%）
			允许偏差（mm）		范围	点数	1	2	3	4	5	6	7	8	9	10			
主控项目	1	现浇混凝土基础模板与支架、钢筋、混凝土符合设计和规范 CJJ 2—2008 有关要求																	
一般项目	1	基础表面不得有孔洞、露筋			每座基础														
	2	断面尺寸 长	±20			2													
	3	断面尺寸 宽	±20			2													
	4	顶面高程	±10			4													
	5	基础厚度	+10，0			4													
	6	轴线偏位	15			4													

施工单位检查评定结论				项目专业质量检查员（签字）： 　　　　　　　年　　月　　日
监理（建设）单位验收结论				监理工程师（签字）： （建设单位项目专业技术负责人）（签字）： 　　　　　　　年　　月　　日

表 6-37 砌体基础检验批质量验收记录表

工程名称													验收部位								编号：
分项工程名称	砌体基础												施工班组长								
施工单位													施工员								
施工执行标准名称及编号	城市桥梁工程施工与质量验收规范（CJJ 2—2008）												项目经理								

检查项目	序号	检查内容	质量验收规范的规定			检验频率		施工单位检查评定记录											应检点数	合格点数	合格率（%）
			允许偏差（mm）			范围	点数	1	2	3	4	5	6	7	8	9	10				
主控项目	1	石材的技术性能（混凝土砌块的强度等级）应符合设计要求																			
	2	砌筑砂浆应符合以下规定：1. 砂、水泥、水利外加剂的质量应符合合规范的有关规定；2. 砂浆的强度等级应符合设计要求																			
	3	砂浆的饱满度应达到 80%以上																			
一般项目	1	砌体必须分层砌筑，灰缝均匀，缝宽符合要求，咬槎紧密，严禁通缝																			
	2	预埋件、泄水孔、滤层、防水设施、沉降缝等应符合合设计规定																			
	3	勾缝应坚固，无脱落，交接处应平顺，宽度、深度应均匀，灰缝颜色应一致，砌体表面应洁净																			
	4	表面砌缝宽度	浆砌片石	≤40		每个构筑物，每个砌筑面或两条伸缩缝之间为一检验批	10													
			浆砌块石	≤30																	
			浆砌料石	15～20																	
	5	三块石料相接处的空隙	≤70																		
	6	两层间竖向错缝	≥80																		
	7	顶面高程	±25			每座基础	4													
	8	基础厚度	片石	+30，0			4													
	9		料石、砌块	+15，0			4													
	10	轴线偏位	15				4													

施工单位检查评定结论		项目专业质量检查员（签字）：														年 月 日
监理（建设）单位验收结论		监理工程师（签字）： （建设单位项目专业技术负责人）（签字）：														年 月 日

编号：

表 6-38　混凝土灌注桩检验批质量验收记录表

工程名称						验收部位												
分项工程名称	混凝土灌注桩					施工班组长												
施工单位						施工员												
施工执行标准名称及编号	城市桥梁工程施工与质量验收规范（CJJ 2—2008）					项目经理												

检查项目	序号	检查内容	质量验收规范的规定	检验频率		施工单位检查评定记录										应检点数	合格点数	合格率（%）
			允许偏差（mm）	范围	点数	1	2	3	4	5	6	7	8	9	10			
主控项目	1	成孔达到设计深度后，必须核实地质情况，确认符合设计要求																
	2	孔径、孔深应应符合设计要求																
	3	混凝土抗压强度应应符合设计要求																
	4	桩身不得出现断桩、缩径																
一般项目	1	钢筋笼制作和安装质量检验应符合规范 CJJ 2—2008 的有关规定，且钢筋笼底端高程偏差不得大于 50mm		每根桩	1													
	2	混凝土灌注桩允许偏差应符合要求			1													
	3	桩位 群桩	100		1													
		排架桩	50		1													
		摩擦桩	符合设计要求		1													
		支撑桩	不大于设计要求		1													
		沉渣厚度 钻孔桩	≤1%桩长，且不大于 500		1													
		挖孔桩	≤0.5%桩长，且不大于 200		1													
		垂直度																

施工单位检查评定结论	项目专业质量检查员（签字）： 项目专业技术负责人（签字）： 　　　　　　　　年　月　日
监理（建设）单位验收结论	监理工程师（签字）： （建设单位项目专业技术负责人）（签字）： 　　　　　　　　年　月　日

注：此表适用于钻孔和挖孔。

171

表 6-39 现浇混凝土承台检验批质量验收记录表

编号：

工程名称														验收部位				
分项工程名称														施工班组长				
施工单位														施工员				
施工执行标准名称及编号	城市桥梁工程施工与质量验收规范（CJJ 2—2008）													项目经理				

检查项目	序号	检查内容	质量验收规范的规定		检验频率		施工单位检查评定记录										应检点数	合格点数	合格率（%）
			允许偏差（mm）	范围	点数	1	2	3	4	5	6	7	8	9	10			
主控项目	1	现浇混凝土承台模板与支架、钢筋、混凝土应符合设计要求及规范（CJJ 2—2008）有关规定																
一般项目	1	混凝土承台允许偏差应符合设计要求																
	2	承台表面应无孔洞、露筋、缺棱掉角、蜂窝、麻面和宽度超过0.15mm 的收缩裂缝		每座	4													
	3	断面尺寸 长、宽	±20	每座	4													
		承台厚度	0，+10		4													
		顶面高程	±10		4													
		轴线偏位	15	每件	2													
		预埋件位置	10															

施工单位检查评定结论	项目专业质量检查员（签字）：		
		年 月 日	
监理（建设）单位验收结论	监理工程师（签字）：（建设单位项目专业技术负责人）（签字）：		
		年 月 日	

第十节　墩　　台

一、检验要点

（一）现浇混凝土墩台、盖梁

1. 重力式混凝土墩台施工应符合下列规定。

（1）墩台混凝土浇筑前应对基础混凝土顶面做凿毛处理，清除锚筋污锈。

（2）墩台混凝土宜水平分层浇筑，每次浇筑高度宜为 1.5～2m。

（3）墩台混凝土分块浇筑时，接缝应与墩台截面尺寸较小的一边平行，邻层分块接缝应错开，接缝宜做成企口形。分块数量，墩台水平截面积在 200m² 内不得超过 2 块，在 300m² 以内不得超过 3 块，每块面积不得小于 50m²。

2. 柱式墩台施工应符合下列规定。

（1）模板、支架除应满足强度、刚度外，稳定计算中应考虑风力影响。

（2）墩台柱与承台基础接触面应凿毛处理，清楚钢筋污锈。浇筑墩台柱混凝土时，应铺同配合比的水泥砂浆一层。墩台柱的混凝土宜一次连续浇筑完成。

（3）柱身高度内有系梁连接时，系梁应与柱间同步浇筑，V 形墩柱混凝土应对称浇筑。

（4）采用预制混凝土管做柱身外模时，预制管安装应符合下列要求。

① 基础面宜采用凹槽接头，凹槽深度不得小于 5cm。

② 上下管节安装就位后，应采用四根竖方木对称设置在管柱四周并绑扎牢固，防止撞击错位。

③ 混凝土管柱外模应设斜撑，保证浇筑时的稳定。

④ 管接口应采用水泥砂浆密封。

3. 钢管混凝土墩台柱应采用补偿收缩混凝土，一次连续浇筑完成。钢管的焊制与防腐应符合 CJJ 2—2008《城市桥梁工程施工与质量验收规范》第 14 章的有关规定。

4. 盖梁为悬臂梁时，混凝土浇筑应从悬臂端开始，预应力钢筋混凝土盖梁拆除底模时间应符合设计要求。如设计无规定，预应力孔道压浆强度应达到设计强度后，方可拆除底模板。

5. 在交通繁华路段施工盖梁宜采用整体组装模板、快装组合支架。

（二）重力式砌体墩台

1. 墩台砌筑前，应清理基础，保持洁净，并测量放线，设置线杆。

2. 墩台砌体应采用坐浆法分层砌筑，竖缝均应错开，不得贯通。

3. 砌筑墩台镶面石应从曲线部分或角部开始。

4. 桥墩分水体镶面石的抗压强度不得低于设计要求。

5. 砌筑的石料和混凝土预制块应清洗干净，保持湿润。

（三）台背填土

1. 台背填土不得使用含杂质（腐蚀物）或冻土块的土类，宜采用透水性土。

2. 台背、锥坡应同时回填，并应按设计宽度一次填齐。

3. 台背填土宜与路基填土同时进行，宜采用机械碾压。台背 0.8～1m 范围内宜回填砂石、半刚性材料，并采用小型压实设备或人工夯实。

4. 轻型桥台台背填土应待盖板和支撑梁安装完成后，两台对称均匀进行。

5. 刚构应两端对称均匀回填。

6. 拱桥台背填土应在主拱施工前完成，拱桥台背填土长度应符合设计要求。

7. 柱式桥台台背填土宜在柱侧对称均匀的进行。

8. 回填土均应分层夯实，填土压实度应符合国家现行标准 CJJ 1—2008《城镇道路工程施工与质量验收规范》的有关规定。

二、检验标准

墩台施工涉及的模板与支架、钢筋、混凝土、预应力混凝土、砌体质量检验应符合 CJJ 2—2008 第 5.4、6.5、7.13、8.5、9.6 节的规定。

（一）墩台砌体质量检验

墩台砌体质量检验应符合 CJJ 2—2008 第 11.5.1 条的规定，砌筑墩台允许偏差应符合表 6-40 的规定。

表 6-40　砌筑墩台允许偏差

项目		允许偏差（mm）		检验频率		检验方法
		浆砌块石	浆砌料石、砌块	范围	点数	
墩台尺寸	长	+20，−10	+10，0		3	用钢尺量 3 个断面
	厚	±10	+10，0		3	用钢尺量 3 个断面
顶面高程		±15	±10		4	用水准仪测量
轴线偏位		15	10		4	用经纬仪测量，纵横向各 2 点
墙面垂直度		≤0.5%H，且不大于 20	≤0.3%H，且不大于 15	每个墩台身	4	用经纬仪测量或垂线和钢尺量
墙面平整度		30	10		4	用 2m 直尺、塞尺量
水平缝平直		—	10		4	用 10m 小线、钢尺量
墙面坡度		符合设计要求	符合设计要求		4	用坡度板量

注：H 为墩台高度（mm）。

（二）现浇混凝土墩台质量检验

现浇混凝土墩台质量检验应符合 CJJ 2—2008 第 11.5.1 条的规定，且应符合下列规定。

（1）主控项目

1）钢管混凝土柱的钢管制作质量检验应符合 CJJ 2—2008 第 10.7.3 条第 2 款的规定。

2）混凝土与钢管应紧密结合，无空隙。

检查数量：全数检查。

检验方法：手锤敲击检查或检查超声波检测报告。

（2）一般项目

1）现浇混凝土墩台允许偏差应符合表 6-41 的规定。

表 6-41 现浇混凝土墩台允许偏差

项目		允许偏差（mm）	检验频率		检验方法
			范围	点数	
墩台身尺寸	长	+15，0	每个墩台或每个节段	2	用钢尺量
	宽	+10，−8		4	用钢尺量，每侧上、下各 1 点
顶面高程		±10		4	用水准仪测量
轴线偏位		10		4	用经纬仪测量，纵横向各 2 点
墙面垂直度		≤0.25％H，且不大于 25		2	用经纬仪测量或垂线和钢尺量
墙面平整度		8		4	用 2m 直尺、塞尺量
节段间错台		5		4	用钢尺和塞尺量
预埋件位置		5	每件	4	经纬仪放线，用钢尺量

注：H 为墩台高度（mm）。

2）现浇混凝土柱允许偏差应符合表 6-42 的规定。

表 6-42 现浇混凝土柱允许偏差

项目		允许偏差（mm）	检验频率		检验方法
			范围	点数	
断面尺寸	长、宽（直径）	±5	每根柱	2	用钢尺量，长、宽各 1 点，圆柱量 2 点
顶面高程		±10		1	用水准仪测量
垂直度		≤0.2％H，且不大于 15		2	用经纬仪测量或垂线和钢尺量
轴线偏位		8		2	用经纬仪测量
平整度		5		2	用 2m 直尺、塞尺量
节段间错台		3		4	用钢板尺和塞尺量

注：H 为柱高（mm）。

（三）现浇混凝土盖梁质量检验

现浇混凝土盖梁质量检验应符合 CJJ 2—2008 第 11.5.1 条规定，且应符合下列规定。

（1）主控项目

1）现浇混凝土盖梁不得出现超过设计规定的受力裂缝。

检查数量：全数检查。

检验方法：观察。

（2）一般项目

1）现浇混凝土盖梁允许偏差应符合表 6-43 的规定。

2）盖梁表面应无孔洞、露筋、蜂窝、麻面。

检查数量：全数检查。

检验方法：观察。

表 6-43　现浇混凝土盖梁允许偏差

项目		允许偏差（mm）	检验频率		检验方法
			范围	点数	
盖梁尺寸	长	+20，−10	每个盖梁	2	用钢尺量，两侧各 1 点
	宽	+10，0		3	用钢尺量，两端及中间各 1 点
	高	±5		3	
盖梁轴线偏位		8		4	用经纬仪测量，纵横各 2 点
盖梁顶面高程		0，−5		3	用水准仪测量，两端及中间各 1 点
平整度		5		2	用 2m 直尺、塞尺量
支座垫石预留位置		10	每个	4	用钢尺量，纵横各 2 点
预埋件位置	高程	±2	每件	1	用水准仪测量
	轴线	5		1	经纬仪放样，用钢尺量

（四）台背填土质量检验

台背填土质量检验应符合国家现行标准 CJJ 1—2008《城镇道路工程施工与质量验收规范》有关规定，且应符合下列规定。

（1）主控项目

1）台身、挡墙混凝土强度达到设计强度的 75％以上时，方可回填土。

检查数量：全数检查。

检验方法：观察、检查同条件养护试件试验报告。

2）拱桥台背填土应在承受拱圈水平推力前完成。

检查数量：全数检查。

检验方法：观察。

（2）一般项目

1）台背填土的长度，台身顶面处不应小于桥台高度加 2m，底面不应小于 2m；拱桥台背填土长度不应小于台高的 3～4 倍。

检查数量：全数检查。

检验方法：观察、用钢尺量、检查施工记录。

三、相关检验批质量验收记录表（样式）

（一）现浇混凝土墩台检验批质量验收记录表见表 6-44 和表 6-45。

（二）现浇混凝土盖梁检验批质量验收记录表见表 6-46。

（三）台背填土检验批质量验收记录表见表 6-47。

表 6-44　现浇混凝土墩台检验批质量验收记录表

编号：

工程名称				验收部位	
分项工程名称				施工班组长	
施工单位				施工员	
施工执行标准名称及编号	城市桥梁工程施工与质量验收规范（CJJ 2—2008）			项目经理	

检查项目	序号	检查内容	质量验收规范的规定 允许偏差（mm）	检验频率 范围	检验频率 点数	施工单位检查评定记录 1	2	3	4	5	6	7	8	9	10	应检点数	合格点数	合格率（%）
主控项目	1	石材的技术性能（混凝土砌块的强度等级）应符合设计要求																
	2	砌筑砂浆应符合 CJJ 2—2008 规范第 9.6.2 节条文规定																
	3	砂浆的饱满度应达到 80% 以上																
一般项目	1	砌体必须分层砌筑，灰缝均匀、缝宽符合要求、咬槎紧密，严禁通缝		每个构筑物、每个砌筑面或两条伸缩缝之间为一个检验批	10													
	2	预埋件、泄水孔、滤层、防水设施、沉降缝等应符合设计要求																
	3	勾缝应坚固、无脱落，交接处平顺、宽度、深度应均匀，灰缝颜色应一致，砌体表面应洁净																
	4	表面砌缝宽度　浆砌片石	≤40															
		浆砌块石	≤30															
		浆砌料石	15～20															
	5	三块石料相接处的空隙	≤70															
	6	两层同竖向错缝	≥80															

续表

检查项目	序号	检查内容		质量验收规范的规定 允许偏差（mm）		检查频率		施工单位检查评定记录										应检点数	合格点数	合格率（%）
				浆砌块石	浆砌料石、砌块	范围	点数	1	2	3	4	5	6	7	8	9	10			
一般项目	7	墩台尺寸	长	+20，−10	+10，0	每个墩台身	3													
			宽	±10	+10，0		3													
	8	顶面高程		±15	±10		4													
	9	轴线偏位		15	15		4													
	10	墙面垂直度		0.5%H，且不大于20	0.3%H，且不大于15		4													
	11	墙面平整度		30	10		4													
	12	水平缝平直		—	10		4													
	13	墙面坡度		符合设计要求			4													

施工单位检查评定结论	项目专业质量检查员（签字）： 年 月 日
监理（建设）单位验收结论	监理工程师（签字）： （建设单位项目专业技术负责人）（签字）： 年 月 日

178

表6-45 现浇混凝土墩台检验批质量验收记录表

编号：

工程名称					验收部位	
分项工程名称	现浇混凝土墩台				施工班组长	
施工单位					施工员	
施工执行标准名称及编号	城市桥梁工程施工与质量验收规范（CJJ 2—2008）				项目经理	

	序号	质量验收规范的规定		检验频率		施工单位检查评定记录	应检点数	合格点数	合格率（%）
		检查内容	允许偏差（mm）	范围	点数	1 2 3 4 5 6 7 8 9 10			
主控项目	1	现浇混凝土墩台模板与支架、钢筋、混凝土、预应力混凝土应符合设计要求及规范 CJJ 2—2008 有关规定							
	2	钢管混凝土柱的钢管制作符合下列要求：1. 钢材品种规格及技术性能应符合设计要求和相关标准规定；2. 制作焊接质量应符合设计要求和相关标准规定							
	3	混凝土与钢管应紧密结合、无空隙。							
一般项目	1	现浇混凝土墩台 墩台身尺寸 长	0～+15		2				
		厚	—8～+10		4				
	2	顶面高程	±10	每个墩台或每个阶段	4				
	3	轴线偏位	10		4				
	4	墙面垂直度	≤0.25%H，且H不大于25		2				
	5	墙面平整度	8		4				
	6	节段间错台	5		4				
	7	预埋件位置	5	每件	4				

续表

检查项目	序号	检查内容		质量验收规范的规定 允许偏差（mm）	检验频率 范围	检验频率 点数	施工单位检查评定记录 1	2	3	4	5	6	7	8	9	10	应检点数	合格点数	合格率（%）
一般项目	8		断面尺寸 长、宽（直径）	±5		2													
	9	现浇混凝土柱	顶面高程	±10	每根柱	1													
	10		垂直度	≤0.2%H，且不大于15		2													
	11		轴线偏位	8		2													
	12		平整度	5		2													
	13		节段间错台	3		4													
	14	现浇混凝土挡墙	墙身尺寸 长	±5	每10m墙长度	3													
			厚	±5		3													
	15		顶面高程	±5		3													
	16		垂直度	≤0.15%H，且不大于10		3													
	17		轴线偏位	10		1													
	18		直顺度	10		1													
	19		平整度	8		3													
	20	混凝土表面应无孔洞、露筋、蜂窝、麻面																	

施工单位检查评定结论					项目专业质量检查员（签字）：					
监理（建设）单位验收结论					监理工程师（签字）： （建设单位项目专业技术负责人）（签字）：					

年 月 日

年 月 日

注：本表中 H 分别为墩台高度（mm）柱高（mm）和挡墙高度（mm）。

180

表6-46　现浇混凝土盖梁检验批质量验收记录表

编号：

工程名称						验收部位											
分项工程名称	现浇混凝土盖梁					施工班组长											
施工单位						施工员											
施工执行标准名称及编号	城市桥梁工程施工与质量验收规范（CJJ 2—2008）					项目经理											

检查项目	序号	检查内容	质量验收规范的规定				施工单位检查评定记录										应检点数	合格点数	合格率（%）
			允许偏差		检验频率		1	2	3	4	5	6	7	8	9	10			
					范围	点数													
主控项目	1	现浇混凝土盖梁模板与支架、钢筋、混凝土、预应力混凝土应符合设计要求及规范 CJJ 2—2008 的有关规定																	
	2	现浇混凝土盖梁不得出现超过设计规定的受力裂缝																	
一般项目	1	盖梁尺寸	长	−10～+20	每个	2													
			宽	0～+10		3													
			高	±5	盖梁	3													
	2	盖梁轴线位置	8		每个	4													
	3	盖梁顶面高程	−5～0		盖梁	3													
	4	平整度	5			2													
	5	支座垫石预留位置	10		每个	4													
	6	预埋件位置	高程	±2	每件	1													
	7		轴线	5		1													
	8	盖梁表面应无孔洞、露筋、蜂窝、麻面																	

施工单位检查评定结论	项目专业质量检查员（签字）： 年　　月　　日
监理（建设）单位验收结论	监理工程师（签字）： （建设单位项目专业技术负责人）（签字）： 年　　月　　日

表6-47 台背填土检验批质量验收记录

编号：

工程名称						
分项工程名称	台背填土				验收部位	
施工单位					施工班组长	
					施工员	
施工执行标准名称及编号	城市桥梁工程施工与质量验收规范（CJJ 2—2008）				项目经理	

检查项目	序号	质量验收规范的规定	检验频率 范围	检验频率 点数	施工单位检查评定记录（1 2 3 4 5 6 7 8 9 10）	应检点数	合格点数	合格率（%）
		允许偏差（mm）						
主控项目	1	台背填土质量检验应符合国家现行标准CJJ 1《城镇道路工程施工与质量验收规范》有关规定						
	2	台身、挡墙混凝土强度达到设计强度的75%以上时，方可回填土						
	3	拱桥台背填土应在承受拱圈水平推力前完成						
一般项目	1	台身、挡墙混凝土强度达到设计强度的75%以上时，方可回填土						
	2	台背填土的长度，台身顶面处不应小于桥台高度加2m，底面不应小于2m；拱桥台背填土长度不应小于台高的3~4倍						

施工单位检查评定结论	项目专业质量检查员（签字）：　　　　　　　　年　　月　　日
监理（建设）单位验收结论	监理工程师（签字）： （建设单位项目专业技术负责人）（签字）：　　　　　　　　年　　月　　日

182

第十一节　支　座

一、检验要点

（1）当实际支座安装温度与设计要求不同时，应通过计算设置支座顺桥方向的预偏量。

（2）支座安装平面位置和顶面高程必须正确，不得偏斜、脱空、不均匀受力。

（3）支座滑动面上的聚四氟乙烯滑板和不锈钢板位置应正确，不得有划痕、碰伤。

（4）墩台帽、盖梁上的支座垫石和挡块宜二次浇筑，确保其高程和位置的准确，垫石混凝土的强度必须符合设计要求。

（一）板式橡胶支座

（1）支座安装前应将垫石顶面清理干净，采用干硬性水泥砂浆抹平，顶面标高应符合设计要求。

（2）梁板安放时应位置准确，且与支座密贴，如就位不准或与支座不密贴时，必须重新起吊，采取用撬棍移动梁、板。

（二）盆式橡胶支座

（1）当支座上、下座板与梁底和墩台顶采用螺栓连接时，螺栓预留孔尺寸应符合设计要求，安装前应清理干净，采用环氧砂浆灌注，当采用电焊连接时，预埋钢垫板应锚固可靠、位置准确。墩顶预埋钢板下的混凝土宜分2次浇筑，且一端灌入，另端排气，预埋钢板不得出现空鼓，焊接时应采取防止烧坏混凝土的措施。

（2）现浇梁底部预埋钢板或滑板应根据浇筑时气温、预应力筋张拉、混凝土收缩和徐变对梁长的影响设置相对于设计支承中心的预偏值。

（3）活动支座安装前应采用丙酮或酒精液体清洗其各相对滑移面，擦净后在聚四氯乙烯板顶面满注硅脂。重新组装时应保持精度。

（4）支座安装后，支座与墩台顶钢垫板间应密贴。

（三）球形支座

（1）支座出厂时，应由生产厂家将支座调平，并拧紧连接螺栓，防止运输安装过程中发生转动和倾覆。支座可根据设计需要预设转角和位移，但需在厂内装配时调整好。

（2）支座安装前应开箱检查配件清单、检验报告、支座产品合格证及支座安装养护细则。施工单位开箱后不得拆卸、转动连接螺栓。

（3）当下支座板与墩台采用螺栓连接时，应先用钢锲块将下支座板四角调平，高程、位置应符合设计要求，用环氧砂浆灌注地脚螺栓孔及支座底面垫层，环氧砂浆硬化后，方可拆除四角钢锲，并用环氧砂浆填满锲块位置。

（4）当下支座板与墩台采用焊接连接时，应采用对称、间断焊接方法将下支座板与墩台上预埋钢板焊接。焊接时应采取防止烧伤支座和混凝土的措施。

（5）当梁体安装完毕或现浇混凝土梁体达到设计强度后，在梁体预应力张拉之前，应拆除上、下支座板连接板。

二、检验标准

（一）主控项目

1. 支座应进行进场检验。

检查数量：全数检查。

检验方法：检查合格证、出厂性能试验报告。

2. 支座安装前，应检查跨距、支座栓孔位置和支座垫石顶面高程、平整度、坡度、坡向，确认符合设计要求。

检查数量：全数检查。

检验方法：用经纬仪和水准仪与钢尺量测。

3. 支座与梁底及垫石之间必须密贴，间隙不得大于 0.3mm。垫层材料和强度应符合设计要求。

检查数量：全数检查。

检验方法：观察或用塞尺检查、检查垫层材料产品合格证。

4. 支座锚栓的埋置深度和外露长度应符合设计要求。支座锚栓应在其位置调整准确后固结，锚栓与孔之间间隙必须填捣密实。

检查数量：全数检查。

检验方法：观察。

5. 支座的粘结灌浆和润滑材料应符合设计要求。

检查数量：全数检查。

检验方法：检查粘结灌浆材料的配合比通知单、检查润滑材料的产品合格证、进场验收记录。

（二）一般项目

1. 支座安装允许偏差应符合表 6-48 的规定。

表 6-48　支座安装允许偏差

项目	允许偏差（mm）	检验频率		检验方法
		范围	点数	
支座高程	±5	每个支座	1	用水准仪测量
支座偏位	3		2	用经纬仪、钢尺量

三、支座检验批质量验收记录表（样表）

支座检验批质量验收记录表见表 6-49。

表6-49　支座检验批质量验收记录表

编号：

工程名称				验收部位													
分项工程名称	支座			施工班组长													
施工单位				施工员													
施工执行标准名称及编号	城市桥梁工程施工与质量验收规范（CJJ 2—2008）			项目经理													

		质量验收规范的规定				施工单位检查评定记录										应检点数	合格点数	合格率（%）
	序号	检查内容	允许偏差（mm）	检验频率		1	2	3	4	5	6	7	8	9	10			
				范围	点数													
主控项目	1	支座应进行进场检验																
	2	支座安装前、跨距、垫石顶面高程、平整度、坡度、坡向等必须符合设计要求																
	3	支座与梁底及垫石之间必须密贴，同隙不得大于0.3mm。垫层材料材料强度应符合设计要求																
	4	支座锚栓的埋置深度和外露长度应应符合设计要求。支座锚栓应在其位置调整准确后固结，锚栓与孔之间隙必须填满密实																
	5	支座的粘结灌浆和润滑材料应符合设计要求																
一般项目	1	支座高程	±5	每个	1													
	2	支座偏位	3	支座	2													

施工单位检查评定结论		项目专业质量检查员（签字）：	年　月　日
监理（建设）单位验收结论		监理工程师（签字）： （建设单位项目专业技术负责人）（签字）：	年　月　日

185

第十二节　混凝土梁（板）

一、检验要点

（一）支架上浇筑

1. 在固定支架上浇筑施工应符合下列规定：

（1）支架的地基承载力应符合要求，必要时，应采取加强处理或其他措施。

（2）应有简便可行的落架拆模措施。

（3）各种支架和模板安装后，宜采取预压方法消除拆平间隙和地基沉降等非弹性变形。

（4）安装支架时，应根据梁体和支架的弹性、非弹性变形，设置预拱度。

（5）支架底部应有良好的排水措施，不得被水浸泡。

（6）浇筑混凝土时应采取防止支架不均匀下沉的措施。

2. 在移动模架上浇筑时，模架长度必须满足分段施工要求，分段浇筑的工作缝，应设在零弯短点或其附近。

（二）悬臂浇筑

1. 挂篮结构主要设计参数应符合下列规定：

（1）挂篮质量与梁段混凝土的质量比值宜控制在 0.3～0.5，特殊要求情况下不得超过 0.7。

（2）允许最大变形（包括吊带变形的总和）为 20mm。

（3）施工、行走时的抗倾覆安全系数不得小于 2。

（4）自锚固系数的安全系数不得小于 2。

（5）斜拉水平限位系统和上水平限位安全系数不得小于 2。

2. 挂篮组装后，应全面检查安全质量，并应按设计荷载做载重试验，以消除非弹性变形。

3. 顶板底层横向钢筋宜采用通长筋。如挂篮下限位器、下锚带、斜拉杆等部位影响下一步操作需切断钢筋时，应待该工序完工后，将切断的钢筋连好再补孔。

4. 当梁段与桥墩设计为非刚性连接时，浇筑悬臂段混凝土前，应先将墩顶梁段与桥段临时固结。

5. 墩顶梁段和附近梁段可采用托架或膺架为支架就地浇筑混凝土。托架、膺架应经过设计，计算其弹性及非弹性变形。

6. 桥墩两侧梁段悬臂施工应对称、平衡，平衡偏差不得大于设计要求。

7. 悬臂浇筑混凝土时，宜从悬臂前端开始，最后与前端混凝土连接。

8. 连续梁（T构）的合龙、体系转换和支座反力调整应符合下列规定：

（1）合龙段的长度宜为 2m。

（2）合龙前应观测气温变化与梁端高程及悬臂端间距的关系。

（3）合龙前应按设计规定，将两悬臂端合龙口予以临时连接，并将合龙跨一侧墩的临时锚固放松或改成活动支座。

（4）合龙前，在两端悬臂予以压重，并与浇筑混凝土过程中逐步撤除，以使悬臂端绕度保持稳定。

（5）合龙宜在一天中气温最低时进行。

（6）合龙段的混凝土强度宜提高一级，以尽早施加预应力。

（7）连续梁的梁跨体系转换，应在合龙段及全部纵向连续预应力筋张拉、压浆完成，并解除各墩临时固结后进行。

（8）梁跨体系转换时，支座反力的调整应以高程控制为主，反力作为校核。

（三）造桥机施工

1）造桥机选定后，应由设计部门对桥梁主体结构（含墩台）的受力状态进行验算，确认满足设计要求。

2）造桥机在使用前，应根据造桥机的使用说明书，编制施工方案。

3）造桥机可在台后路基或桥梁边孔上安装，也可搭设临时支架。造桥机拼接完成后，应进行全面检查，按不同工况进行试运行和试吊，并应进行应力测试，确认符合设计要求，形成文件后，方可投入使用。

4）施工时应考虑造桥机的弹性变形对梁体线形的影响。

5）当造桥机向前移动时，起重或移梁小车在造桥机的位置应符合使用说明书要求，抗倾覆系数应大于 1.5。

二、检验标准

混凝土梁（板）施工中涉及模板与支架、钢筋、混凝土、预应力混凝土的质量检验符合 CJJ 2—2008 第 5.4、6.5、7.13、8.5 节的有关规定。

（一）支架上浇筑梁（板）质量检验

支架上浇筑梁（板）质量检验应符合 CJJ 2—2008 第 13.7.1 条规定，且应符合下列规定：

1. 主控项目

1）结构表面不得出现超过设计规定的受力裂缝。

检查数量：全数检查。

检验方法：观察或用读数放大镜观测。

2. 一般项目

1）整体浇筑钢筋混凝土梁、板允许偏差应符合表 6-50 的规定。

2）结构表面应无孔洞、露筋、蜂窝、麻面和宽度超过 0.15mm 的收缩裂缝。

检查数量：全数检查。

检验方法：观察或用读数放大镜观测。

（二）预制安装梁（板）质量检验

预制安装梁（板）质量检验应符合 CJJ 2—2008 第 13.7.1 条规定，且应符合下列规定：

1. 主控项目

1）结构表面不得出现超过设计规定的受力裂缝。

检查数量：全数检查。

检验方法：观察或用读数放大镜观测。

2）安装时结构强度及预应力孔道砂浆强度必须符合设计要求，设计未要求时，必须达到设计强度的 75%。

　　检查数量：全数检查。

　　检验方法：检查试件强度试验报告。

表 6-50　整体浇筑钢筋混凝土梁、板允许偏差

检查项目		规定值或允许偏差（mm）	检查频率		检验方法
			范围	点数	
轴线偏位		10		3	用经纬仪测量
梁板顶面高程		±10		3～5	用水准仪测量
断面尺寸（mm）	高	+5，−10	每跨	1～3 个断面	用钢板尺量
	宽	±30			
	顶、底、腹板厚	+10，0			
长度		+5，−10		2	用钢尺量
横坡（%）		±0.15		1～3	用水准仪测量
平整度		8		顺桥向每侧面每 10m 测 1 点	用 2m 直尺、塞尺量

　　（2）一般项目

　　1）预制梁、板允许偏差应符合表 6-51 的规定。

表 6-51　预制梁、板允许偏差

项　目		允许偏差（mm）		检验频率		检　验　方　法
		梁	板	范围	点数	
断面尺寸	宽	0，−10	0，−10	每个构件	5	用钢尺量，端部、L/4 处和中间各 1 点
	高	±5	—		5	
	顶、底、腹板厚	±5	±5		5	
长度		0，−10	0，−10		4	用钢尺量，两侧上、下各 1 点
侧身弯曲		L/1000 且不大于 10	L/1000 且不大于 10		2	沿全长拉线，用钢尺量，左右各 1 点
对角线长度差		15	15		1	用钢尺量
平整度		8			2	用 2m 直尺、塞尺量

　　注：L 为构件长度（mm）。

　　2）梁、板安装允许偏差应符合表 6-52 的规定。

　　3）混凝土表面应无孔洞、露筋、蜂窝、麻面和宽度超过 0.15mm 的收缩裂缝。

　　检查数量：全数检查。

　　检验方法：观察、读数放大镜观测。

　　（三）悬臂浇筑预应力混凝土梁质量检验

　　悬臂浇筑预应力混凝土梁质量检验应符合 CJJ 2—2008 第 13.7.1 条规定，且应符合下列规定。

表 6-52　梁、板安装允许偏差

项　目		允许偏差 （mm）	检验频率		检　验　方　法
			范围	点数	
平面 位置	顺桥纵轴线方向	10	每个构件	1	用经纬仪测量
	垂直桥纵轴线方向	5		1	
焊接横隔梁相对位置		10	每处	1	用钢尺量
湿接横隔梁相对位置		20		1	
伸缩缝宽度		+10，−5		1	
支座板	每块位置	5	每个构件	2	用钢尺量，纵横向各 1 点
	每块边缘高差	1		2	
焊缝长度		不小于设计要求	每处	1	抽查焊缝的 10%
相邻两构件支点处顶面高差		10	每个构件	2	用钢尺量
块体拼装立缝宽度		+10，−5		1	
垂直度		1.2%	每孔 2 片梁	2	用垂线和钢尺量

（1）主控项目

1）悬臂浇筑必须对称进行，桥墩两侧平衡偏差不得大于设计规定，轴线挠度必须在设计规定的范围内。

检查数量：全数检查。

检验方法：检查监控量测记录。

2）梁体表面不得出现超过设计规定的受力裂缝。

检查数量：全数检查。

检验方法：观察或用读数放大镜观测。

3）悬臂合龙时，两侧梁体的高差必须在设计允许范围内。

检查数量：全数检查。

检验方法：用水准仪测量、检查测量记录。

（2）一般项目

1）悬臂浇筑预应力混凝土梁允许偏差应符合 CJJ 2—2008 中表 13.7.4 的规定。

2）梁体线形平顺，相邻梁段接缝处无明显折弯和错台，梁体表面无孔洞、露筋、蜂窝、麻面和宽度超过 0.15mm 的收缩裂缝。

检查数量：全数检查。

检验方法：观察、用读数放大镜观测。

三、相关检验批质量验收记录表（样式）

（一）支架上浇筑混凝土梁（板）检验批质量验收记录表见表 6-53。

（二）悬臂浇筑预应力混凝土梁检验批质量验收记录表见表 6-54。

表6-53　支架上浇筑混凝土梁（板）检验批质量验收记录表

编号：

工程名称					验收部位	
分项工程名称	支架上浇筑混凝土梁（板）				施工班组长	
施工单位					施工员	
					项目经理	
施工执行标准名称及编号	城市桥梁工程施工与质量验收规范（CJJ 2—2008）					

检查项目	序号	检查内容	质量验收规范的规定 允许偏差（mm）	检验频率 范围	检验频率 点数	施工单位检查评定记录 1 2 3 4 5 6 7 8 9 10	应检点数	合格点数	合格率（%）
主控项目	1	支架上浇筑混凝土梁（板）模板与支架、钢筋、混凝土、预应力混凝土应符合设计要求及规范 CJJ 2—2008 的有关规定							
	2	结构表面不得出现超过设计规定的受力裂缝							
一般项目	1	结构表面应无孔洞、露筋、蜂窝，麻面和宽度超过 0.15mm 的收缩裂缝			3				
	2	轴线偏位	10	每跨	3~5				
	3	梁板顶面高程	±10						
	4	断面尺寸（mm） 高	+5，−10		1~3个断面				
	5	宽	±30						
	6	顶、底、腹板厚	+10，0						
	7	长度	+5，−10		2				
	8	横坡（%）	±0.15		1~3				
	9	平整度	8	顺桥向每侧面	每10m测1点				

施工单位检查评定结论	项目专业质量检查员（签字）：
	年　　月　　日
监理（建设）单位验收结论	监理工程师（签字）： （建设单位项目专业技术负责人）（签字）：
	年　　月　　日

表6-54 悬臂浇筑预应力混凝土梁检验批质量验收记录表

编号：

工程名称				验收部位											
分项工程名称	悬臂浇筑预应力混凝土梁			施工班组长											
施工单位				施工员											
施工执行标准名称及编号	城市桥梁工程施工与验收规范（CJJ 2—2008）			项目经理											

检查项目	序号	检查内容		质量验收规范的规定		检验频率		施工单位检查评定记录											应检点数	合格点数	合格率（%）
				允许偏差（mm）	范围	点数	1	2	3	4	5	6	7	8	9	10					
主控项目	1	悬臂浇筑预应力混凝土梁的模板与支架、钢筋、混凝土、预应力混凝土应符合设计要求及规范CJJ 2—2008有关规定																			
	2	悬臂浇筑必须对称进行，桥墩两侧平衡偏差不得大于设计规定，轴线挠度必须在设计规定范围内																			
	3	梁体表面不得出现超过设计规定的受力裂缝																			
	4	悬臂合龙时，两侧梁体的高差超过设计允许范围内																			
一般项目	1	梁体线形平顺，相邻梁段接缝处无明显折弯和错台；梁体表面无孔洞、露筋、蜂窝、麻面和宽度超过0.15mm的收缩裂缝			节段	1~2															
	2	轴线偏位	L≤100m	10	节段	2															
			L>100m	L/10000																	
	3	顶面高程	L≤100m	±20	节段	2															
			L>100m	±L/5000																	
	4	断面尺寸	相邻节段高差	10	节段	3~5															
			高	+5，−10	1个断面																
			宽	±30																	
			顶、底、腹板厚	+10，0																	
	5	合龙后同跨对称点高程对差	L≤100m	20	每跨	5~7															
			L>100m	L/5000																	
	6	横坡（%）		±0.15	节段	1~2															
	7	平整度		8	检查竖直、水平两个方向，每侧面每10m梁长																

施工单位检查评定结论	项目专业质量检查员（签字）： 　　　　　　　　　年　月　日
监理（建设）单位验收结论	监理工程师：　　　项目专业技术负责人（签字）： （建设单位项目专业技术负责人）（签字）： 　　　　　　　　　年　月　日

第十三节　钢　　梁

一、检验要点

（一）制造

1. 钢梁应由具有相应资质的企业制造，并应符合国家现行标准 TB 10212《铁路钢桥制造规范》的有关规定。

2. 钢梁出厂前必须进行试装，并应按设计和有关规范的要求验收。

3. 钢梁出厂前，安装企业应对钢梁质量和应交付的文件进行验收，确认合格。

4. 钢梁制造企业应向企业提供下列文件：

（1）产品合格证；

（2）钢材和其他材料质量证明书和检验报告；

（3）施工图，拼装简图；

（4）工厂高强度螺栓摩擦面抗滑移系数试验报告；

（5）焊缝无损检验报告和焊缝重大修补记录；

（6）产品试板的实验报告；

（7）工厂试拼装记录；

（8）杆件发运和包装清单。

（二）现场安装

1. 钢梁现场安装应做充分的准备工作，并应符合下列规定：

（1）安装前应对临时支架、支承吊车等临时结构和钢梁结构本身在不同受力状态下的强度、刚度和稳定性进行验算。

（2）安装前应按构件明细核对进场的杆件和零件，查验产品出厂合格证、钢材质量证明书。

（3）对杆件进行全面质量检查，对装运过程中产生缺陷和变形的杆件，应进行矫正。

（4）安装前应对桥台、墩顶面高程、中线及各孔跨径进行复测、误差在允许偏差内方可安装。

（5）安装前应根据跨径大小、河流情况、起吊能力，选择安装方法。

2. 钢梁安装应符合下列规定：

（1）钢梁安装前应清除杆件上的附着物，摩擦面应保持干燥、清洁。安装中应采取措施防止杆件产生变形。

（2）在满布支架上安装钢梁时，冲钉和粗制螺栓总数不得少于孔眼总数的 1/3，起重冲钉不得多于 2/3，孔眼较少的部位，冲钉和粗制螺栓不得少于 6 个或将全部孔眼插入冲钉和粗制螺栓。

（3）用悬臂和半悬臂法安装钢梁时，连接处所需冲钉数量应按所承受荷载计算确定，且不得少于孔眼总数的 1/2，其余孔眼布置精制螺栓。冲钉和精制螺栓应均匀安放。

（4）高强度螺栓栓合梁安装时，冲钉数量应符合上述规定，其余孔眼布置高强度螺栓。

（5）安装用的冲钉直径宜小于设计孔径 0.3mm，冲钉圆柱部分的长度应大于板束厚度；

安装用的精制螺栓直径宜小于设计孔径 0.4mm；安装用的粗制螺栓直径小于设计孔径 1.0mm。冲钉和螺栓宜选用 Q345 碳素结构钢制造。

（6）吊装杆件时，必须等杆件完全固定后方可摘除吊钩。

（7）安装过程中，每完成一个节间应测量其位置、高程、预拱度，不符合要求应及时校正。

3. 高强度螺栓连接应符合下列规定：

① 安装前应复验出厂所附摩擦面试件的抗滑移系数，合格后方可进行安装。

② 高强度螺栓连接副使用前应进行外观检查并应在同批内配套使用。

③ 使用前，高强度螺栓连接副应按出厂批号复验扭矩系数，其平均值和标准偏差应符合设计要求，设计无要求上扭矩系数平均值应为 0.11～0.15，其标准偏差应小于或等于 0.01。

④ 高强度螺栓应顺畅穿入孔内。不得强行敲入，且穿入方向应全桥一致，被栓合的板束表面应垂直于螺栓轴线，否则应在螺栓垫下面加斜坡垫板。

⑤ 施拧高强度螺栓时，不得采用冲击拧紧、间断拧紧方法。拧紧后的节点板与钢梁间不得有间隙。

⑥ 当采用扭矩法施拧高强度螺栓时，初拧、复拧和终拧应在同一工作班内完成。初拧扭矩应由试验确定，可取终拧值的 50%。扭矩法的终拧扭矩值应按下式计算：

$$T_e = K \cdot P_e \cdot d$$

式中　T_e——终拧扭矩（kN·mm）；

K——高强度螺栓连接副的扭矩系数平均值；

P_e——高强度螺栓的施工预拉力（kN）；

d——高强度螺栓公称直径（mm）。

⑦ 当采用扭角法施拧高强螺栓时，可按国家现行标准《铁路钢桥高强度螺栓连接施工规定》TBJ 214 的有关规定执行。

⑧ 施拧高度螺栓连接副采用的扭矩扳手，应定期进行标定，作业前应进行校正，其扭矩误差不得大于实用扭矩值的 ±5%。

4. 高强度螺栓终拧完毕必须当班检查。每栓群应抽查总数的 5%，且不得少于 2 套。抽查合格率不小于 80%，否则应继续检查，直至合格率达到 80% 以上。对螺栓拧紧度不足者应补拧，对超拧者应更换，重新施拧并检查。

5. 焊缝连接应符合下列规定：

① 首次焊接之前必须进行焊接工艺评定试验。

② 焊工和无损检测员必须经考试合格取得资格证书后，方可从事资格证书中认定范围内的工作，焊工停焊时间超过 6 个月，应重新考核。

③ 焊接环境温度，低合金钢不得低于 5℃，普通碳素结构钢不得低于 0℃，焊接环境湿度不宜高于 80%。

④ 焊接前应进行焊缝除锈，并应在除锈后 24h 内进行焊接。

⑤ 焊接前，对厚度 25mm 以上的低合金钢预热温度宜为 80～120℃，预热范围宜为焊缝两侧 50～80mm。

⑥ 多层焊接宜连续施焊，并应控制层间温度。每一层焊缝焊完后应及时清除药皮、熔渣、溢流和其他缺陷后，再焊下一层。

⑦ 钢梁杆件现场焊缝连接应按设计要求的顺序进行。设计无要求时，纵向应从跨中向两端进行，横向应从中线向两侧对称进行。

⑧ 现场焊接应设防风设施，遮盖全部焊接处。雨天不得焊接，箱形梁内进行 CO_2 气体保护焊时，必须使用通风防护设施。

6. 焊接完毕，所有焊缝必须进行外观检查。外观检查合格后应在 24h 后按规定进行无损检验，确认合格。

7. 焊缝外观质量应符合表 6-55 的规定。

表 6-55　焊缝外观质量标准

项目	焊缝种类	质量标准（mm）
气孔	横向对接焊缝	不允许
	纵向对接焊缝、主要角焊缝	直径小于 1.0，每米不多于 2 个，间距不小于 20
	其他焊缝	直径小于 1.5，每米不多于 3 个，间距不小于 20
咬边	受拉杆件横向对接焊缝及竖加劲肋角焊缝（腹板侧受拉区）	不允许
	受压杆件横向对接焊缝及竖加劲肋角焊缝（腹板侧受拉区）	≤0.3
	纵向对接焊缝及主要角焊缝	≤0.5
	其他焊缝	≤1.0
焊脚余高	主要角焊缝	+2.0 0
	其他角焊缝	+2.0 -1.0
焊波	角焊缝	≤2.0（任意 25mm 范围内高低差）
余高	对接焊缝	≤3.0（焊缝宽 b≤12 时）
		≤4.0（12<b≤25 时）
		≤4b/25（b>25 时）
余高铲磨后表面	横向对接焊缝	不高于母材 0.5
		不低于母材 0.3
		粗糙度 Ra50

注：1. 手工角焊缝全长 10% 区段内焊脚余高允许误差为 -1.0，+3.0。

2. 焊脚余高指角焊缝斜面相对于设计理论值的误差。

8. 采用超声波探伤检验时，其内部质量分级应符合表 6-56 的规定。焊缝超声波探伤范围和检验等级应符合表 6-57 的规定。

表 6-57　焊缝超声波探伤内部质量等级

项目	质量等级	适用范围
对接焊缝	I	主要杆件受拉横对接焊缝
	II	主要杆件受压横向对接焊缝、纵向对接焊缝
角焊缝	III	主要角焊缝

表 6-57　焊缝超声波探伤范围和检验等级

项目	探伤数量	探伤部位（mm）	板厚（mm）	检验等级
Ⅰ、Ⅱ级横向对接焊缝	全部焊缝	全长	10～45	B
			>46～56	B（双面双侧）
Ⅱ级纵向对接焊缝		两端各 1000	10～45	B
			>46～56	B（双面双侧）
Ⅱ级角焊缝		两端螺栓孔部位并延长 500，板梁主梁及纵、横梁跨中加探 1000	10～45	B
			>46～56	B（双面双侧）

9. 当采用射线探伤检验时，其数量不得少于焊缝总数的 10％，且不得少于 1 条焊缝、探伤范围应为焊缝两端各 250～300mm；当焊缝长度大于 1200mm 时，中部应加探 250～300mm；焊缝的射线探伤应符合现行国家标准 GB/T 3323《金属熔化焊焊接接头射线照相》的规定，射线照相质量等级应为 B 级；焊缝内部质量应为Ⅱ级。

10. 现场涂装应符合下列规定：

① 防腐涂料应有良好的附着性、耐蚀性，其底漆应具有良好的封孔性能。钢梁表面处理的最低等级应为 Sa2.5。

② 上翼缘板顶面和剪刀连接器均不得涂装，在安装前应进行除锈、防腐蚀处理。

③ 涂装前应先进行除锈处理，首层底漆于除锈后 4h 内开始，8h 内完成。涂装时的环境温度和相对湿度应符合涂料说明书的规定，当产品说明书无规定时，环境温度宜在 5～38℃。相对湿度不得大于 85％；当相对湿度大于 75％时应在 4h 内涂完。

④ 涂料、涂装层数和涂层厚度应符合设计要求；涂层干漆膜总厚度应符合设计要求。当规定层数达不到最小干漆膜总厚度时，应增加涂层层数。

⑤ 涂装应在天气晴朗、4 级（不含）以下风力时进行，夏季避免阳光直射。涂装时构件表面不应有结露，涂装后 4h 内应采取防护措施。

11. 落梁就位应符合下列规定：

① 钢梁就位前应清理支座垫石，其标高及平面位置应符合设计要求。

② 固定支座与活动支座的精确位置应按设计图并考虑安装温度、施工误差等确定。

③ 落梁前后应检查其建筑拱度和平面尺寸、校正支座位置。

④ 连续梁落梁步骤应符合设计要求。

二、检验标准

（一）钢梁制作质量检验

（1）主控项目

1）钢材、焊接材料、涂装材料应符合国家现行标准规定和设计要求。

全数检查出厂合格证和厂方提供的材料性能试验报告，并按国家现行标准规定抽样复验。

2）高强度螺栓连接副等紧固及其应符合国家现行标准规定和设计要求。

全数检查出厂合格证和厂方提供的材料性能试验报告，并按出厂批每批抽取 8 副做扭矩系数复验。

3）高强度螺栓的栓接板面（摩擦面）除锈处理后的抗滑移系数应符合设计要求。

全数检查出厂检验报告，并对厂方每出厂批提供的3组试件进行复验。

4）焊缝探伤检验应符合设计要求和 CJJ 2—2008 中第 14.2.6、14.2.8 和 14.2.9 条的有关规定。

检查数量：超声波 100%；射线 10%。

检验方法：检查超声波和射线探伤记录或报告。

5）涂装检验应符合下列要求：

① 涂装前钢材表面不得有焊渣、灰尘、油污、水和毛刺。钢材表面除锈等级和粗糙度应符合设计要求。

检查数量：全数检查。

检验方法：观察、用现行国家标准 GB 8923《涂装前钢材表面锈蚀等级和除锈等级》规定的标准图片对照检查。

② 涂装遍数应符合设计要求，每一涂层的最小厚度不应小于设计厚度的 90%，涂装干膜总厚度不得小于设计要求厚度。

检查数量：按设计规定数量检查，设计无规定时，每 $10m^2$ 检测 5 处，每处的数值为 3 个相距 50mm 测点涂层干漆膜厚度的平均值。

检验方法：用干膜测厚仪检查。

③ 热喷铝涂层应进行附着力检查。

检查数量：按出厂批每批构件抽查 10%，且同类构件不少于 3 件，每个构件检测 5 处。

检验方法：在 15mm×15mm 涂层上用刀刻划平行线，两线距离为涂层厚度的 10 倍，两条线内的涂层不得从钢材表面翘起。

（2）一般项目

1）焊缝外观质量应符合 CJJ 2—2008 中第 14.2.7 条规定。

检查数量：同类部件抽查 10%，且不少于 3 件；被抽查的部件中，每一类型焊缝按条数抽查 5%，且不少于 1 条；每条检查 1 处，总抽查数应不少于 5 处。

检验方法：观察、用卡尺或焊缝量规检查。

2）钢梁制作允许偏差应分别符合表 6-58～表 6-60 的规定。

3）焊钉焊接后应进行弯曲试验检查，其焊缝和热影响区不得有肉眼可见的裂纹。

检查数量：每批同类构件抽查 10%，且不少于 3 件；被抽查构件中，每件检查焊钉数量的 1%，但不得少于 1 个。

检查方法：观察、焊钉弯曲 30°后用角尺量。

4）焊钉根部应均匀，焊脚立面的局部未熔或不足 360°的焊脚应进行修补。

检查数量：按总焊钉数量抽查 1%，但不得少于 10 个。

检查方法：观察。

（二）钢梁现场安装检验

（1）主控项目

1）高强螺栓连接质量检验应符合 CJJ 2—2008 第 14.3.1 条第 2、3 款规定，其扭矩偏差不得超过±10%。

表 6-58 钢板梁制作允许偏差

名 称		允许偏差（mm）	检验频率		检验方法
			范围	点数	
梁高 h	主梁梁高≤2m	±2	每件	4	用钢尺测量两端腹板处高度，每端2点
	主梁梁高＞2m	±4			
	横梁	±1.5			
	纵梁	±1.0			
跨度		±8		2	测量两支座中心距
全长		±15			用全站仪或钢尺测量
纵梁长度		+0.5，−1.5			用钢尺量两端角铁至背之间距离
横梁长度		±1.5			
纵、横梁旁弯		3		1	梁立置时在腹板一侧主焊缝100mm处拉线测量
主梁拱度	不设拱度	+3，0			梁卧置时在下盖板外侧拉线测量
	设拱度	+10，−3			
两片主梁拱度差		4			用水准仪测量
主梁腹板平面度		≤h/350，且不大于8		1	用钢板尺和塞尺量（h 为梁高）
纵、横梁腹板平面度		≤h/500，且不大于5			
主梁、纵横梁盖板对腹板的垂直度	有孔部位	0.5		5	用直角尺和钢尺量
	其余部位	1.5			

表 6-59 钢桁梁节段制作允许偏差

项 目	允许偏差（mm）	检验频率		检验方法
		范围	点数	
节段长度	±5	每节段	4～6	用钢尺量
节段高度	±2		4	
节段宽度	±3			
节间长度	±2	每节间	2	
对角线长度差	3			
桁片平面度	3	每节段	1	沿节段拉线，用钢尺量
挠度	±3			

表 6-60 钢箱形梁制作允许偏差

项 目		允许偏差（mm）	检验频率		检验方法
			范围	点数	
梁高 h	≤2m	±2	每件	2	用钢尺量两端腹板处高度
	＞2m	±4			

续表

项　目	允许偏差（mm）	检验频率		检验方法
		范围	点数	
跨度 L	$\pm(5+0.15L)$			用钢尺量两支座中心距，L 按 m 计
全长	±15			用全站仪或钢尺量
腹板中心距	±3			用钢尺量
盖板宽度 b	±4			用钢尺量
横断面对角线长度差	4	每件	2	
旁弯	$3+0.1L$			沿全长拉线，用钢尺量，L 按 m 计
拱度	$+10，-5$			用水平仪或拉线用钢尺量
支点高度差	5			
腹板平面度	$\leqslant h'/250$，且不大于 8			用钢板尺和塞尺量
扭曲	每米 $\leqslant1$，且每段 $\leqslant10$			置于平台，四角中三角接触平台，用钢尺量另一角与平台间隙

注：1. 分段分块制造的箱形梁拼接处，梁高及腹板中心距允许偏差按施工文件要求办理；

　　2. 箱形梁其余各项检查方法可参照板梁检查方法；

　　3. h' 为盖板与加筋肋或加筋肋与加筋肋之间的距离。

检查数量：抽查 5%，且不少于 2 个。

检查方法：用测力扳手。

2）焊缝探伤检验应符合 CJJ 2—2008 第 14.3.1 第 4 款规定。

（2）一般项目

1）钢梁安装允许偏差应符合表 6-61 的规定。

表 6-61　钢梁安装允许偏差

项　目		允许偏差（mm）	检验频率		检验方法
			范围	点数	
轴线偏位	钢梁中线	10	每件或每个安装段	2	用经纬仪测量
	两孔相邻横梁中线相对偏差	5			
梁底标高	墩台处梁底	±10		4	用水准仪测量
	两孔相邻横梁相对高差	5			

2）焊缝外观质量检验应符合 CJJ 2—2008 第 14.3.1 条第 6 款的规定。

三、相关检验批质量验收记录表（样式）

（一）钢梁制作检验批质量验收记录表见表 6-62。

（二）钢梁焊缝检验批质量验收记录表见表 6-63。

（三）钢梁现场安装检验批质量验收记录表见表 6-64。

表 6-62　钢梁制作检验批质量验收记录表

编号：

工程名称												验收部位				
分项工程名称				钢梁制作								施工班组长				
施工单位												施工员				
施工执行标准名称及编号				城市桥梁工程施工与验收规范（CJJ 2—2008）								项目经理				

检查项目	序号	质量验收规范的规定		检验频率		施工单位检查评定记录										应检点数	合格点数	合格率（%）
		检查内容	允许偏差（mm）	范围	点数	1	2	3	4	5	6	7	8	9	10			
主控项目	1	钢材、焊接材料、涂装材料应符合国家现行标准规定和设计要求																
	2	高强螺栓连接副及其连接应符合国家现行标准规定和设计要求																
	3	高强螺栓的栓接板面（摩擦面）除锈处理后的抗滑移系数应符合设计要求																
	4	焊缝探伤试验应符合设计要求和规范 CJJ 2—2008 有关规定																
	5	涂装检验应符合下列要求：1. 涂装前钢材表面不得有焊道、灰尘、油污等。钢材表面除锈等级和粗糙度符合设计要求。2. 涂装遍数应符合设计要求，每一涂层的最小厚度不应小于设计要求厚度的90%，涂装干膜总厚度不得小于设计要求厚度。3. 热喷铝涂层应进行附着力检查																
一般项目	1	焊缝外观质量应符合规范 CJJ 2—2008 的有关要求		每件														
	2	梁高 h　主梁梁高 h≤2m	±2		4													
		主梁梁高 h＞2m	±4															
		横　梁	±1.5															
		纵　梁	±1.0															
	3	跨　度	±8		2													
	4	全　长	±15															
	5	纵梁长度	+0.5，−1.5															
	6	横梁长度	±1.5															
	7	纵、横梁旁弯	3		1													
	8	主梁拱度　设拱度	+10，−3															
	9	两片主梁拱度差	4															
	10	主梁腹板平面度	≤h/350，且不大于 8		5													
	11	纵、横梁腹板平面度	≤h/500，且不大于 5															
	12	主梁、纵梁盖板　有孔部位	0.5															
		对腹板的垂直度　其余部位	1.5															

续表

检查项目	序号	检查内容		质量验收规范的规定 允许偏差(mm)	检验频率		施工单位检查评定记录										应检点数	合格点数	合格率(%)
					范围	点数	1	2	3	4	5	6	7	8	9	10			
一般项目	13	钢桁梁节段制作	节段长度	±5	每节段	4~6													
	14		节段高度	±2		4													
	15		节段宽度	±3															
	16		节间长度	±2	每节间	2													
	17		对角线长度差	3															
	18		桁片平面度	3															
	19		挠度	±3	每节段	1													
	20	钢箱形梁制作	梁高h ≤2m	±2															
	21		>2m	±4															
	22		跨度L	±(5+0.15L)															
	23		全长	±15															
	24		腹板中心距	±3	每件	2													
	25		盖板宽度b	±4															
	26		横断面对角线长度	4															
	27		旁弯	3+0.1L															
	28		拱度	+10, -5															
	29		支点高度差	5															
	30		腹板平面度	≤h'/250, 且不大于8															
	31		扭曲	每米≤1, 且每段≤10															
	32	焊钉焊接后应进行弯曲试验检验，焊缝和热影响区不得有肉眼可见的裂纹																	
	33	焊钉根部的局部未熔合或未焊合不足360°焊脚应进行修补																	

施工单位检查评定结论		项目专业质量检查员（签字）：		年 月 日
监理（建设）单位验收结论		监理工程师（签字）： （建设单位项目专业技术负责人）（签字）：		年 月 日

注：1. 分段分块制造的箱形梁拼接处，梁高及腹板中心距允许偏差按施工文件要求办理；
2. 箱形梁其余各项检查方法可参照盖板梁检查方法；
3. h'为盖板与加筋肋之间的距离。

表6-63 钢梁焊缝检验批质量验收记录表

工程名称			验收部位	
分项工程名称	钢梁焊缝		施工班组长	
施工单位			施工员	
施工执行标准名称及编号	城市桥梁工程施工与验收规范（CJJ 2—2008）		项目经理	

编号：

检查项目	序号	检查内容	允许偏差（mm）	检验频率 范围	检验频率 点数	施工单位检查评定记录 1 2 3 4 5 6 7 8 9 10	应检点数	合格点数	合格率（%）
主控项目	1	焊缝探伤检验应符合设计要求							
	2	焊接完毕后，所有焊缝必须进行外观检查。外观检查合格后应在24h后按规定进行无损检验，确认合格							
	3	采用超声波探伤检验时，其内部质量分级应符合规范CJJ 2—2008有关规定。焊缝超声波探伤范围和检验等级应符合规范CJJ 2—2008的有关规定							
	4	当采用射线探伤检验时，其数量不得少于1条焊缝。探伤范围应为焊缝两端各250～300mm，当焊缝长度大于1200mm时，中部应加探250～300mm；焊缝的射线探伤级；焊缝内部质量应为Ⅱ级应符合国家现行标准GB/T 3323《金属熔化焊接头射线照相》的规定，射线照相质量等级相应为B级							
一般项目	1	横向对接焊缝（气孔）	不允许	同类部件，抽查10%，且不少于3件，被抽查中，的部件的，每一类型焊缝按条数抽查5%，且不少于1条；每条检查1处，总抽查数不少于5处					
	2	纵向对接焊缝、主要角焊缝	不允许						
	3	其他角焊缝	直径小于1，每米不多于2个，同距不小于20						
	4	受拉杆件横向对接焊缝及竖向劲肋角焊缝（腹板受拉区）	直径小于1，每米不多于3个，同距不小于20						
	5	受压杆件横向对接焊缝及竖向劲肋角焊缝（腹板受压区）（咬边）	不允许						
	6	其他焊缝	≤0.3						
	7	主要角焊缝	≤0.5						
	8	其他角焊缝（焊脚）	≤1.0						
	9	角焊缝（余高）	+2.0，0						
	10	对接焊缝（焊波）	+2.0，−1.0						
	11		≤2.0（任意25mm范围内高低差）						
	12		≤3.0（焊缝宽b≤12时）						
	13	（余高）	≤4.0（12<b≤25时）						
	14		≤4b/25（b≥25时）						
	15	余高	不高于母材0.5						
	16	铲磨后 表面	不高于母材0.3 粗糙度Ra50						

施工单位检查评定结论	项目专业质量检查员（签字）： 项目专业技术负责人（签字）： 年 月 日
监理（建设）单位验收结论	监理工程师（签字）： （建设单位项目专业技术负责人）（签字）： 年 月 日

表 6-64　钢梁现场安装检验批质量验收记录表

编号：

	工程名称						验收部位			
	分项工程名称	钢梁现场安装					施工班组长			
	施工单位						施工员			
	施工执行标准名称及编号	城市桥梁工程施工与验收规范（CJJ 2—2008）					项目经理			

检查项目	序号	质量验收规范的规定			检验频率		施工单位检查评定记录										应检点数	合格点数	合格率（%）
		检查内容	允许偏差（mm）		范围	点数	1	2	3	4	5	6	7	8	9	10			
主控项目	1	高强螺栓连接质量检验应符合规范 CJJ 2—2008 有关规定																	
	2	焊缝探伤检验应符合规范 CJJ 2—2008 有关规定，其相邻错边偏差不得超过±10%																	
一般项目	1	焊缝外观质量检验应符合规范 CJJ 2—2008 有关规定																	
	2	轴线	钢梁中线	10	每件或每个安装段	2													
		偏位	两孔相邻横梁中线相对偏差	5															
	3	梁底标高	墩台处梁底	±10		4													
			两孔相邻横梁相对高差	5															

施工单位检查评定结论	项目专业质量检查员（签字）： 年　月　日
监理（建设）单位验收结论	监理工程师（签字）： （建设单位项目专业技术质量负责人）（签字）： 年　月　日

第十四节　顶　进　箱　涵

一、检验要点

1. 箱涵顶进宜避开雨期施工，如需跨雨期施工，必须编制专项防洪排水方案。

2. 顶进箱涵施工前，应调查下列内容：

（1）调查现况铁道、道路路基填筑、路基中地下管线等情况及所属单位对施工的要求。

（2）穿越铁路、道路运行及设施状况。

（3）施工现场现况道路的交通状况，施工期间交通疏导方案的可行性。

3. 施工现场采取降水措施时，不得造成影响区建（构）筑物沉降、变形。降水过程中应进行监测，发现问题应及时采取措施。

（一）工作坑和滑板

1. 工作坑应根据线路平面、现场地形，在保证通告的铁路、道路行车安全的前提下选择挖方数量少，顶进长度短的位置。

2. 工作坑边坡应视土质情况而定，两侧边坡宜为 1∶0.75～1∶1.5，靠铁路路基一侧的边坡宜缓于 1∶1.5，工作坑距最外侧铁路中心线不得小于 3.2m。

3. 工作坑的平面尺寸应满足箱涵预制与顶进设备安装需要。前端顶板外缘至路基坡脚不宜小于 1m；后端顶板外缘与后背间净距不宜小于 1m；箱涵两侧距工作坑坡脚不宜小于 1.5m。

4. 开挖工作坑应与修筑后背统筹安排，当采用钢板制作背时，应先沉桩再开挖工作坑和填筑后背土。

5. 土层中有水时，工作坑开挖前应采取降水措施，将地下水位降至基底 0.5m 以下，并疏干后方可开挖。工作坑开挖时不得扰动地基，不得超挖。工作坑底应密实平整，并有足够的承载力。基底允许承载力不宜小于 0.15MPa。

6. 修筑工作坑滑板，应满足预制箱涵主体结构所需强度，并应符合下列规定：

（1）滑板中心线应与箱涵设计中心线一致。

（2）滑板与地基接触面应有防滑措施，宜在滑板下设锚梁。

（3）为减少箱涵顶进中扎头现象，宜将滑板顶面做成前高后低的仰坡，坡度宜为 3‰。

（4）滑板两侧宜设方向。

（二）箱涵预制与顶进

1. 箱涵预制除应 CJJ 2—2008《城市桥梁工程施工与质量验收规范》中第 5、6、7 章的有关规定外，尚应符合下列规定：

（1）箱涵侧墙的外表面前端 2m 范围内应向两侧各加宽 1.5～2cm，其余部位不得出现正误差。

（2）工作坑滑板与预制箱涵底板间应铺设润滑隔离层。

（3）箱涵底板面前端 2～4m 范围内宜设高 5～10cm 船头坡。

（4）箱涵前端周边宜设钢刀脚。

（5）箱涵混凝土达到设计强度后方可拆除顶板底模。

2. 箱涵防水层施工应符合规范第 20.2 节有关规定。箱涵顶面防水层尚应制作水泥混凝土保护层。

3. 顶进设备及其布置应符合下列规定：

（1）应根据计算的最大顶力确定顶进设备，千斤顶的顶力可按额定顶力的 60%～70% 计算。

（2）高压油泵及其控制阀等工作压力应与千斤顶匹配。

（3）液压系统的油管内径应按工作压力和计算流量选定。回油管路主油管的内径不得小于 10mm，分油管的内径不得小于 6mm。

（4）油管应清洗干净，油路布置合理，密封良好，液压油脂应过滤。

（5）顶进过程中，当液压系统发生故障时应立即停止运转，严禁在工作状态下检修。

4. 顶进箱涵的后背，必须有足够的强度、刚度和稳定性。墙后填土，宜利用原状土，或用砂砾、灰土（水泥土）夯填密实。

5. 安装顶柱（铁），应与顶力轴线一致，并与横梁垂直，应做到平、顺、直。当顶长时，可在 4～8m 处加横梁一道。

6. 顶进应具备以下条件：

（1）主体结构混凝土必须达到设计强度，防水层及防护层应符合设计要求。

（2）顶进后背和顶进设备安装完成，经试运转合格。

（3）线路加固方案完成，并经主管部门验收确认。

（4）线路监测、抢修人员及设备等应到位。

7. 列车或车辆通过时严禁挖土，人员应撤离至土方可能坍塌范围以外。当挖土或顶进过程中发生塌方，影响行车安全时，必须停止顶进，迅速组织抢修加固。

8. 顶进应与观测密切配合，随时根据箱涵顶进轴线和高程偏差，及时调整侧刃脚应切土宽度和船头坡吃土高度。顶进时如设有中平台时，上下两层不得挖通，平台上不得积存土方。

二、检验标准

箱涵施工涉及模板与支架、钢筋、混凝土质量检验应符合 CJJ 2—2008 第 5.4、6.5、7.13 节的有关规定。

（1）滑板质量检验

滑板质量检验应符合 CJJ 2—2008 中第 19.4.1 条规定，应符合下列规定：

（1）主控项目

1）滑板轴线位置、结构尺寸、顶面坡度、锚梁、方向墩等应符合施工设计要求。

检查数量：全数检查。

检验方法：观察、检查施工记录。

（2）一般项目

1）滑板允许偏差应符合表 6-65 的规定。

表 6-65　滑板允许偏差

项　目	允许偏差（mm）	检验频率		检验方法
		范围	点数	
中线偏位	50	每座	4	用经纬仪测量纵、横各1点
高程	+5，0		5	用水准仪测量
平整度	5		5	用2m直尺、塞尺量

（二）预制箱涵质量检验

预制箱涵质量检验应符合 CJJ 2—2008 中第 19.4.1 条的规定，且应符合下列规定：

（1）一般项目

1）箱涵预制允许偏差应符合表 6-66 的规定。

表 6-66　箱涵预制允许偏差

项　　　目		允许偏差（mm）	检验频率		检验方法
			范围	点数	
断面尺寸	净空宽	±30		6	用钢尺量，沿全长中间及两端的左、右各 1 点
	净空高	±50		6	用钢尺量，沿全长中间及两端的上、下各 1 点
厚度		±10		8	用钢尺量，每端顶板、底板及两侧壁各 1 点
长度		±30		4	用钢尺量，两侧上、下各 1 点
侧向弯曲		$L/1000$		2	沿构件全长拉线、用钢尺量，左、右各 1 点
轴线偏位		10	每座每节	2	用经纬仪测量
垂直度		$\leqslant 0.15\%H$，且不大于 10		4	用经纬仪测量或垂线和钢尺量，每侧各 2 点
两对角线长度差		75		1	用钢板尺量
平整度		5		8	用 2m 直尺、塞尺量（两侧内墙各 4 点）
箱体外形		符合本规范 19.3.1 条规定		5	用钢尺量，两端上、下各 1 点，距前端 2m 处 1 点

2）混凝土结构表面无孔洞、露筋、蜂窝、麻面和缺棱掉角等缺陷。

检查数量：全数检查。

检验方法：观察。

（三）箱涵顶进质量检验

（1）一般项目

1）箱涵顶进允许偏差应符合表 6-67 的规定。

表 6-67　箱涵顶进允许偏差

项　　　目		允许偏差（mm）	检验频率		检验方法
			范围	点数	
轴线偏位	$L<15m$	100			
	$15m\leqslant L\leqslant 30m$	200		2	用经纬仪测量，两端各 1 点
	$L>30m$	300	每座每节		
高程	$L<15m$	+20，−100			
	$15m\leqslant L\leqslant 30m$	+20，−150		2	用水准仪测量，两端各 1 点
	$L>30m$	+20，−200			
相邻两端高差		50		1	用钢尺量

注：表中 L 为箱涵沿顶进轴线的长度（m）。

2）分节顶进的箱涵就位后，接缝处应直顺、无渗漏。

检查数量：全数检查。

检验方法：观察。

三、相关检验批质量验收记录表（样式）

（一）预制箱涵施工检验批质量验收记录表见表 6-68。

（二）箱涵顶进检验批质量验收记录表见表 6-69。

编号：

表 6-68 预制箱涵施工检验批质量验收记录表

工程名称									验收部位									
分项工程名称	预制箱涵施工								施工班组长									
施工单位									施工员									
施工执行标准名称及编号	城市桥梁工程施工与质量验收规范（CJJ 2—2008）								项目经理									

检查项目	序号	检查内容		质量验收规范的规定 允许偏差（mm）	检验频率		施工单位检查评定记录										应检点数	合格点数	合格率（%）
					范围	点数	1	2	3	4	5	6	7	8	9	10			
主控项目	1	钢筋、模板、混凝土应符合设计要求及规范 CJJ 2—2008 的有关规定																	
一般项目	1	断面尺寸	净空宽	±30		6													
	2		净空高	±50		6													
	3		厚　度	±10		8													
	4		长　度	±30		4													
	5	侧向弯曲		$L/1000$		2													
	6	轴线偏位		10		2													
	7	垂直度		$\leqslant0.15\%H$，且不大于 10	每座	4													
	8	两对角线长度差		75	每节	1													
	9	平整度		5		8													
	10	箱涵侧板的外表面前端 2m 范围内应出现正误差		箱涵侧板的外表面前端 2m 范围内应出现正误差 1.5～2cm，其余各部位不得出现负误差															
箱体外形	11	工作坑内滑板与预制箱涵底面间应铺设润滑隔离层				5													
	12	箱涵底板前端 2～4m 范围内宜设高 5～10cm 船头坡																	
	13	箱涵前端周边应设置钢刀脚																	
	14	箱涵混凝土达到设计强度后方可拆除顶板底模																	
	15	混凝土结构表面应无孔洞、露筋、蜂窝、麻面和缺棱少角等缺陷																	

施工单位评定结论		项目专业质量检查员（签字）： 年　月　日
监理（建设）单位验收结论		监理工程师（签字）： （建设单位项目专业技术负责人）（签字）： 年　月　日

表 6-69　箱涵顶进检验批质量验收记录表

编号：

工程名称							验收部位							
分项工程名称							施工班组长							
施工单位							施工员							
施工执行标准名称及编号	城市桥梁工程施工与质量验收规范（CJJ 2—2008）						项目经理							

检查项目	序号	检查内容		质量验收规范的规定	检验频率		施工单位检查评定记录											应检点数	合格点数	合格率（%）
				允许偏差（mm）	范围	点数	1	2	3	4	5	6	7	8	9	10			
主控项目	1	轴线偏位	L<15m	100		2													
	2		15≤L≤30	200															
	3		L>30	300															
一般项目	4	高程	L<15m	+20，−100	每座	2													
	5		15≤L≤30	+20，−150															
	6		L>30	+20，−200															
	7	相邻两端高差		50	每节	1													
	8	分节顶进的箱涵就位后，接缝处应直顺，无渗漏																	

施工单位检查评定结论	项目专业质量检查员（签字）：	年　月　日
监理（建设）单位验收结论	监理工程师（签字）： （建设单位项目专业技术负责人）（签字）：	年　月　日

207

第十五节 桥 面 系

一、检验要点

（一）排水设施

1. 汇水槽、泄水口顶面高程应低于桥面铺装层 10~15mm。

2. 泄水管下端至少应伸出构筑物底面 100~150mm，泄水管宜通过竖向管道直接引至地面或雨水管线，其竖向管道应采用抱箍、卡环、定位卡等预埋件固定在结构物上。

（二）桥面防水层

1. 桥面应采用柔性防水层，宜单独铺设刚性防水层，桥面防水层使用的涂料、卷材、胶粘剂及辅助材料必须符合环保要求。

2. 桥面防水层应在现浇桥面结构混凝土或垫层混凝土达到设计要求强度，经验收合格后方可施工。

3. 桥面防水层应直接铺设在混凝土表面上，不得在两者间加铺砂浆找平层。

4. 防水基层面应坚实、平整、光滑、干燥，阴、阳角处应按规定半径做成圆弧。施工防水层前应将浮尘及松散物质清除干净，并应涂刷基层处理剂，基层处理剂应使用与卷材或涂料性质配套的材料。涂层应均匀、全面覆盖，待渗入基层且表面干燥后方可用作卷材或涂膜防水层。

5. 防水卷材和防水涂膜均应具有高延伸率、高抗拉强度，良好的弹塑性、耐高温和低温与抗老化性能。防水卷材及防水涂料应符合国家现行标准和设计要求。

6. 桥面采用热铺沥青混合料做磨耗层时，应使用可耐 140~160℃高温的高聚物改性沥青等防水卷材及防水涂料。

7. 桥面防水层应采用满贴法，防水层总厚度和卷材或指体层数应符合设计要求。缘石、地袱、变形缝、汇水槽和泄水口等部位应按设计和防水规范细部要求做局部加强处理。防水层与汇水槽、泄水口之间必须粘结牢固、封闭严密。

8. 防水层完成后应加强成品保护，防止压破、刺穿、划痕损坏防水层，并及时经验收合格后铺设桥面铺装层。

9. 防水层严禁在雨天、雪天和 5 级(含)以上大风天气施工。气温低于—5℃时不宜施工。

10. 涂膜防水层施工应符合下列规定：

（1）基层处理剂干燥后，方可涂防水涂料，铺贴胎体增强材料。涂膜防水层应与基层粘结牢固。

（2）涂膜防水层的胎体材料，应顺流水方向搭接，搭接宽度长边不得小于 50mm，短边不得小于 70mm，上下层胎体搭接缝应错开 1/3 幅宽。

（3）下层干燥后，方可进行上层施工。每一涂层应厚度均匀，表面平整。

11. 卷材防水层施工应符合下列规定：

（1）胶粘剂应与卷材和基层处理剂相互匹配，进场后应取样检验合格后方可使用。

（2）基层处理剂干燥后，方可涂胶粘剂，卷材应与基层粘结牢固，各层卷材之间也应相互粘结牢固，卷材铺贴应不皱不折。

（3）卷材应顺桥方向铺粘，应自边缘最低处开始，顺流水方向搭接，长边搭接宽度宜为70～80mm，短边搭接宽度宜为100mm，上下层搭接缝错开距离不应小于300mm。

12. 防水粘结层施工应符合下列规定：

（1）防水粘结材料的品种、规格、性能应符合设计要求和国家现行标准规定。

（2）粘结层宜技术采用高黏度的改性沥青，环氧沥青防水涂料。

（3）防水粘结层施工时的环境温度和相对湿度应符合防水粘结材料产品说明书的要求。

（4）施工时严格控制防水粘结层材料的加热温度和洒布温度。

（三）桥面铺装层

1. 桥面防水层经验收合格后应及时进行桥面铺装层施工。雨天和雨后桥面未干燥时，不得进行桥面铺装层施工。

2. 铺装层应在纵向100cm、横向40cm范围内，逐渐降坡，与汇水槽、泄水口平顺相接。

3. 沥青混合料桥面铺装层施工应符合下列规定：

① 在水泥混凝土桥面上铺筑沥青铺装层应符合下列要求：

a. 铺装前应在桥面防水层上洒布一层石屑保护层，并用轻碾慢压。

b. 沥青铺装宜采用双层式，底层宜采用高温稳定性较好的中料式密级配热拌沥青混合料，表层应采用防滑面层。

c. 铺装宜采用轮胎或钢筒式压路机碾压。

② 在钢桥面上铺筑沥青铺装层应符合下列要求：

a. 铺装材料应防水性能良好，具有高温抗流动变形和低温抗裂性能，具有较好的抗疲劳性能和表面抗滑性能，与钢板粘结良好，具有较好的抗水平剪切，重复荷载和蠕变变形能力。

b. 桥面铺装宜采用改性沥青，其压实设备和工艺应通过试验确定。

c. 桥面铺装宜在无雨、少雾季节且干燥状态下施工。施工气温不得低于15℃。

d. 桥面铺筑沥青铺装层前应涂刷防水粘结层。涂防水粘结层前应磨平焊缝、除锈、除污、涂贴锈层。

e. 采用浇筑式沥青混凝土铺筑桥面时，可不设防水粘结层。

4. 水泥混凝土桥面铺装层施工应符合下列规定：

① 铺装层的厚度、配筋、混凝土强度等应符合设计要求，结构厚度误差不得超过－20mm。

② 铺装层的基面(裸梁或防水层保护层)应粗糙、干净，并于铺装前湿润。

③ 桥面钢筋应位置准确、连续。

④ 铺装层表面应做防滑处理。

⑤ 水泥混凝土施工工艺及钢纤维混凝土铺装的技术要求应符合国家现行标准 CJJ 1《城镇道路工程施工与质量验收规范》的有关规定。

5. 人行天桥塑胶混合料面层铺装应符合下列规定：

① 人行天桥塑胶混合料的品种、规格、性能应符合设计要求和国家现行标准的规定。

② 施工时的环境温度和相对湿度应符合材料产品说明要求，风力超过5级（含）、雨天和雨后桥面未干燥时，严禁铺装施工。

③ 塑胶混合料均应计量准确，严格控制拌合时间。拌合均匀的胶液应及时运到现场

铺装。

④ 塑胶混合料必须采用机械搅拌，应严格控制材料的加热温度和洒布温度。

⑤ 人行天桥塑胶铺装宜在桥面全宽度内，两条伸缩缝之间一次连续完成。

⑥ 塑胶混合料面层终凝之前严禁行人通行。

（四）桥梁伸缩装置

1. 选择伸缩装置应符合下列规定：

① 伸缩装置与设计伸缩量应相匹配。

② 具有足够强度，能与设计标准一致的荷载。

③ 城市桥梁伸缩装置应具有良好的防水、防噪声性能。

④ 安装、维护、保养、更换简便。

2. 伸缩装置安装前应检查修正梁端预留缝的间隙，缝宽应符合设计要求，上下必须贯通，不得堵塞。伸缩装置应锚固可靠，浇筑锚固段（过渡段）混凝土时应采取措施防止堵塞梁端伸缩缝隙。

3. 伸缩装置安装前应对照设计要求、产品说明，对成品进行验收，合格后方可使用。安装伸缩装置时应按安装时气温确定安装定位值，保证设计伸缩量。

4. 伸缩装置宜采用后嵌法安装，即先铺桥面层，再切割出预留槽安装伸缩装置。

5. 填充式伸缩装置施工应符合下列规定：

① 预留槽宜为 50cm 宽，5cm 深，安装前预留槽基面和侧面应进行清洗和烘干。

② 梁端伸缩缝处应粘固止水密封条。

③ 填料填充前应在预留槽基面上涂刷底胶，热拌混合料应分层摊铺在槽内并捣实。

④ 填料顶面应略高于桥面，并洒布一层黑色碎石，用压路机碾压成型。

6. 橡胶伸缩装置应符合下列规定：

① 安装橡胶伸缩装置应尽量避免预压工艺，橡胶伸缩装置在 5℃ 以下气温不宜安装。

② 安装前应对伸缩装置预留槽进行修整，使其尺寸、高程符合设计要求。

③ 锚固螺栓位置应准确，焊接必须牢固。

④ 伸缩装置安装合格后应及时浇筑两侧过渡段混凝土，并与桥面铺装接顺，每侧混凝土宽度不宜小于 0.5m。

7. 齿形钢板伸缩装置施工应符合下列规定：

① 底层支撑角钢应与梁端锚固筋焊接。

② 支撑角钢与底层钢板焊接时，应采取防止钢板局部变形措施。

③ 齿形钢板宜采用整块钢板齿形切割成型，经加工后对号入座。

④ 安装顶部齿形钢板，应按安装时气温经计算确定定位值，齿形钢板与底层钢板端部焊缝应采用间隔跳焊，中部塞孔焊应间隔分层满焊，焊接后齿形钢板与底层钢板应密贴。

⑤ 齿形钢板伸缩装置宜在梁端伸缩缝处采用 U 形铝板或橡胶板止水带防水。

8. 模数式伸缩装置施工应符合下列规定：

① 模数式伸缩装置在工厂组装成型后运至工地，应按国家现行标准 JT/T 327《公路桥梁橡胶伸缩装置》对成品进行验收，合格后方可安装。

② 伸缩装置安装时其间隙量定位值应由厂家根据施工时气温在工厂完成，用定位卡固定。如需在现场调整间隙量应在厂家专业人员指导下进行，调整定位并固定后应及时安装。

③ 伸缩装置应使用专用车辆运输，按厂家标明的吊点进行吊装，防止变形，现场堆放场地应平整，并避免雨淋曝晒和防尘。

④ 安装前应按设计和产品说明书要求检查锚固筋规格和间距、预留槽尺寸，确认符合设计要求，并清理预留槽。

⑤ 分段安装的长伸缩装置需现场焊接时，宜由厂家专业人员施焊。

⑥ 伸缩装置中心线与梁段间隙中心线应对正重合，伸缩装置顶面各点高程应与桥面横断面高程对应一致。

⑦ 伸缩装置的边梁和支承应焊接锚固，并应在作业中采取防止变形措施。

⑧ 过渡段混凝土与伸缩装置相接处应粘固密封条。

⑨ 混凝土达到设计强度后，方可拆除定位卡。

（五）地袱、缘石、挂板

1. 地袱、缘石、挂板应在桥梁上部结构混凝土浇筑支架卸落后施工，其外侧线形应平顺，伸缩缝必须全部贯通，并与主梁伸缩缝相对应。

2. 安装预制或石材地袱、缘石、挂板应与梁体连接牢固。

3. 尺寸超差和表面质量有缺陷的挂板不得使用，挂板安装时，直线段宜每 20m 设一个控制点，曲线段宜每 3～5m 设一个控制点，并应采用统一模板控制接缝宽度，确保外形流畅、美观。

（六）防护设施

1. 栏杆和防撞、隔离设施应在桥梁上部结构混凝土的浇筑支架卸落后施工，其线形应流畅、平顺，伸缩缝必须全部贯通，并与主梁伸缩缝相对应。

2. 防护设施采用混凝土预制构件安装时，砂浆强度应符合设计要求，当设计无规定时，宜采用 M20 水泥砂浆。

3. 预制混凝土栏杆采用榫槽连接时，安装就位后应用硬塞块固定，灌浆固结。塞块拆除时，灌浆材料强度不得低于设计强度的 75%，采用金属栏杆时，焊接必须牢固，毛刺应打磨平整，并及时除锈防腐。

4. 防撞墙必须与桥面混凝土预埋件、预埋筋连接牢固，并应在施做桥面防水层前完成。

5. 护栏、防护网宜在桥面、人行道铺装完成后安装。

（七）人行道

1. 人行道结构应在栏杆、地袱完成后施工，且在桥面铺装层施工前完成。

2. 人行道下铺设其他设施时，应在其他设施验收合格后，方可进行人行道铺装。

3. 悬臂式人行道构件必须在主梁横向连接或拱上建筑完成后方可安装。人行道板必须在人行道梁锚固后方可铺设。

4. 人行道施工应符合国家现行标准 CJJ 1—2008《城镇道路工程施工与质量验收规范》的有关规定。

二、检验标准

（一）排水设施质量检验

（1）主控项目

桥面排水设施的设置应符合设计要求，泄水管应畅通无阻。

检查数量：全数检查。

检验方法：观察。

（2）一般项目

1）桥面泄水口应低于桥面铺装层 10～15mm。

检查数量：全数检查。

检验方法：观察。

2）泄水管安装应牢固可靠，与铺装层及防水层之间应结合密实，无渗漏现象；金属泄水管应进行防腐处理。

检查数量：全数检查。

检验方法：观察。

3）桥面泄水口位置允许偏差应符合表 6-70 的规定。

表 6-70　桥面泄水口位置允许偏差

项　　目	允许偏差（mm）	检验频率		检验方法
		范围	点数	
高程	0，—10	每孔	1	用水准仪测量
间距	±100		1	用钢尺量

（二）桥面防水层质量检验

（1）主控项目

1）防水材料的品种、规格、性能、质量应符合设计要求和相关标准规定。

检查数量：全数检查。

检验方法：检查材料合格证、进场验收记录和质量检验报告。

2）防水层、粘结层与基层之间应密贴，结合牢固。

检查数量：全数检查。

检验方法：观察、检查施工记录。

（2）一般项目

1）混凝土桥面防水层粘结质量和施工允许偏差应符合表 6-71 的规定。

表 6-71　混凝土桥面防水层粘结质量和施工允许偏差

项　　目	允许偏差（mm）	检验频率		检验方法
		范围	点数	
卷材接茬搭接宽度	不小于规定	每20延米	1	用钢尺量
防水涂膜厚度	符合设计要求；设计未规定时±0.1	每200m²	4	用测厚仪检测
粘结强度（MPa）	不小于设计要求，且≥0.3（常温），≥0.2（气温≥35℃）	每200m²	4	拉拔仪（拉拔速度10mm/min）
抗剪强度（MPa）	不小于设计要求，且≥0.4（常温），≥0.3（气温≥35℃）	1组	3	剪切仪（剪切速度10mm/min）
剥离强度（MPa）	不小于设计要求，且≥0.3（常温），≥0.2（气温≥35℃）	1组	3	90°剥离仪（剪切速度100mm/min）

2) 钢桥面防水粘结层质量应符合表 6-72 的规定。

表 6-72　钢桥面防水粘结层质量

项　　目	允许偏差（mm）	检验频率		检验方法
		范围	点数	
钢桥面清洁度	符合设计要求	全部		GB 8923 规定标准图片对照检查
粘结层厚度	符合设计要求	每洒布段	6	用测厚仪检测
粘结层与基层结合力（MPa）	不小于设计要求		6	用拉拔仪检测
防水层总厚度	不小于设计要求		6	用测厚仪检测

3) 防水材料铺装或涂刷外观质量和细部做法应符合下列要求：

1) 卷材防水层表面平整，不得空鼓、脱层、裂缝、翘边、油包、气泡和皱褶等现象。

2) 涂料防水层的厚度应均匀一致，不得有漏涂处；

3) 防水层与泄水口、汇水槽接合部位应密封，不得有漏封处。

检查数量：全数检查。

检验方法：观察。

（三）桥面铺装层质量检验

（1）主控项目

1) 桥面铺装层材料的品种、规格、性能、质量应符合设计要求和相关标准规定。

检查数量：全数检查。

检验方法：检查材料合格证、进场验收记录和质量检验报告。

2) 水泥混凝土桥面铺装层的强度和沥青混凝土桥面铺装层压实度应符合设计要求。

检查数量和检验方法应符合国家现行标准 CJJ 1《城镇道路工程施工与质量验收规范》的有关规定。

3) 合成材料跑道面层的物理性能应符合表 6-73 的规定。

表 6-73　合成材料跑道面层物理性能

项　　目	指　　标		检 验 频 率		检验方法
	渗水型	非渗水型	范围	点数	
冲击吸收（%）	35～50	35～50	按 GB/T 14833—2011 规定进行测定		
垂直变形（mm）	0.6～2.5	0.6～2.5	按 GB/T 14833—2011 规定进行测定		
抗滑值（BPN，20℃），≥	47	47	按 GB/T 14833—2011 规定进行测定		
拉伸强度（MPa），≥	0.4	0.5	按 GB/T 14833—2011 规定进行测定		
拉断伸长率（%），≥	40	40	按 GB/T 14833—2011 规定进行测定		
阻燃（级）	Ⅰ	Ⅰ	按 GB/T 14833—2011 规定进行测定		

注：本表参照 GB/T 14833—2011《合成材料跑道面层》的规定制定。

（2）一般规定

1) 桥面铺装面层允许偏差应符合表 6-74～表 6-76 的规定。

表 6-74　水泥混凝土桥面铺装面层允许偏差

项　　目	允许偏差（mm）	检验频率		检验方法
		范围	点数	
厚度	±5mm	每 20 延米	3	用水准仪对比浇筑前后标高
横坡	±0.15%		1	用水准仪测量 1 个断面
平整度	符合城市道路面层标准	按城市道路工程检测规定执行		
抗滑构造深度	符合设计要求	每 200m	3	铺砂法

注：跨度小于 20m 时，检验频率按 20m 计算。

表 6-75　沥青混凝土桥面铺装面层允许偏差

项　　目	允许偏差（mm）	检验频率		检验方法
		范围	点数	
厚度	±5mm	每 20 延米	3	用水准仪对比浇筑前后标高
横坡	±0.3%		1	用水准仪测量 1 个断面
平整度	符合城市道路面层标准	按城市道路工程检测规定执行		
抗滑构造深度	符合设计要求	每 200m	3	铺砂法

注：跨度小于 20m 时，检验频率按 20m 计算。

表 6-76　人行天桥塑胶桥面铺装层允许偏差

项　　目	允许偏差（mm）	检验频率		检验方法
		范　围	点数	
厚度	符合设计要求	每铺装段、每次拌合料量	1	取样法：按 GB/T 14833 附录 B
平整度	±3mm	每 20m²	1	用 3m 直尺、塞尺检查
坡度	符合设计要求	每铺装段	3	用水准仪测量主梁纵轴高程

注："阻燃性的测定"由业主、设计方商定。

2）外观检查应符合下列要求：

① 水泥混凝土桥面铺装面层表面应坚实、平整、无裂缝，并应有足够的粗糙度；面层伸缩缝应直顺，灌缝应密实。

② 沥青混凝土桥面铺装面层表面应坚实、平整、无裂纹、松散、油包、磨面；

③ 桥面铺装层与桥头路接茬应紧密、平顺。

检查数量：全数检查。

检验方法：观察。

（4）伸缩装置质量检验

（1）主控项目

1）伸缩装置的形式和规格必须符合设计要求，缝宽应根据设计规定和安装时的气温进行调整。

检查数量：全数检查。

检验方法：观察、钢尺量测。

2）伸缩装置安装时焊接质量和焊缝长度应符合设计要求和规范规定，焊缝必须牢固，严禁用点焊连接。大型伸缩装置与钢梁连接处的焊缝应做超声波检测。

检查数量：全数检查。

检验方法：观察、检查焊缝检测报告。

3）伸缩装置锚固部位的混凝土强度应符合设计要求，表面应平整，与路面衔接应平顺。

检查数量：全数检查。

检验方法：观察、检查同条件养护试件试验报告。

（2）一般项目

1）伸缩装置安装允许偏差应符合表 6-77 的规定。

表 6-77　伸缩装置安装允许偏差

项　目	允许偏差（mm）	检验频率		检验方法
		范围	点数	
顺桥平整度	符合道路标准	每条缝	每车道 1 点	按道路检验标准检测
相邻板差	2			用钢板尺和塞尺量
缝宽	符合设计要求			用钢尺量，任意选点
与桥面高差	2			用钢板尺和塞尺量
长度	符合设计要求		2	用钢尺量

2）伸缩装置应无渗漏、无变形，伸缩缝应无阻塞。

检查数量：全数检查。

检验方法：观察。

（五）地栿、缘石、挂板质量检验

（1）主控项目

1）地栿、缘石、挂板混凝土的强度必须符合设计要求。

检查数量和检验方法，均应符合 CJJ 2—2008 中第 7.13 节有关规定。对于构件厂生产的定型产品进场时，应检验出厂合格证和试件强度试验报告。

2）预制地栿、缘石、挂板安装必须牢固，焊接连接应符合设计要求；现浇地栿钢筋的锚固长度应符合设计要求。

检查数量：全数检查。

检验方法：观察。

（2）一般项目

1）预制地栿、缘石、挂板允许偏差应符合表 6-78 的规定；安装允许偏差应符合表 6-79 的规定。

2）伸缩缝必须全部贯通，并与主梁伸缩缝相对应。

检查数量：全数检查。

检验方法：观察。

3）地栿、缘石、挂板等水泥混凝土构件不得有孔洞、露筋、蜂窝、麻面、缺棱、掉角等缺陷；安装的线形应流畅平顺。

检查数量：全数检查。

检验方法：观察。

表 6-78 预制地袱、缘石、挂板允许偏差

项 目		允许偏差（mm）	检验频率		检验方法
			范围	点数	
断面尺寸	宽	±3	每件（抽查 10%，且不少于 5 件）	1	用钢尺量
	高			1	
长度		0，−10		1	用钢尺量
侧身弯曲		L/750		1	沿构件全长拉线用钢尺量（L 为构件长度）

表 6-79 地袱、缘石、挂板安装允许偏差

项 目	允许偏差（mm）	检验频率		检验方法
		范围	点数	
直顺度	5	每跨侧	1	用 10m 线和钢尺量
相邻板块高差	3	每接缝（抽查 10%）	1	用钢板尺和塞尺量

注：两个伸缩缝之间的为一个验收批。

（六）防护设施质量检验

1. 主控项目

1）混凝土栏杆、防撞护栏、防撞墩、隔离墩的强度应符合设计要求，安装必须牢固、稳定。

检查数量：全数检查。

检验方法：观察、检查混凝土试件强度试验报告。

2）金属栏杆、防护网的品种、规格应符合设计要求，安装必须牢固。

检查数量：全数检查。

检验方法：观察、用钢尺量、检查产品合格证、检查进场检验记录、用焊缝量规检查。

2. 一般项目

1）预制混凝土栏杆允许偏差应符合表 6-80 的规定。栏杆安装允许偏差应符合表 6-81 的规定。

表 6-80 预制混凝土栏杆允许偏差

项 目		允许偏差（mm）	检验频率		检 验 方 法
			范围	点数	
断面尺寸	宽	±4	每件（抽查 10%，且不少于 5 件）	1	用钢尺量
	高			1	
长度		0，−10		1	用钢尺量
侧身弯曲		L/750		1	沿构件全长拉线用钢尺量（L 为构件长度）

2）金属栏杆、防护网必须按设计要求做防护处理，不得漏涂、剥落。

检查数量：抽查 5％。

检验方法：观察、用涂层测厚仪检查。

表 6-81　栏杆安装允许偏差

项　目		允许偏差（mm）	检验频率		检验方法
			范围	点数	
直顺度	扶手	4	每跨侧	1	用 10m 线和钢尺量
垂直度	栏杆柱	3	每柱（抽查 10％）	2	用垂线和钢尺顺、横桥轴方向各 1 点
栏杆间距		±3	每柱（抽查 10％）		
相邻栏杆扶手高差	有柱	4	每处（抽查 10％）	1	用钢尺量
	无柱	2			
栏杆平面偏位		4	每 30m	1	用经纬仪和钢尺量

注：现场浇筑的栏杆、扶手和钢结构栏杆、扶手的允许偏差可按本表执行。

3）防撞护栏、防撞墩、隔离墩允许偏差应符合表 6-82 的规定。

表 6-82　防撞护栏、防撞墩、隔离墩允许偏差

项　目	允许偏差（mm）	检验频率		检验方法
		范　围	点数	
直顺度	5	每 20m	1	用 20m 线和钢尺量
平面偏位	4	每 20m	1	经纬仪放线，用钢尺量
预埋件位置	5	每件	2	经纬仪放线，用钢尺量
断面尺寸	±5	每 20m	1	用钢尺量
相邻高差	3	抽查 20％	1	用钢板尺和钢尺量
顶面高程	±10	每 20m	1	用水准仪测量

4）防护网安装允许偏差应符合表 6-83 的规定。

表 6-83　防护网安装允许偏差

项　目	允许偏差（mm）	检验频率		检验方法
		范　围	点数	
防护网直顺度	5	每 10m	1	用 10m 线和钢尺量
立柱垂直度	5	每柱（抽查 20％）	2	用垂线和钢尺量，顺、横桥轴方向各 1 点
立柱中距	±10	每处（抽查 20％）	1	经纬仪放线，用钢尺量
高度	±5			用钢尺量

5）防护网安装后，网面应平顺，无明显翘曲、凹凸现象。

检查数量：全数检查。

检验方法：观察。

6）混凝土结构表面不得有孔洞、露筋、蜂窝、麻面、缺棱、掉角等缺陷，线形应流畅平顺。

检查数量：全数检查。

检验方法：观察。

7）防护设施伸缩缝必须全部贯通，并与主梁伸缩缝相对应。

检查数量：全数检查。

检验方法：观察。

（七）人行道质量检验

（1）主控项目

1）人行道结构材质和强度应符合设计要求。

检查数量：全数检查。

检验方法：检查产品合格证和试件强度试验报告。

（2）一般项目

1）人行道板铺装允许偏差应符合表 6-84 的规定。

表 6-84　人行道板铺装允许偏差

项　　目	允许偏差（mm）	检验频率		检验方法
		范围	点数	
人行道边缘平面偏位	5	每 20m 一个断面	2	用 20m 线和钢尺量
纵向高程	+10，0		2	用水准仪测量
接缝两侧高差	2		2	
横坡	±0.3%		3	
平整度	5		3	用 3m 直尺、塞尺量

三、相关检验批质量验收记录表（样式）

（一）排水设施检验批质量验收记录表见表 6-85。

（二）桥面防水层检验批质量验收记录表见表 6-86。

（三）桥面铺装层检验批质量验收记录表见表 6-87。

（四）桥梁伸缩装置检验批质量验收记录表见表 6-88。

（五）地袱、缘石、挂板检验批质量验收记录表见表 6-89。

（六）防护设施检验批质量验收记录表见表 6-90。

（七）人行道检验批质量验收记录表见表 6-91。

表6-85　排水设施检验批质量验收记录表

编号：

工程名称						验收部位						
分项工程名称	排水设施					施工班组长						
施工单位						施工员						
施工执行标准名称及编号	城市桥梁工程施工与质量验收规范（CJJ 2—2008）					项目经理						

检查项目	序号	质量验收规范规定的规定／检查内容	允许偏差（mm）	检验频率		施工单位检查评定记录										应检点数	合格点数	合格率（%）
				范围	点数	1	2	3	4	5	6	7	8	9	10			
主控项目	1	排水设施的设置应符合设计要求，泄水管应畅通无阻																
一般项目	1	桥面泄水口应低于桥面铺装层 10～15mm																
	2	泄水管安装应牢固可靠，与铺装层及防水层之间结合密实，无渗漏现象；金属泄水管应进行防腐处理																
	3	泄水口高程	0，—10mm	每孔	1													
	4	泄水口间距	±100mm	每孔	1													

施工单位检查评定结论	项目专业质量检查员（签字）： 年　月　日
监理（建设）单位验收结论	监理工程师（签字）： （建设单位项目专业技术负责人）（签字）： 年　月　日

表6-86 桥面防水层检验批质量验收记录表

编号：

工程名称															验收部位					
分项工程名称			桥面防水层												施工班组长					
施工单位															施工员					
施工执行标准名称及编号			城市桥梁工程施工与质量验收规范 CJJ 2—2008												项目经理					

检查项目	序号	检查内容	质量验收规范的规定	检验频率		施工单位检查评定记录										应检点数	合格点数	合格率（%）
			允许偏差（mm）	范围	点数	1	2	3	4	5	6	7	8	9	10			
主控项目	1	防水材料的品种、规格、性能、质量应符合要求和相关标准规定																
	2	防水层、粘结层与基层之间应密贴、结合牢固																
一般项目	1	卷材防水层表面平整，不得有空鼓、裂缝、脱层、翘边																
	2	涂料防水层的厚度应均匀一致，不得有漏涂处																
	3	防水层与泄水口、汇水槽接合部位应密封，不得有漏封处																
	4	卷材接茬搭接宽度	不小于规定	每20延米	1													
	5	防水涂膜厚度	符合设计要求；设计未规定时±0.1	每200m²	4													
	6	混凝土桥面 粘结强度（MPa）	不小于设计要求，日常温≥0.3，气温≥35℃时，≥0.2	每200m²	4													
	7	抗剪强度（MPa）	不小于设计要求，日常温≥0.4，气温≥35℃时，≥0.3	1组	3													
	8	剥离强度（N/mm）	不小于设计要求，日常温≥0.3，气温≥35℃时，≥0.2	1组	3													
	9	钢桥面 钢桥面面清洁度	符合设计要求	全部	GB 8923规定标准图片对照检查													
	10	粘结层厚度	符合设计要求	每洒布段	6													
	11	粘结层与基层结合力（MPa）	不小于设计要求	每洒布段	6													
	12	防水层总厚度	不小于设计要求	每洒布段	6													
施工单位检查评定结论						项目专业质量检查员（签字）：　　　　　　　　　年　月　日												
监理（建设）单位验收结论						监理工程师（签字）：（建设单位项目专业技术负责人）（签字）：　　　　　　　　　年　月　日												

表 6-87　桥面铺装层检验批质量验收记录表

编号：

工程名称			验收部位	
分项工程名称		桥面铺装层	施工班组长	
施工单位			施工员	
施工执行标准名称及编号		城市桥梁工程施工与质量验收规范（CJJ 2—2008）	项目经理	

检查项目	序号	检查内容	质量验收规范的规定 允许偏差（mm）	检验频率 范围	检验频率 点数	施工单位检查评定记录 1 2 3 4 5 6 7 8 9 10	应检点数	合格点数	合格率（%）
主控项目	1	铺装层材料的品种、规格、性能、质量应符合设计要求和相关标准规定							
	2	水泥混凝土桥面铺装层的强度、沥青混凝土桥面的压实度应符合设计要求							
	3	塑胶面层铺装层的物理机械性能 硬度（邵A，度）	45～60	按GB/T 14833—2011规定进行测定					
		拉伸强度（MPa）	≥0.7	按GB/T 14833—2011规定进行测定					
		拉断伸长率	≥90%	按GB/T 14833—2011规定进行测定					
		回弹值	≥20%	按GB/T 14833—2011规定进行测定					
		压缩复原率	≥95%	按GB/T 14833—2011规定进行测定					
		阻燃性	1级	按GB/T 14833—2011规定进行测定					
一般项目	1	水泥混凝土桥面 厚度	±5mm	每20延米	3				
	2	横坡	±0.15%	每20延米	1				
	3	平整度	符合城市道路面层标准	按城市道路工程检测规定执行					
	4	抗滑构造深度	符合设计要求	每200m	3				

续表

检查项目	序号	检查内容		质量验收规范的规定 允许偏差(mm)	检验频率 范围	点数	施工单位检查评定记录 1 2 3 4 5 6 7 8 9 10	应检点数	合格点数	合格率(%)
一般项目	5	沥青混凝土桥面	厚度	±5mm	每20延米	3				
	6		横坡	±0.3%	每20延米	1				
	7		平整度	符合城市道路路面层标准	按城市道路工程检测规定执行					
	8		抗滑构造深度	符合设计要求	每200m	3				
	9	人行天桥塑胶桥面	厚度	符合设计要求	每铺装段，每次拌合料量	1				
	10		平整度	±3mm	每次拌合料量	1				
	11		坡度	符合设计要求	每20m²	1				
	12	外观质量检查	水泥混凝土桥面应坚实、平整、无裂缝，并应有足够的粗糙度；面层伸缩缝应直顺、灌缝密实							
	13		沥青混凝土桥面铺装层表面应坚实、平整、无裂纹、松散、油包、麻面							
	14		桥面铺装层与桥头接茬路接茬应紧密、平顺		每铺装段	3				
施工单位检查评定结论							项目专业质量检查员（签字）： 年 月 日			
监理（建设）单位验收结论							监理工程师（签字）： （建设单位项目专业技术负责人）（签字）： 年 月 日			

注：1. "阻燃性的确定"由业主、设计商定。
2. 跨度小于20m，检验频率按20m计算。

表 6-88　桥梁伸缩装置检验批质量验收记录表

编号：

工程名称						验收部位						
分项工程名称		桥梁伸缩装置				施工班组长						
施工单位						施工员						
施工执行标准名称及编号		城市桥梁工程施工与质量验收规范（CJJ 2—2008）				项目经理						
检查项目	序号	质量验收规范的规定		检验频率		施工单位检查评定记录						应检点数	合格点数	合格率（%）
		检验内容	允许偏差（mm）	范围	点数	1 2 3 4 5 6 7 8 9 10								
主控项目	1	伸缩装置的形式和规格必须符合设计要求，缝宽应根据设计规定和安装时的气温进行调整												
	2	伸缩装置安装时焊接质量和焊缝长度应符合设计要求和规范规定，焊缝必须牢固，严禁用点焊连接												
	3	伸缩装置锚固部的混凝土强度应符合设计要求，表面应平整，与路面衔接应平顺												
一般项目	1	伸缩装置安装允许偏差	顺桥平整度	符合道路标准	按道路检验标准检测									
			相邻板差	2	每条缝									
			缝宽	符合设计要求										
			与桥面高差	2	每车道1点									
			长度	符合设计要求	2									
	2	伸缩装置应无渗漏、无变形、伸缩缝应无阻塞												
施工单位检查评定结论										项目专业质量检查员（签字）：		年　月　日		
监理（建设）单位验收结论										监理工程师（签字）：（建设单位项目专业技术负责人）（签字）：		年　月　日		

表6-89 地栿、缘石、挂板检验批质量验收记录表

编号：

工程名称						验收部位		
分项工程名称		地栿、缘石、挂板				施工班组长		
施工单位						施工员		
施工执行标准名称及编号		城市桥梁工程施工与质量验收规范（CJJ 2—2008）				项目经理		

检查项目	序号	检验内容	质量验收规范的规定		检验频率		施工单位检查评定记录	应检点数	合格点数	合格率（%）
			允许偏差（mm）		范围	点数	1 2 3 4 5 6 7 8 9 10		
主控项目	1	地栿、缘石、挂板的混凝土强度必须符合设计要求							
	2	预制地栿、缘石、挂板安装必须牢固，焊接应符合设计要求，现浇地栿钢筋的锚固长度应符合设计要求							
一般项目	1	成品 宽	±3mm		每件（抽查10%，且不小于5件）	1			
	2	高	0、—10mm			1			
	3	长度	L/750mm			1			
	4	侧向弯曲	5mm			1			
	5	安装 直顺度	3mm	每跨一侧	1				
	6	相邻板块高差	3mm	每接缝（抽查10%）	1				
	7	伸缩缝必须全部贯穿，并与主梁伸缩缝相对应							
	8	地栿、缘石、挂板混凝土结构表面不得有孔洞、露筋、蜂窝、麻面、缺棱、掉角等缺陷，安装应流畅平顺							

施工单位检查评定结论			项目专业质量检查员（签字）：		年 月 日
监理（建设）单位验收结论			监理工程师（签字）：（建设单位项目专业技术负责人）（签字）：		年 月 日

注：平面位置两个伸缩缝之间为一个验收批。

表6-90　防护设施检验批质量验收记录表

编号：

工程名称									
分项工程名称	防护设施					验收部位			
施工单位						施工班组长			
						施工员			
施工执行标准名称及编号	城市桥梁工程施工与质量验收规范（CJJ 2—2008）					项目经理			

检查项目	序号	检验内容			质量验收规范的规定 允许偏差（mm）	检验频率 范围	点数	施工单位检查评定记录 1 2 3 4 5 6 7 8 9 10	应检点数	合格点数	合格率（%）
主控项目	1	混凝土栏杆、防撞护栏、防撞墩、隔离墩的强度应符合设计要求、安装必须牢固									
	2	金属栏杆、防护网的品种、规格应符合设计要求、安装必须牢固、稳定									
一般项目	1	混凝土栏杆	预制构件	断面尺寸 宽	±4	每件（抽查10%，且不少于5件）	1				
				断面尺寸 高	0，−10		1				
				长度	L/750		1				
				侧向弯曲	4		1				
			栏杆安装	直顺度 扶手	4	每跨侧	1				
				垂直度 栏杆柱	3	每柱（抽查10%）	2				
				栏杆间距	±3	每柱（抽查10%）	1				
				相邻栏杆扶手高差 有柱	4	每处（抽查10%）	1				
				无柱	2						
				栏杆平面偏差	4	每30m	1				
	2	金属栏杆、防护网必须按设计要求做防护处理、不得漏镀、剥落				抽检5%					
	3	防撞护栏、防撞墩、隔离墩		直顺度	5	每20m	1				
				平面偏位	4	每20m	1				
				预埋件位置	5	每件	2				
				断面尺寸	±5	每20m	1				
				相邻高差	3	抽查20%	1				
				顶面高程	±10	每20m	1				

续表

检查项目	序号		检验内容	质量验收规范的规定				施工单位检查评定记录											应检点数	合格点数	合格率（％）
				允许偏差（mm）	检验频率			1	2	3	4	5	6	7	8	9	10			
					范围	点数														
一般项目	4	防护网	防护网直顺度	5	每10m	1														
		防护网安装	立柱垂直度	5	每柱（抽查20％）	2														
			立柱中距	±10	每柱（抽查20％）	1														
			高度	±5		1														
	5		防护网安装后，网面应平整、无明显翘曲、凹凸现象																	
	6		防护措施伸缩缝必须全部贯通，并与主梁伸缩缝相对应																	
	7		混凝土结构表面不得有孔洞、露筋、蜂窝、麻面、缺棱、掉角等缺陷，线形应顺畅平顺																	

施工单位检查评定结论	项目专业质量检查员（签字）： 年 月 日
监理（建设）单位验收结论	监理工程师（签字）： （建设单位项目专业技术负责人） 年 月 日

注：现场浇筑的栏杆、扶手和钢结构栏杆、扶手的允许偏差可按"混凝土栏杆"检验项目执行。

表 6-91　人行道检验批质量验收记录表

编号：

工程名称							验收部位			
分项工程名称	人行道						施工班组长			
施工单位							施工员			
施工执行标准名称及编号	城市桥梁工程施工与质量验收规范（CJJ 2—2008）						项目经理			

检查项目	序号	检查内容	质量验收规范的规定		检验频率		施工单位检查评定记录	应检点数	合格点数	合格率（%）
			允许偏差（mm）	范围	点数	1 2 3 4 5 6 7 8 9 10			
主控项目	1	人行道结构材质质量和强度应符合设计要求								
一般项目	1	人行道铺装	人行道边缘平面偏位	5	每 20m 一个断面	2				
			纵向高差	+10，0		2				
			接缝两侧高差	2		2				
			横坡	0.3%		3				
			平整度	5		3				

施工单位检查评定结论		项目专业质量检查员（签字）： 年 月 日
监理（建设）单位验收结论		监理工程师（签字）： （建设单位项目专业技术负责人）（签字）： 年 月 日

第十六节　附属结构

一、检验要点

（一）桥头搭板

1. 现浇和预制桥头搭板，应保证桥梁伸缩缝贯通，不堵塞且与地梁、桥台锚固牢固。

2. 现浇桥头搭板基底应平整、密实，在砂土上浇筑应铺 3～5cm 厚水泥砂浆垫层。

3. 预制桥头搭板安装时应在与地梁、桥台接触面铺 2～3cm 厚水泥砂浆，搭板应安装稳固不翘曲。预制板纵向留灌浆槽，灌浆应饱满，砂浆达到设计强度后方可铺筑路面。

二、检验标准

附属结构施工中涉及模板与支架、钢筋、混凝土、砌体和钢结构质量检验应符合 CJJ 2—2008 第 5.4、6.5、7.13、9.6、14.3 节有关规定。

（一）桥头搭板质量检验

桥头搭板质量检验应符合 CJJ 2—2008 第 21.6.1 条规定，且应符合下列规定：

（1）一般项目

1）桥头搭板允许偏差应符合表 6-92 的规定。

表 6-92　桥头搭板允许偏差

项目	允许偏差（mm）	检验频率		检验方法
		范围	点数	
宽度	±10	每块	2	用水准仪测量
厚度	±5		2	
长度	±10		2	
顶面高程	±2		3	用水准仪测量，每端 3 点
轴线偏位	10		2	用经纬仪测量
板顶纵坡	±0.3%		3	用水准仪测量，每端 3 点

2）混凝土搭板、枕梁不得有蜂窝、露筋，板的表面应平整，板边缘应直顺。

检查数量：全数检查。

检查方法：观察。

3）搭板、枕梁支承处接触严密、稳固，相邻板之间的缝隙应嵌填密实。

检查数量：全数检查。

检查方法：观察、用角度尺检查。

三、桥头搭板检验批质量验收记录表（样式）

桥头搭板检验批质量验收记录表见表 6-93。

表6-93　桥头搭板检验批质量验收记录表

编号：

工程名称														
分项工程名称	桥头搭板							验收部位						
施工单位								施工班组长						
								施工员						
施工执行标准名称及编号	城市桥梁工程施工与质量验收规范（CJJ 2—2008）							项目经理						

检查项目	序号	检验内容	质量验收规范的规定			施工单位检查评定记录										应检点数	合格点数	合格率（%）
			允许偏差（mm）	检验频率		1	2	3	4	5	6	7	8	9	10			
				范围	点数													
主控项目	1	混凝土搭板模板与支架、钢筋、混凝土应符合设计要求和规范（CJJ 2—2008）的有关规定																
一般项目	1	宽度	±10	每块	2													
	2	厚度	±5		2													
	3	长度	±10		2													
	4	顶面高程	±2		3													
	5	轴线偏位	±10		2													
	6	板顶纵坡	±0.3%		3													
	7	混凝土搭板、枕梁不得有蜂窝、露筋、板的表面应平整、板边缘应直顺																
	8	搭板、枕梁支承处应接触严密、稳固、相邻板之间的缝隙应嵌填密实																

施工单位检查评定结论	项目专业质量检查员（签字）：　　　　　　　　　年　月　日
监理（建设）单位验收结论	监理工程师（签字）： （建设单位项目专业技术负责人）（签字）：　　　　　　　　　年　月　日

第七章 城市排水管道工程施工质量检查与验收

第一节 基本规定

1. 给水排水管道工程所用的原材料、半成品、成品等产品的品种、规格、性能必须符合国家现行有关标准的规定和设计要求;接触饮用水的产品必须符合有关卫生要求。严禁使用国家明令淘汰、禁用的产品。

2. 施工单位应按照合同文件、设计文件和有关规范、标准要求,根据建设单位提供的施工界域内地下管线等构(建)筑物资料、工程水文地质资料,组织有关施工技术管理人员深入沿线调查,了解掌握现场实际情况,做好施工准备工作。

3. 施工单位应熟悉和审查施工图纸,掌握设计意图与要求。实行自审、会审(交底)和签证制度;当发现施工图有疑问、差错时,应及时提出意见和建议;如需变更设计,应按照相应程序报审,经相关单位签证认定后实施。

4. 施工单位在开工前应编制施工组织设计,对关键的分项、分部工程应分别编制专项施工方案。施工组织设计、专项施工方案必须按规定程序审批后执行,有变更时要办理变更审批。

5. 施工临时设施应根据工程特点合理设置,并有总体布置方案。对不宜间断施工的项目,应有备用动力和设备。

6. 施工测量应实行施工单位复核制、监理单位复测制,填写相关记录,并符合下列规定:

(1)施工前,建设单位应组织有关单位进行现场交桩,施工单位对所交桩进行复核测量;原测桩有遗失或变位时,应及时补钉桩校正,并经相应的技术质量管理部门和人员认定。

(2)临时水准点和管道轴线控制桩的设置应便于观测、不易被扰动且必须牢固,并应采取保护措施;开槽铺设管道的沿线临时水准点,每200m不宜少于1个。

(3)临时水准点、管道轴线控制桩、高程桩,必须经过复核方可使用,并应经常校核。

(4)不开槽施工管道,沉管、桥管等工程的临时水准点、管道轴线控制桩,应根据施工方案进行设置,并及时校核。

(5)对既有管道、构(建)筑物与拟建工程衔接的平面位置和高程,开工前必须校测。

7. 工程所用的管材、管道附件、构(配)件和主要原材料等产品进入施工现场时必须进行进场验收并妥善保管。进场验收时应检查每批产品的订购合同、质量合格证书、性能检验报告、使用说明书、进口产品的商检报告及证件等,并按国家有关标准规定进行复验,验收合格后方可使用。

8. 现场配制的混凝土、砂浆、防腐与防水涂料等工程材料应经检测合格后方可使用。

9. 所用管节、半成品、构(配)件等在运输、保管和施工过程中,必须采取有效措施防止其损坏、锈蚀或变质。

10. 施工单位必须取得安全生产许可证，并应遵守有关施工安全、劳动保护、防火、防毒的法律、法规，建立安全管理体系和安全生产责任制，确保安全施工。对不开槽施工、过江河管道或深基槽等特殊作业，应制定专项施工方案。

11. 在质量检验、验收中使用的计量器具和检测设备，必须经计量检定、校准合格后方可使用。承担材料和设备检测的单位，应具备相应的资质。

12. 给排水管道工程施工质量控制中应符合下列规定：

（1）各分项工程应按照施工技术标准进行质量控制，每分项工程完成后，必须进行检验。

（2）相关各分项工程之间，必须进行交接检验，所有隐蔽分项工程必须进行隐蔽验收，未经检验或验收不合格不得进行下道分项工程。

13. 管道附属设备安装前应对有关的设备基础、预埋件、预留孔的位置、高程、尺寸等进行复核。

14. 施工单位应按照相应的施工技术标准对工程施工质量进行全过程控制，建设单位、勘察单位、设计单位、监理单位等各方应按有关规定对工程质量进行管理。

15. 工程应经过竣工验收合格后，方可投入使用。

第二节　土石方与地基处理

一、检验要点

1. 建设单位应向施工单位提供施工影响范围内地下管线（构筑物）及其他公共设施资料，施工单位应采取措施加以保护。

2. 给排水管道工程的土方施工，除应符合本章规定外，涉及围堰、深基（槽）坑开挖与围护、地基处理等工程，还应符合现行国家标准《给水排水构筑物工程施工及验收规范》GB 50141 及国家相关标准规定。

3. 沟槽的开挖、支护方式应根据工程地质条件、施工方法、周围环境等要求进行技术经济比较，确保施工安全和环境保护要求。

4. 沟槽开挖至设计高程后应由建设单位会同设计、勘察、施工、监理单位共同验槽；发现岩、土质与勘察报告不符或有其他异常情况时，由建设单位会同上述单位研究处理措施。

5. 沟槽支护应根据沟槽的土质、地下水位、沟槽断面、荷载条件等因素进行设计；施工单位应按设计要求进行支护。

6. 土石方爆破施工必须按国家有关部门的规定，由有相应资质的单位进行施工。

7. 管道交叉处理应符合下列规定：

（1）应满足管道间最小净距的要求，且按有压管道让无压管道、支管道避让干线管道、小口径管道避让大口径管道的原则处理。

（2）新建给排水管道与其他管道交叉时，应按设计要求处理；施工过程中对既有管道进行临时保护时，所采取的措施应征求有关单位意见。

（3）新建给排水管道与既有管道交叉部位的回填压实度应符合设计要求，并应使回填材料与被支承管道贴紧密实。

8. 给排水管道铺设完毕并经检验合格后，应及时回填沟槽。回填前，应符合下列规定：

（1）预制钢筋混凝土管道的现浇基础的混凝土强度、水泥砂浆接口的水泥强度不应小于 5MPa。

（2）现浇钢筋混凝土管渠的强度应达到设计要求。

（3）混合结构的矩形或拱形管渠，砌体的水泥砂浆强度应达到设计要求。

（4）井室、雨水口及其他附属构筑物的现浇混凝土强度或砌体水泥砂浆强度应达到设计要求。

（5）回填时采取防止发生位移或损伤的措施。

（6）化学建材管道或管径大于 900mm 的钢管、球墨铸铁管等柔性管道在沟槽回填前，应采取措施控制管道的竖向变形。

（7）雨期应采取措施防止管道漂浮。

（一）沟槽开挖与支护

1. 沟槽开挖与支护的施工方案主要内容应包括：

（1）沟槽施工平面布置图及开挖断面图；

（2）沟槽形式、开挖方法及堆土要求；

（3）无支护沟槽的边坡要求；有支护沟槽的支撑形式、结构、支拆方法及安全措施；

（4）施工设备机具的型号、数量及作业要求；

（5）不良土质地段沟槽开挖时采取的护坡和防止沟槽坍塌的安全技术措施；

（6）施工安全、文明施工、沿线管线及构（建）筑物保护要求等。

2. 沟槽底部的开挖宽度，应符合设计要求；当设计无要求时，可按下式计算确定：

$$B = D_0 + 2(b_1 + b_2 + b_3)$$

式中　B——管道沟槽底部的开挖宽度（mm）；

　　　D_0——管外径（mm）；

　　　b_1——管道一侧的工作面宽度（mm），可按表 7-1 选取；

　　　b_2——有支撑要求时，管道一侧的支撑厚度，可取 150～200mm；

　　　b_3——现场浇筑混凝土或钢筋混凝土管渠一侧模板厚度（mm）。

表 7-1　管道一侧的工作面宽度

管道结构的外缘宽度 D_0（mm）	管道一侧的工作面宽度 b_1（mm）		
	混凝土类管道		金属类管道、化学类管道
$D_0 \leqslant 500$	刚性接口	400	300
	柔性接口	300	
$500 < D_0 \leqslant 1000$	刚性接口	500	400
	柔性接口	400	
$1000 < D_0 \leqslant 1500$	刚性接口	600	500
	柔性接口	500	
$1500 < D_0 \leqslant 3000$	刚性接口	800～1000	600
	柔性接口	600	

注：1. 槽底需设排水沟时，b_1 应适当增加。

　　2. 管道有现场施工的外防水层时，b_1 宜取 800mm。

　　3. 采用机械回填管道侧面时，b_1 需满足机械作业的宽度要求。

3. 沟槽每侧临时堆土或施加其他荷载时，应符合下列规定：

（1）不得影响建（构）筑物、各种管线和其他设施的安全；

（2）不得掩埋消火栓、管道闸阀、雨水口、测量标志以及各种地下管道的井盖，且不得妨碍其正常使用；

（3）堆土距沟槽边缘不小于 0.8m，且高度不应超过 1.5m；沟槽边堆置土方不得超过设计堆置高度。

4. 沟槽挖深较大时，应确定分层开挖的深度，并符合下列规定：

（1）人工开挖沟槽的槽深超过 3m 时应分层开挖，每层的深度不超过 2m；

（2）人工开挖多层沟槽的层间留台宽度：放坡开槽时不应小于 0.8m，直槽时不应小于 0.5m，安装井点设备时不应小于 1.5m；

（3）采用机械挖槽时，沟槽分层的深度按机械性能确定。

5. 沟槽的开挖应符合下列规定：

（1）沟槽的开挖断面应符合施工组织设计（方案）的要求。槽底原状地基土不得扰动，机械开挖时槽底预留 200～300mm 土层由人工开挖至设计高程，整平；

（2）槽底不得受水浸泡或受冻，槽底局部扰动或受水浸泡时，宜采用天然级配砂砾石或石灰土回填；槽底扰动土层为湿陷性黄土时，应按设计要求进行地基处理；

（3）槽底土层为杂填土、腐蚀性土时，应全部挖除并按设计要求进行地基处理；

（4）槽壁平顺，边坡坡度符合施工方案的规定；

（5）在沟槽边坡稳固后设置供施工人员上下沟槽的安全梯。

6. 采用撑板支撑应经计算确定撑扳构件的规格尺寸，且应符合下列规定：

（1）木撑板构件规格应符合下列规定：

① 撑板厚度不宜小于 50mm，长度不宜小于 4m；

② 横梁或纵梁宜为方木，其断面不宜小于 150mm×150mm；

③ 横撑宜为圆木，其梢径不宜小于 100mm。

（2）撑板支撑的横梁、纵梁和横撑布置应符合下列规定：

① 每根横梁或纵梁不得小于 2 根横撑；

② 横撑的水平间距宜为 1.5～2.0m；

③ 横撑的垂直间距不宜大于 1.5m；

④ 横撑影响下管时，应有相应的替撑措施或采用其他有效的支撑结构。

（3）撑板支撑应随挖土及时安装。

（4）在软土或其他不稳定土层中采用横排撑板支撑时，开始支撑的开挖沟槽深度不得超过 1.0m；以后开挖与支撑交替进行，每次交替的深度宜为 0.4～0.8m。

（5）横梁、纵梁和横撑的安装应符合下列规定：

① 横梁应水平，纵梁应垂直，且与撑板密贴，连接牢固；

② 横撑应水平，与横梁或纵梁垂直，且支紧、牢固；

③ 采用横排撑板支撑，遇有柔性管道横穿沟槽时，管道下面的撑板上缘应紧贴管道安装；

④ 管道上面的撑板下缘距管道顶面不宜小于 100mm；

⑤ 承托翻土板的横撑必须加固，翻土板的铺设应平整，与横撑的连接应牢固。

7. 采用钢板桩支撑，应符合下列规定：

① 构件的规格尺寸经计算确定；

② 通过计算确定钢板桩的入土深度和横撑的位置与断面；

③ 采用型钢做横梁时，横梁与钢板桩之间的缝应采用木板垫实，横梁、横撑与钢板桩连接牢固。

8. 沟槽支撑应符合以下规定：

① 支撑应经常检查，发现支撑构件有弯曲、松动、移位或劈裂等迹象时，应及时处理；雨期及春季解冻时期应加强检查；

② 拆除支撑前，应对沟槽两侧的建筑物、构筑物和槽壁进行安全检查，并应制定拆除支撑的作业要求和安全措施；

③ 施工人员应由安全梯上下沟槽，不得攀登支撑。

9. 拆除撑板应符合下列规定：

① 支撑的拆除应与回填土的填筑高度配合进行，且在拆除后应及时回填；

② 对于设置排水沟的沟槽，应从两座相邻排水井的分水线向两端延伸拆除；

③ 对于多层支撑的沟槽，应待下层回填完成后再拆除其上层槽的支撑；

④ 拆除单层密排撑板支撑时，应先回填至下层横撑底面，再拆除下层横撑，待回填至半槽以上，再拆除上层横撑；一次拆除有危险时，宜采取替换拆撑法拆除支撑。

10. 拆除钢板桩应符合下列规定：

① 在回填达到规定要求高度后，方可拔除钢板桩；

② 钢板桩拔除后应及时回填桩孔；

③ 回填桩孔时应采取措施填实；采用砂灌回填时，非湿陷性黄土地区可冲水助沉；有地面沉降控制要求时，宜采取边拔桩边注浆等措施。

11. 铺设柔性管道的沟槽，支撑的拆除应按设计要求进行。

（二）地基处理

1. 管道地基应符合设计要求，管道天然地基的强度不能满足设计要求时应按设计要求加固。

2. 槽底局部超挖或发生扰动时，处理应符合下列规定：

① 超挖深度不超过 150mm 时，可用挖槽原土回填夯实，其压实度不应低于原地基土的密实度；

② 槽底地基土壤含水量较大，不适于压实时，应采取换填等有效措施。

3. 排水不良造成地基土扰动时，可按以下方法处理：

① 扰动深度在 100mm 以内，宜填天然级配砂石或砂砾处理；

② 扰动深度在 300mm 以内，但下部坚硬时，宜填卵石或块石，再用砾石填充空隙并找平表面。

4. 设计要求换填时，应按要求清槽，并经检查合格；回填材料应符合设计要求或有关规定。

5. 灰土地基、砂石地基和粉煤灰地基施工前必须按 CJJ 2—2008《城市桥梁工程施工与质量验收规范》第 4.4.1 条规定验槽并处理。

6. 柔性管道处理宜采用砂桩、搅拌桩等复合地基。

（三）沟槽回填

1. 沟槽回填管道应符合以下规定：

① 压力管道水压试验前，除接口外，管道两侧及管顶以上回填高度不应小于 0.5m；水压试验合格后，应及时回填沟槽的其余部分；

② 无压管道在闭水或闭气试验合格后应及时回填。

2. 管道沟槽回填应符合下列规定：

① 沟槽内砖、石、木块等杂物清除干净；

② 沟槽内不得有积水；

③ 保持降排水系统正常运行，不得带水回填。

3. 井室、雨水口及其他附属构筑物周围回填应符合下列规定：

① 井室周围的回填，应与管道沟槽回填同时进行；不便同时进行时，应留台阶形接茬；

② 井室周围回填压实时应沿井室中心对称进行，且不得漏夯；

③ 回填材料压实后应与井壁紧贴；

④ 路面范围内的井室周围，应采用石灰土、砂、砂砾等材料回填，其回填宽度不宜小于 400mm；

⑤ 严禁在槽壁取土回填。

4. 除设计有要求外，回填材料应符合下列规定：

① 采用土回填时，应符合下列规定：

a. 槽底至管顶以上 500mm 范围内，土中不得含有机物、冻土以及大于 50mm 的砖、石等硬块；在抹带接口处、防腐绝缘层或电缆周围，应采用细粒土回填；

b. 回填土的含水量，宜按土类和采用的压实工具控制在最佳含水率±2％范围内。

② 采用石灰土、砂、砂砾等材料回填时，其质量应符合设计要求或有关标准规定。

5. 每层回填土的虚铺厚度，应根据所采用的压实机具按表 7-2 的规定选取。

表 7-2　每层回填的虚铺厚度

压实机具	虚铺厚度（mm）	压实机具	虚铺厚度（mm）
木夯、铁夯	≤200	压路机	200～300
轻型压实设备	200～250	振动压路机	≤400

6. 回填土或其他回填材料运入槽内时不得损伤管道及其接口，并应符合下列规定：

① 根据每层虚铺厚度的用量将回填材料运至槽内，且不得在影响压实的范围内堆料；

② 管道两侧和管顶以上 500mm 范围内的回填材料，应由沟槽两侧对称运入槽内，不得直接回填在管道上；回填其他部位时，应均匀运入槽内，不得集中推入；

③ 需要拌合的回填材料，应在运入槽内前拌合均匀，不得在槽内拌合。

7. 回填作业每层土的压实遍数，按压实度要求、压实工具、虚铺厚度和含水量，应经现场试验确定。

8. 采用重型压实机械压实或较重车辆在回填土上行驶时，管道顶部以上应有一定厚度的压实回填土，其最小厚度应按压实机械的规格和管道的设计承载力，通过计算确定。

9. 软土、湿陷性黄土、膨胀土、冻土等地区的沟槽回填，应符合设计要求和当地工程标准规定。

10. 刚性管道沟槽回填的压实作业应符合下列规定：

① 回填压实应逐层进行，且不得损伤管道；

② 管道两侧和管顶以上 500mm 范围内胸腔夯实，应采用轻型压实机具，管道两侧压实面的高差不应超过 300mm；

③ 管道基础为土弧基础时，应填实管道支承角范围内腋角部位；压实时，管道两侧应对称进行，且不得使管道位移或损伤；

④ 同一沟槽中有双排或多排管道的基础底面位于同一高程时，管道之间的回填压实应与管道和槽壁之间的回填压实对称进行；

⑤ 同一沟槽中有双排或多排管道但基础底面的高程不同时，应先回填基础较低的沟槽；回填至较高基础底面高程后，再按上一款规定回填；

⑥ 管分段回填压实时，相邻段的接茬应呈台阶形，且不得漏夯；

⑦ 采用轻型压实设备时，应夯夯相连；采用压路机时，碾压的重叠宽度不得小于 200mm；

⑧ 采用压路机、振动压路机等压实机械压实时，其行驶速度不得超过 2km/h；

⑨ 接口工作坑回填时底部凹坑应先回填压实到管底，然后与沟槽同步回填。

11. 柔性管道的沟槽回填作业应符合下列规定：

① 回填前，检查管道有无损伤或变形，有损伤的管道应修复或更换；

② 管内径大于 800mm 的柔性管道，回填施工中应在管内设有竖向支撑；

③ 管基有效支承角范围宜用中粗砂填充密实，与管壁紧密接触，不得用土或其他材料填充；

④ 管道半径以下回填时应采取防止管道上浮、位移的措施；

⑤ 管道回填时间宜在一昼夜中气温最低时段，从管道两侧同时回填，同时夯实；

⑥ 沟槽回填从管底基础部位开始到管顶以上 500mm 范围内，必须采用人工回填；管顶 500mm 以上部位，可用机械从管道轴线两侧同时夯实；每层回填高度应不大于 200mm；

⑦ 管道位于车行道下，铺设后即修筑路面或管道位于软土地层以及低洼、沼泽、地下水位高地段时，沟槽回填宜先用中、粗砂将管底腋角部位填充密实后，再用中、粗砂分层回填到管顶以上 500mm；

⑧ 回填作业的现场试验段长度应为一个井段或不少于 50m，因工程因素变化改变回填方式时，应重新进行现场试验。

12. 柔性管道回填至设计高程时，应在 12～24h 内测量并记录管道变形率，变形率应符合设计要求；设计无要求时，钢管或球墨铸铁管道变形率应不超过 2%，化学建材管道变形率应不超过 3%；当超过时，应采取下列处理措施：

① 钢管或球墨铸铁管道变形率超过 2%，但不超过 3% 时；化学建材管道变形率超过 3%，但不超过 5% 时：

a. 挖出回填材料至露出管径 85% 处，管道周围内应人工挖掘以避免损伤管壁；

b. 挖出管节局部有损伤时，应进行修复或更换；

c. 重新夯实管道底部的回填材料；

d. 选用适合回填材料按 CJJ 2—2008《城市桥梁工程施工与质量验收规范》第 4.5.11 条的规定重新回填施工，直至设计高程；

e. 按本条规定重新检测管道的变形率。

② 钢管或球墨铸铁管道的变形率超过 3%时，化学建材管道变形率超过 5%时，应挖出管道，并会同设计单位研究处理。

13. 管道埋设的最小管顶覆土厚度应符合设计要求，且满足当地冻土层厚度要求；管顶覆土回填压实度达不到设计要求时应与设计协商进行处理。

二、检验标准

（一）沟槽开挖与地基处理

（1）主控项目

1）原状地基土不得扰动、受水浸泡或受冻；

检查方法：观察，检查施工记录。

2）地基承载力应满足设计要求；

检查方法：观察，检查地基承载力试验报告。

3）进行地基处理时，压实度、厚度满足设计要求；

检查方法：按设计或规定要求进行检查，检查检测记录、试验报告。

（2）一般项目

1）沟槽开挖的允许偏差应符合表 7-3 的规定。

表 7-3　沟槽开挖的允许偏差

序号	检查项目	允许偏差（mm）		检查数量		检查方法
				范围	点数	
1	槽底高程	土方	±20	两井之间	3	用水准仪测量
		石方	+20，−200			
2	槽底中线每侧宽度	不小于规定		两井之间	6	挂中线用钢尺量测，每侧计 3 点
3	沟槽边坡	不陡于规定		两井之间	6	用坡度尺量测，每侧计 3 点

（二）沟槽支护

沟槽支护应符合现行国家标准 GB 50202《建筑地基基础工程施工质量验收规范》的相关规定，对于撑板、钢板桩支撑还应符合下列规定：

（1）主控项目

1）支撑方式、支撑材料符合设计要求；

检查方法：观察，检查施工方案。

2）支护结构强度、刚度、稳定性符合设计要求；

检查方法：观察，检查施工方案、施工记录。

（2）一般项目

1）横撑不得妨碍下管和稳管；

检查方法：观察。

2）支撑构件安装应牢固、安全可靠，位置正确；

检查方法：观察。

3）支撑后，沟槽中心线每侧的净宽不应小于施工方案设计要求；

检查方法：观察，用钢尺量测。

4）钢板桩的轴线位移不得大于 50mm；垂直度不得大于 1.5%；

检查方法：观察，用小线、垂球量测。

（三）沟槽回填

（1）主控项目

1）回填材料符合设计要求；

检查方法：观察，按国家有关规范的规定和设计要求进行检查，检查检测报告。

检查数量：条件相同的回填材料，每铺筑 10000m²，应取样一次，每次取样至少应做两组测试；回填材料条件变化或来源变化时，应分别取样检测。

2）沟槽不得带水回填，回填应密实；

检查方法：观察，检查施工记录。

3）柔性管道的变形率不得超过设计要求或 GB 50268—2008 第 4.5.12 条的规定，管壁不得出现纵向隆起、环向扁平和其他变形情况；

检查方法：观察，方便时用钢尺直接量测，不方便时用圆度测试板或芯轴仪在管内拖拉量测管道变形率；检查记录，检查技术处理资料；

检查数量：试验段（或初始 50m）不少于 3 处，每 100m 正常作业段（取起点、中间点、终点近处各一点），每处平行测量 3 个断面，取其平均值。

4）回填土压实度应符合设计要求，设计无要求时，应符合表 7-4、表 7-5 的规定。

表 7-4　刚性管道沟槽回填土压实度

序号	项目			最低压实度（%）		检查数量		检查方法
				重型击实标准	轻型击实标准	范围	点数	
1	石灰土类垫层			93	95	每 100m	每层每侧一组（每组 3 点）	用环刀法检查或采用现行国家标准 GB/T 50123《土工试验方法标准》中其他方法
2	沟槽在路基范围外	胸腔部分	管侧	87	90			
			管顶以上 500mm	87±2（轻型）				
		其余部分		≥90（轻型）或按设计要求				
		农田或绿地范围表层 500mm 范围内		不宜压实，预留沉降量，表面整平		两井之间或 1000m²		
3	沟槽在路基范围内	胸腔部分	管侧	87	90			
			管顶以上 250mm	87±2（轻型）				
		由路槽底算起的深度范围（mm）	≤800 快速路及主干路	95	98			
			≤800 次干路	93	95			
			≤800 支路	90	92			
			800～1500 快速路及主干路	93	95			
			800～1500 次干路	90	92			
			800～1500 支路	87	90			
			>1500 快速路及主干路	87	90			
			>1500 次干路	87	90			
			>1500 支路	87	90			

注：表中重型击实标准的压实度和轻型击实标准的压实度，分别以相应的标准击实试验法求得的最大干密度为 100%。

表 7-5 柔性管道沟槽回填土压实度

槽内部位		压实度（%）	回填材料	检查数量		检查方法
				范围	点数	
管道基础	管底基础	≥90	中、粗砂	—	—	用环刀法检查或采用现行国家标准 GB/T 50123《土工试验方法标准》中其他方法
	管道有效支撑角范围	≥95		每 100m	每层每侧一组（每组3点）	
管顶以上500mm	管道两侧	≥95	中、粗砂、碎石屑，最大粒径小于 40mm 的砂砾或符合要求的原土	两井之间或每1000m²		
	管道两侧	≥90				
	管道上部	85±2				
管顶 500～1000mm		≥90	原土回填			

注：回填土的压实度，除设计要求用重型击实标准外，其他皆以轻型击实标准试验获得最大干密度为100%。

5）管道沟槽回填部位与压实度如图 7-1 所示。

图 7-1 柔性管道沟槽回填部位与压实度示意图

（2）一般项目

1）回填应达到设计高程，表面应平整；

检查方法：观察，有疑问处用水准仪测量。

2）回填时管道及附属构筑物无损伤、沉降、位移；

检查方法：观察，有疑问处用水准仪测量。

三、相关检验批质量验收记录表（样式）

（一）沟槽（基坑）土方开挖检验批质量验收记录表见表 7-6。

（二）沟槽（基坑）支护检验批质量验收记录表见表 7-7。

（三）沟槽（基坑）回填检验批质量验收记录表见表 7-8。

编号：010001□□

表7-6 沟槽（基坑）土方开挖检验批质量验收记录表

工程名称					分项工程名称									沟槽（基坑）土方开挖	
施工单位					项目经理										
分包单位					施工班组长										
工程数量			验收部分（桩号或井号）		项目技术负责人										
交方班组			接方班组		检查日期						年	月	日		

检查项目	序号	检查内容	检验依据/允许偏差 （规定值或允许偏差值）		检查数量		检查结果/实测点偏差值或实测值										应测 点数	合格 点数	合格率 （%）
					范围	点数	1	2	3	4	5	6	7	8	9	10			
主控项目	1	原状地基土观察、检查	原状地基土不得扰动、受水浸泡或受冻		全数		查施工记录：												
	2	地基承载力	满足设计要求		全数		检验报告编号：												
	3	压实度、厚度检查	压实度、厚度满足设计要求		全数		检验报告编号：												
一般项目	1	槽底高程 （mm）	土方	±20	两井之间	3													
			石方	+20、−200															
	2	槽底中线每侧宽度	不小于规定		两井之间	6													
	3	沟槽边坡	不陡于规定		两井之间	6													
施工单位检查 评定结论												项目专业质量检查员（签字）：							
监理（建设）单位 意见											监理工程师（签字）： （或建设单位项目专业技术负责人）（签字）：								
																	年 月 日		

注：本表由施工项目专业质量检查员填写，监理工程师（建设单位项目技术负责人）组织项目专业质量检查员等进行验收，并应按上表进行记录。

表7-7　沟槽（基坑）支护检验批质量验收记录表

编号：010002□□

工程名称		分部工程名称		分项工程名称	沟槽（基坑）支护
施工单位		施工员		项目经理	
分包单位		分包项目经理		施工班组长	
工程数量		验收部分（桩号或井号）		项目技术负责人	
交方班组		接方班组		检查日期	年　月　日

检查项目	序号	检查内容	检验依据/允许偏差（规定值或允许偏差值）	检查数量 范围	点数	检查结果（实测点偏差值或实测值）1 2 3 4 5 6 7 8 9 10	应测点数	合格点数	合格率（%）
主控项目	1	支撑方式、支撑材料	支撑方式、材料符合设计要求	检查记录	检查施工方案及施工记录				
	2	支护结构强度、刚度、稳定性	支护结构强度、刚度、稳定性符合设计要求	检查记录					
一般项目	1	支撑形式	支撑不得妨碍下管和稳管	观察	全数				
	2	支撑构件安装	构件安装应牢固、安全可靠、位置正确	观察	全数				
	3	中心线净宽	每侧的净宽不应小于施工方案的净宽要求	10m	1				
	4	板桩	轴线位移（mm） ≯50	10m	1				
			垂直度 ≯1.5%	10m	1				
施工单位检查评定结论						项目专业质量检查员（签字）：　　　　　　年　月　日			
监理（建设）单位意见						监理工程师（签字）：（或建设单位项目专业技术负责人）（建设单位项目技术负责人）组织项目专业质量检查员等进行验收　　　　　年　月　日			

注：本表由施工项目专业质量检查员填写、监理工程师（建设单位项目技术负责人）组织项目专业质量检查员等进行验收，并应按上表进行记录。

表7-8 沟槽（基坑）回填检验批质量验收记录表

编号：010003□□

		工程名称		分部工程名称		分项工程名称										沟槽（基坑）回填	
		施工单位				项目经理											
		分包单位		分包项目经理		施工班组长											
		工程数量		验收部分（桩号或井号）		项目技术负责人											
		交方班组		接方班组		检查日期							年	月		日	
检查项目	序号	检查内容	检验依据/允许偏差 （规定值或土偏差值）	检查数量		检查结果/实测点偏差值或实测值										应测点数	合格点数	合格率（%）
				范围	点数	1	2	3	4	5	6	7	8	9	10			
主控项目	1	回填材料	材料符合设计要求	1000m²	1次2组					检测报告编号：								
	2	观测沟槽	沟槽不得带水回填、回填应密实	检查施工记录														
	3	管道变形	柔性管道变形率不得超过设计或规范规定	试验段每50m	3													
				正常作业段每100m	3													
	4	压实度	符合设计与规范要求	每层、每侧	1组													
一般项目	1	高程	回填应达到设计高程、表面应平整	≤20	10m													
	2	管道及附属构筑物	回填时管道及附属构筑物无损伤、沉降、位移	观察或用水准仪测	1													
施工单位检查评定结论								项目专业质量检查员（签字）：									
监理（建设）单位意见								监理工程师（签字）： （或建设单位项目专业技术负责人（签字）： 年 月 日									

注：本表由施工项目专业质量检查员填写，监理工程师（建设单位项目技术负责人）组织项目专业质量检查员等进行验收，并应按上表进行记录。

第三节　开槽施工管道主体结构

一、检验要点

1. 本节适用于预制成品管开槽施工的给排水管道工程。管渠施工应按现行国家标准 GB 50141《给水排水构筑物工程施工及验收规范》的相关规定执行。

2. 管道各部位结构和构造形式、所用管节、管件及主要工程材料等应符合设计要求。

3. 管节及管件装卸时应轻装轻放，运输时应垫稳、绑牢，不得相互撞击，接口及钢管的内外防腐层应采取保护措施。

金属管、化学建材管及管件吊装时，应采用柔韧的绳索、兜身吊带或专用工具；采用钢丝绳或铁链时不得直接接触管节。

4. 管节堆放宜选用平整、坚实的场地；堆放时必须垫稳，防止滚动，堆放层高可按照产品技术标准或生产厂家的要求；如无其他规定时应符合表 7-9 的规定，使用管节时必须自上而下依次搬运。

表 7-9　管节堆放层数与层高

管材种类	管径 D_0（mm）							
	100～150	200～250	300～400	400～500	500～600	600～700	800～1200	≥1400
自应力混凝土管	7 层	5 层	4 层	3 层	—	—	—	—
预应力混凝土管	—	—	—	—	4 层	3 层	2 层	1 层
钢管、球墨铸铁管	层高≤3m							
预应力钢筒混凝土管	—	—	—	—	—	3 层	2 层	1 层或立放
硬聚氯乙烯管、聚乙烯管	8 层	5 层	4 层	4 层	3 层	3 层	—	—
玻璃钢管	—	7 层	5 层	4 层	—	3 层	2 层	1 层

注：D_0 为管外径。

5. 化学建材管节、管件贮存、运输过程中应采取防止变形措施，并符合下列规定：

① 长途运输时，可采用套装方式装运，套装的管节间应设有衬垫材料，并应相对固定，严禁在运输过程中发生管与管之间、管与其他物体之间的碰撞；

② 管节、管件运输时，全部直管宜设有支架，散装件运输应采用带挡板的平台和车辆均匀堆放，承插口管节及管件应分插口、承口两端交替堆放整齐，两侧加支垫，保持平稳；

③ 管节、管件搬运时，应小心轻放，不得抛、摔、拖管以及受剧烈撞击和被锐物划伤；

④ 管节、管件应堆放在温度一般不超过 40℃，并远离热源及带有腐蚀性试剂或溶剂的地方；室外堆放不应长期露天曝晒。堆放高度不应超过 2.0m，堆放附近应有消防设施（备）。

6. 橡胶圈贮存运输应符合下列规定：

① 贮存的温度宜为－5～30℃，存放位置不宜长期受紫外线光源照射，离热源距离不应小于 1m；

② 不得将橡胶圈与溶剂、易挥发物、油脂或对橡胶产生不良影响的物品放在一起；

③ 在贮存、运输中不得长期受挤压。

7. 管道安装前，宜将管节、管件按施工方案的要求摆放，摆放的位置应便于起吊及运送。

8. 起重机下管时，起重机架设的位置不得影响沟槽边坡的稳定；起重机在架空高压输电线路附近作业时，与线路间的安全距离应符合电业管理部门的规定。

9. 管道应在沟槽地基、管基质量检验合格后安装，安装时宜自下游开始，承口应朝向施工前进的方向。

10. 接口工作坑应配合管道铺设及时开挖，开挖尺寸应符合施工方案的要求，并满足下列规定：

① 对于预应力、自应力混凝土管以及滑入式柔性接口球墨铸铁管，应符合表 7-10 的规定。

表 7-10　接口工作坑开挖尺寸

管材种类	管外径 D_0（mm）	宽度（mm）		长度（mm）		深度（mm）
				承口前	承口后	
预应力、自应力混凝土管、滑入式柔性接口铸铁和球墨铸铁管	≤500	承口外径加	800	200	承口长度加 200	200
	600～1000		1000			400
	1100～1500		1600			450
	>1600		1800			500

② 对于钢管焊接接口，球墨铸铁管机械式柔性接口及法兰接口，接口处开挖尺寸应满足操作人员和连接工具的安装作业空间要求，并便于检验人员的检查。

11. 管节下入沟槽时，不得与槽壁支撑及槽下的管道相互碰撞；沟内运管不得扰动原状地基。

12. 合槽施工时，应先安装埋设较深的管道，当回填土高程与邻近管道基础高程相同时，再安装相邻的管道。

13. 管道安装时，应将管节的中心及高程逐节调整正确，安装后的管节应进行复测，合格后方可进行下一工序的施工。

14. 管道安装时，应随时清除管道内的杂物，给水管道暂时停止安装时，两端应临时封堵。

15. 雨期施工应采取以下措施：

① 合理缩短开槽长度，及时砌筑检查井，暂时中断安装的管道及与河道相连通的管口应临时封堵；已安装的管道验收后应及时回填；

② 制定槽边雨水径流疏导、槽内排水及防止漂管事故的应急措施；

③ 刚性接口作业宜避开雨天。

16. 冬期施工不得使用冻硬的橡胶圈。

17. 地面坡度大于 18% ，且采用机械法施工时，应采取措施防止施工设备倾翻。

18. 安装柔性接口的管道，其纵坡大于 18% 时，或安装刚性接口的管道，其纵坡大于 36% 时，应采取防止管道下滑的措施。

19. 压力管道上的阀门，安装前应逐个进行启闭检验。

20. 钢管内、外防腐层遭受损伤或局部未做防腐层的部位，下管前应修补，修补后的质量应符合 CJJ 2—2008《城市桥梁工程施工与质量验收规范》第 5.4 节的有关规定。

21. 露天或埋设在对橡胶圈有腐蚀作用的土质及地下水中的柔性接口，应采用对橡胶圈无不良影响的柔性密封材料，封堵住外露橡胶圈的接口缝隙。

22. 污水和雨、污水合流的钢筋混凝土管道内表面，应按国家有关规范的规定和设计要求进行防腐层施工。

23. 管道与法兰接口两侧相邻的第一至第二个刚性接口或焊接接口，待法兰螺栓紧固后方可施工。

24. 管道安装完成后，应按相关规定和设计要求设置管道位置标识。

（一）管道基础

1. 管道基础采用原状地基时，施工应符合下列规定：

① 原状土地基局部超挖或扰动时应按《城市桥梁工程施工与质量验收规范》CJJ 2—2008 第 4.4 节的有关规定进行处理；岩石地基局部超挖时，应将基底碎渣全部清理，回填低强度等级混凝土或粒径 10～15mm 的砂石回填夯实；

② 原状地基为岩石或坚硬土层时，管道下方应铺设砂垫层，其厚度应符合表 7-11 的规定；

表 7-11　砂垫层厚度

管材种类/管外径	垫层厚度（mm）		
	$D_0 \leqslant 500$	$500 < D_0 \leqslant 1000$	$D_0 > 1000$
柔性管道	$\geqslant 100$	$\geqslant 150$	$\geqslant 200$
柔性接口的刚性管道	150～200		

③ 非永冻土地区，管道不得铺设在冻结的地基上；管道安装过程中，应防止地基冻胀。

2. 混凝土基础施工应符合下列规定：

① 平基与管座的模板，可一次或两次支设，每次支设高度宜略高于混凝土的浇筑高度；

② 平基、管座的混凝土设计无要求时，宜采用强度等级不低于 C15 的低坍落度混凝土；

③ 管座与平基分层浇筑时，应先将平基凿毛冲洗干净，并将平基与管体相接触的腋角部位，用同强度等级的水泥砂浆填满、捣实后，再浇筑混凝土，使管体与管座混凝土结合严密；

④ 管座与平基采用垫块法一次浇筑时，必须先从一侧灌注混凝土，对侧的混凝土高过管底与灌注侧混凝土高度相同时，两侧再同时浇筑，并保持两侧混凝土高度一致；

⑤ 管道基础应按设计要求留变形缝，变形缝的位置应与柔性接口相一致；

⑥ 管道平基与井室基础宜同时浇筑；跌落水井上游接近井基础的一段应砌砖加固，并将平基混凝土浇至井基础边缘；

⑦ 混凝土浇筑中应防止离析；浇筑后应进行养护，强度低于 1.2MPa 时不得承受荷载。

3. 砂石基础施工应符合下列规定：

① 铺设前应先对槽底进行检查，槽底高程及槽宽须符合设计要求，且不应有积水和软泥；

② 柔性管道的基础结构设计无要求时，宜铺设厚度不小于 100mm 的中粗砂垫层；软土地基宜铺垫一层厚度不小于 150mm 的砂砾或 5～40mm 粒径碎石，其表面再铺厚度不小于 50mm 的中、粗砂垫层；

③ 刚性管道的基础结构，设计无要求时一般土质地段可铺设砂垫层，亦可铺设 25mm 以下粒径碎石、表面再铺 20mm 厚的砂垫层（中、粗砂），垫层总厚度应符合表 7-12 的规定；

表 7-12　刚性管道砂石垫层总厚度

管外径 D_0（mm）	垫层总厚度（mm）
300～800	150
900～1200	200
1350～1500	250

④ 管道有效支承角范围必须用中、粗砂填充插捣密实，与管底紧密接触，不得用其他材料填充。

（二）钢管安装

1. 管道安装应符合现行国家标准 GB 50235《工业金属管道工程施工及验收规范》、GB 50236《现场设备、工业管道焊接工程施工及验收规范》等规范的规定，并应符合下列规定：

① 对首次采用的钢材、焊接材料、焊接方法或焊接工艺，施工单位必须在施焊前按设计要求和有关规定进行焊接试验，并应根据试验结果编制焊接工艺指导书；

② 焊工必须按规定经相关部门考试合格后持证上岗，并应根据经过评定的焊接工艺指导书进行施焊；

③ 沟槽内焊接时，应采取有效技术措施保证管道底部的焊缝质量。

2. 管节的材料、规格、压力等级等应符合设计要求，管节宜工厂预制，现场加工应符合下列规定：

① 管节表面应无斑疤、裂纹、严重锈蚀等缺陷；

② 焊缝外观质量应符合表 7-13 的规定，焊缝无损检验合格；

表 7-13　焊缝的外观质量

项目	技术要求
外观	不得有熔化金属流到焊缝外未熔化的母材上，焊缝和热影响区表面不得有裂纹、气孔、弧坑和灰渣等缺陷；表面光顺、均匀，焊道与母材应平缓过渡
宽度	应焊出坡口边缘 2～3mm
表面余高	应小于或等于 1+0.2 倍坡口边缘宽度，且不大于 4mm
咬边	深度应小于或等于 0.5mm，焊缝两侧咬边总长不得超过焊缝长度的 10%，且连续长不应大于 100mm
错边	应小于或等于 $0.2t$，且不应大于 2mm
未焊满	不允许

注：t 为壁厚（mm）。

③ 直焊缝卷管管节几何尺寸允许偏差应符合表 7-14 的规定；

表 7-14　直焊缝卷管管节几何尺寸允许偏差

项目	允许偏差（mm）	
周长	$D_i \leqslant 600$	± 2.0
	$D_i > 600$	$\pm 0.0035 D_i$
圆度	管端 $0.005 D_i$；其他部位 $0.01 D_i$	
端面垂直度	$0.001 D_i$，且不大于 1.5	
弧度	用弧长 $\pi D_i/6$ 的弧形板量测于管内壁或外壁纵缝处形成的间隙，其间隙为 $0.1t+2$，且不大于 4，距管端 200mm 纵缝处的间隙不大于 2	

注：D_i 为管内径（mm），t 为壁厚（mm）。

④ 同一管节允许有两条纵缝，管径大于或等于 600mm 时，纵向焊缝的间距应大于 300mm；管径小于 600mm 时，其间距应大于 100mm。

3. 管道安装前，管节应逐根测量、编号，宜选用管径相差最小的管节组对对接。

4. 下管前应先检查管节的内外防腐层，合格后方可下管。

5. 管节组成管段下管时，管段的长度、吊距，应根据管径、壁厚、外防腐层材料的种类及下管方法确定。

6. 弯管起弯点至接口的距离不得小于管径，且不得小于 100mm。

7. 管节组对焊接时应先修口、清根，管端端面的坡口角度、钝边、间隙，应符合设计要求，设计无要求时应符合表 7-15 的规定；不得在对口间隙夹焊帮条或用加热法缩小间隙施焊。

表 7-15　电弧焊管端倒角各部尺寸

倒角形式		间隙 b （mm）	钝边 p （mm）	坡口角度 α （°）
图示	壁厚 t （mm）			
	4～9	1.5～3.0	1.0～1.5	60～70
	10～26	2.0～4.0	1.0～2.0	60±5

8. 对口时应使内壁齐平，错口的允许偏差应为壁厚的 20%，且不得大于 2mm。

9. 对口时纵、环向焊缝的位置应符合下列规定：

① 纵向焊缝应放在管道中心垂线上半圆的 45° 左右处；

② 纵向焊缝应错开，当管径小于 600mm 时，错开的间距不得小于 100mm；当管径大于或等于 600mm 时，错开的间距不得小于 300mm；

③ 有加固环的钢管，加固环的对焊焊缝应与管节纵向焊缝错开，其间距不应小于 100mm；加固环距管节的环向焊缝不应小于 50mm；

④ 环向焊缝距支架净距离不应小于 100mm；

⑤ 直管管段两相邻环向焊缝的间距不应小于 200mm，并不应小于管节的外径；

⑥ 管道任何位置不得有十字形焊缝。

10. 不同壁厚的管节对口时，管壁厚度相差不宜大于 3mm。不同管径的管节相连时，当两管径相差大于小管管径的 15% 时，可用渐缩管连接。渐缩管的长度不应小于两管径差值的 2 倍，且不应小于 200mm。

11. 管道上开孔应符合下列规定：

① 不得在干管的纵向、环向焊缝处开孔；

② 管道上任何位置不得开方孔；

③ 不得在短节上或管件上开孔；

④ 开孔处的加固补强应符合设计要求。

12. 直线管段不宜采用长度小于 800mm 的短节拼接。

13. 组合钢管固定口焊接及两管段间的闭合焊接，应在无阳光直照和气温较低时施焊；采用柔性接口代替闭合焊接时，应与设计单位协商确定。

14. 在寒冷或恶劣环境下焊接应符合下列规定：

① 清除管道上冰、雪、霜等；

② 工作环境的风力大于 5 级、雪天或相对湿度大于 90% 时，应采取保护措施；

③ 焊接时，应使焊缝可自由伸缩，并应使焊口缓慢降温；

④ 冬期焊接时，应根据环境温度进行预热处理，并应符合表 7-16 的规定。

表 7-16　冬期焊接预热的规定

钢号	环境温度（℃）	预热宽度（mm）	预热达到温度（℃）
含碳量≤0.2%碳素钢	≤−20	焊口每侧不小于 40	100～150
0.2%<含碳量<0.3%	≤−10		
16Mn	≤0		100～200

15. 钢管对口检查合格后，方可进行接口定位焊接。定位焊接采用点焊时，应符合下列规定：

① 点焊焊条应采用与接口焊接相同的焊条；

② 点焊时，应对称施焊，其厚度应与第一层焊接厚度一致；

③ 钢管的纵向焊缝及螺旋焊缝处不得点焊；

④ 点焊长度与间距应符合表 7-17 的规定。

表 7-17　点焊长度与间距

管径 D_0（mm）	点焊长度（mm）	环向点焊点（处）
350～500	50～60	5
600～700	60～70	6
≥800	80～100	点焊间距不宜大于 400mm

注：D_0 为管外径。

16. 焊接方式应符合设计和焊接工艺评定的要求，管径大于 800mm 时，应采用双面焊。

17. 管道对接时，环向焊缝的检验应符合下列规定：

① 检查前应清除焊缝的渣皮、飞溅物；

② 应在无损检测前进行外观质量检查，并应符合 CJJ 2—2008《城市桥梁工程施工与质量验收规范》中表 5.3.2-1 的规定；

③ 无损探伤检测方法应按设计要求选用；

④ 无损探伤检验取样数量与质量要求应按设计要求执行；设计无要求时，压力管道的取样数量应不小于焊缝量的 10%；

⑤ 不合格的焊缝应返修，返修次数不得超过 3 次。

18. 管钢采用螺纹连接时，管节的切口断面应平整，偏差不得超过一扣，丝扣应光洁，不得有毛刺、乱扣、断扣，缺扣总长不得超过丝扣全长的 10%。接口紧固后宜露出 2～3 扣螺纹。

19. 管道法兰连接时，应符合下列规定：

① 法兰应与管道保持同心，两法兰间应平行；

② 螺栓应使用相同规格，且安装方向应一致，螺栓应对称紧固，紧固好的螺栓应露出螺母之外；

③ 与法兰接口两侧相邻的第一至第二个刚性接口或焊接接口，待法兰螺栓紧固后方可施工；

④ 法兰接口埋入土中时，应采取防腐措施。

（三）球墨铸铁管安装

1. 管节及管件的规格、尺寸公差、性能应符合国家有关标准规定和设计要求，进入施工现场时其外观质量应符合下列规定：

① 管节及管件表面不得有裂纹，不得有妨碍使用的凹凸不平的缺陷；

② 采用橡胶圈柔性接口的球墨铸铁管，承口的内工作面和插口的外工作面应光滑、轮廓清晰，不得有影响接口密封性的缺陷。

2. 管节及管件下沟槽前，应清除承口内部的油污、飞刺、铸砂及凹凸不平的铸瘤；柔性接口铸铁管及管件承口的内工作面、插口的外工作面应修整光滑，不得有沟槽、凸脊缺陷；有裂纹的管节及管件不得使用。

3. 沿直线安装管道时，宜选用管径公差组合最小的管节组对连接，接口的环向间隙应均匀。

4. 采用滑入式、机械式柔性接口时，橡胶圈的质量、性能、细部尺寸，应符合国家有关球墨铸铁管及管件标准的规定，并应符合 GB 50268—2008《给水排水管道工程施工及验收规范》中第 5.6.5 条的规定。

5. 橡胶圈安装经检验合格后，方可进行管道安装。

6. 安装滑入式橡胶圈接口时，推入深度应达到标记环，并复查与其相邻已安好的第一至第二个接口推入深度。

7. 安装机械式柔性接口时，应使插口与承口法兰压盖的轴线相重合；螺栓安装方向应一致，用扭矩扳手均匀、对称地紧固。

8. 管道沿曲线安装时，接口的允许转角应符合表 7-18 的规定。

表 7-18　沿曲线安装接口的允许转角

管径 D_i（mm）	允许转角（°）
75～600	3
700～800	2
≥900	1

注：D_i 为管内径。

（四）钢筋混凝土管及预（自）应力混凝土管安装

1. 管节的规格、性能、外观质量及尺寸公差应符合国家有关标准的规定。

2. 管节安装前应进行外观检查，发现裂缝、保护层脱落、空鼓、接口掉角等缺陷，应修补并经鉴定合格后方可使用。

3. 管节安装前应将管内外清扫干净，安装时应使管道中心及内底高程符合设计要求，稳管时必须采取措施，防止管道发生滚动。

4. 采用混凝土基础时，管道中心、高程复验合格后，应按 GB 50268—2008 第 5.2.2 条的规定及时浇筑管座混凝土。

5. 柔性接口形式应符合设计要求，橡胶圈应符合下列规定：

① 材质应符合相关规范的规定；

② 应由管材厂配套供应；

③ 外观应光滑平整，不得有裂缝、破损、气孔、重皮等缺陷；

④ 每个橡胶圈的接头不得超过 2 个。

6. 柔性接口的钢筋混凝土管、预（自）应力混凝土管安装前，承口内工作面、插口外工作面应清洗干净；套在插口上的橡胶圈应平直、无扭曲，应正确就位；橡胶圈表面和承口工作面应涂刷无腐蚀性的润滑剂；安装后放松外力，管节回弹不得大于 10mm，且橡胶圈应在承、插口工作面上。

7. 刚性接口的钢筋混凝土管道、钢丝网水泥砂浆抹带接口材料应符合下列规定：

① 选用粒径 0.5～1.5mm，含泥量不大于 3% 的洁净砂；

② 选用网格 10mm×10mm、丝径为 20 号的钢丝网；

③ 水泥砂浆配比满足设计要求。

8. 刚性接口的钢筋混凝土管道施工应符合下列规定：

① 抹带前应将管口的外壁凿毛、洗净；

② 钢丝网端头应在浇筑混凝土管座时插入混凝土内，在混凝土初凝前，分层抹压钢丝网水泥砂浆抹带；

③ 抹带完成后应立即用吸水性强的材料覆盖，3～4h 后洒水养护；

④ 水泥砂浆填缝及抹带接口作业时落入管道内的接口材料应清除；管径大于或等于 700mm 时，应采用水泥砂浆将管道内接口部位抹平、压光；管径小于 700mm 时，填缝后应立即拖平。

9. 钢筋混凝土管沿直线安装时，管口间的纵向间隙应符合设计及产品标准要求，无明确要求时应符合表 7-19 的规定；预（自）应力钢筋混凝土管沿曲线安装时，管口间的纵向间隙最小处不得小于 5mm，接口转角应符合表 7-20 的规定。

表 7-19　钢筋混凝土管管口间的纵向间隙

管材种类	接口类型	管径 D_i（mm）	纵向间隙（mm）
钢筋混凝土管	平口、企口	500～600	1.0～5.0
		≥700	7.0～15
	承插式乙型口	600～3000	5.0～1.5

表 7-20　预（自）应力混凝土管沿曲线安装接口允许转角

管材种类	管径 D_i（mm）	允许转角（°）
预应力混凝土管	500～700	1.5
	800～1400	1.0
	1600～3000	0.5
自应力混凝土管	500～800	1.5

10. 预（自）应力混凝土管不得截断使用。

11. 井室内暂时不接支线的预留管（孔）应封堵。

12. 预（自）应力混凝土管道采用金属管件连接时，管件应进行防腐处理。

（五）预应力钢筒混凝土管安装

1. 管节及管件的规格、性能应符合国家相关标准规定和设计要求，进入施工现场时其外观质量应符合下列规定：

① 内壁混凝土表面平整光洁；承插口钢环工作面光洁干净；内衬式管（简称衬筒管）内表面不应出现浮渣、露石和严重的浮浆；埋置式管（简称埋筒管）内表面不应出现气泡、孔洞、凹坑以及蜂窝、麻面等不密实的现象；

② 管内表面出现的环向裂缝或者螺旋状裂缝宽度不应大于 0.5mm（浮浆裂缝除外）；距离管的插口端 300mm 范围内出现的环向裂缝宽度不应大于 1.5mm；管内表面不得出现长度大于 150mm 的纵向可见裂缝；

③ 管端面混凝土不应有缺料、掉角、孔洞等缺陷。端面应齐平、光滑，并与轴线垂直。端面垂直度应符合表 7-21 的规定；

表 7-21　管端面垂直度

管径 D_i（mm）	管端面垂直度允许偏差（mm）
600～1200	6
1400～3000	9
3200～4000	13

④ 外保护层不得出现空鼓、裂缝及剥落；

⑤ 橡胶圈应符合 GB 50268—2008 第 5.6.5 条规定。

2. 承插式橡胶圈柔性接口施工时应符合下列规定：

① 清理管道承口内侧、插口外部凹槽等连接部位和橡胶圈；

② 将橡胶圈套入插口上的凹槽内，保证橡胶圈在凹槽内受力均匀、没有扭曲翻转现象；

③ 用配套的润滑剂涂擦在承口内侧和橡胶圈上，检查涂覆是否完好；

④ 在插口上按要求做好安装标记，以便检查插入是否到位；

⑤ 接口安装时，将插口一次插入承口内，达到安装标记为止；

⑥ 安装时接头和管端应保持清洁；

⑦ 安装就位，放松紧管器具后进行下列检查：

a. 复核管节的高程和中心线；

b. 用特定钢尺插入承插口之间检查橡胶圈各部的环向位置，确认橡胶圈在同一深度；

c. 接口处承口周围不应被胀裂；

d. 橡胶圈应无脱槽、挤出等现象；

e. 沿直线安装时，插口端面与承口底部的轴向间隙应大于 5mm，且不大于表 7-22 规定的数值。

表 7-22　管口间的最大轴向间隙

管径 (D_i)	内衬式管（衬筒管）		埋置式管（埋筒管）	
	单胶圈	双胶圈	单胶圈	双胶圈
600～1400	15	—	—	—
1200～1400	—	25	—	—
1200～4000	—	—	25	25

注：表中单位为 mm。

3. 采用钢制管件连接时，管件应进行防腐处理。

4. 现场合龙应符合以下规定：

① 安装过程中，应严格控制合龙处上、下游管道接装长度、中心位移偏差；

② 合龙位置宜选择在设有人孔或设备安装孔的配件附近；

③ 不允许在管道转折处合龙；

④ 现场合龙施工焊接不宜在高温时段进行。

5. 管道沿曲线铺设时，接口的最大允许偏转角应符合设计要求，设计无要求时应不大于表 7-23 规定的数值。

表 7-23　预应力钢筒混凝土管沿曲线安装接口的最大允许偏转角

管材种类	管径（D_i）mm	允许转角（°）
预应力钢筒混凝土管	600～1000	1.5
	1200～2000	1.0
	2200～4000	0.5

（六）玻璃钢管安装

1. 管节及管件的规格、性能应符合国家相关标准的规定和设计要求，进入施工现场时其外观质量应符合下列规定：

① 内、外径偏差、承口深度（安装标记环）、有效长度、管壁厚度、管端面垂直度等应符合产品标准规定；

② 内、外表面应光滑平整、无划痕、分层、针孔、杂质破碎等现象；

③ 管端面应平齐、无毛刺等缺陷；

④ 橡胶圈应符合 GB 50268—2008 第 5.6.5 条的规定。

2. 接口连接、管道安装除应符合 GB 50268—2008 第 5.7.2 条的规定外，还应符合下列规定：

① 采用套筒式连接的，应清除套筒内侧和插口外侧的污渍和附着物；

② 管道安装就位后，套筒式或承插式接口周围不应有明显变形和胀破；

③ 施工过程中应防止管节受损伤，避免内表层和外保护层剥落；

④ 检查井、透气井、阀门井等附属构筑物或水平折角处的管节，应采取避免不均匀沉降造成接口转角过大的措施；

⑤ 混凝土或砌筑结构等构筑物墙体内的管节，可采取设置橡胶圈或中介层法等措施，管外壁与构筑物墙体的交界面密实、不渗漏。

3. 管道曲线铺设时，接口的允许转角不得大于表 7-24 的规定。

表 7-24　沿曲线安装接口的允许转角

管内径 D_i（mm）	允许转角（°）	
	承插式接口	套筒式接口
400～500	1.5	3.0
500＜D_i≤1000	1.0	2.0
1000＜D_i≤1800	1.0	1.0
D_i≥1800	0.5	0.5

（七）硬聚氯乙烯、聚乙烯管及其复合管安装

1. 管节及管件的规格、性能应符合国家相关标准规定和设计要求，进入施工现场时其外观质量应符合下列规定：

① 不得有影响结构安全、使用功能及接口连接的质量缺陷；

② 内外壁光滑、平整、无气泡、无裂纹、无脱皮和严重的冷斑及明显的痕纹、凹陷；

③ 管节不得有异向弯曲，端口应平整；

④ 橡胶圈应符合 GB 50268—2008 第 5.6.5 条的规定。

2. 管道铺设应符合下列规定：

① 采用承插式（或套筒式）接口时，宜人工布管且在沟槽内连接；槽深大于 3m 或管外径大于 400mm 的管道，宜用非金属绳索兜住管节下管；严禁将管节翻滚抛入槽中；

② 采用电熔、热熔接口时，宜在沟槽边上将管道分段连接后以弹性铺管法移入沟槽；移入沟槽时，管道表面不得有明显的划痕。

3. 管道连接应符合下列规定：

① 承插式柔性连接、套筒（带或套）连接、法兰连接、卡箍连接等方法采用的密封件、套筒件、法兰、紧固件等配套管件，必须由管节生产厂家配套供应；电熔连接、热熔连接应采用专用电器设备、挤出焊接设备和工具进行施工；

② 管道连接时必须对连接部位、密封件、套筒等配件清理干净，套筒（带或套）连接、法兰连接、卡箍连接用的钢制套筒、法兰、卡箍、螺栓等金属制品应根据现场土质并参照相关标准采取防腐措施；

③ 承插式柔性接口连接宜在当日温度较高时进行，插口端不宜插到承口底部，应留出不小于 10mm 的伸缩空隙，插入前应在插口端外壁做出插入深度标记；插入完毕后，承插口周围空隙均匀，连接的管道平直；

④ 电熔连接、热熔连接、套筒（带或套）连接、法兰连接、卡箍连接应在当日温度较低或接近最低时进行；电熔连接、热熔连接时电热设备的温度控制、时间控制，挤出焊接时对焊接设备的操作等，必须严格按接头的技术指标和设备的操作程序进行；接头处应有沿管节圆周平滑对称的外翻边，内翻边铲平；

⑤ 管道与井室宜采用柔性连接，连接方式符合设计要求；设计无要求时，可采用承插管件连接或中介层做法；

⑥ 管道系统设置的弯头、三通、变径处应采用混凝土支墩或金属卡箍拉杆等技术措施；在消火栓及闸阀的底部应加垫混凝土支墩；非锁紧型承插连接管道，每根管节应有 3 点以上的固定措施；

⑦ 安装完的管道中心线及高程调整合格后，即将管底有效支撑角范围用中粗砂回填密实，不得用土或其他材料回填。

二、检验标准

（一）管道基础

（1）主控项目

1）原状地基的承载力符合设计要求。

检查方法：观察，检查地基处理强度或承载力检验报告、复合地基承载力检验报告。

2）混凝土基础的强度符合设计要求。

检验数量：混凝土验收批与试块留置按照现行国家标准 GB 50141—2008《给水排水构筑物工程施工及验收规范》第 6.2.8 条第 2 款执行。

检查方法：混凝土基础的混凝土强度验收应符合现行国家标准 GB/T 50107—2010《混凝土强度检验评定标准》的有关规定。

3）砂石基础的压实度符合设计要求或 GB 50268—2008 的规定。

检查方法：检查砂石材料的质量保证资料、压实度试验报告。

（2）一般项目

1）原状地基、砂石基础与管道外壁间接触均匀，无空隙。

检查方法：观察，检查施工记录。

2）混凝土基础外光内实，无严重缺陷；混凝土基础的钢筋数量、位置正确。

检查方法：观察，检查钢筋质量保证资料，检查施工记录。

3）管道基础的允许偏差应符合表 7-25 的规定。

表 7-25　管道基础的允许偏差

序号	检查项目			允许偏差（mm）	检查数量		检查方法
					范围	点数	
1	垫层	中线每侧宽度		不小于设计要求	每个验收批	每 10m 测 1 点，且不少于 3 点	挂中心线钢尺检查，每侧一点
		高程	压力管道	±30			水准仪测量
			无压管道	0，－15			
		厚度		不小于设计要求			钢尺量测
2	混凝土基础、管座	平基	中线每侧宽度	＋10，0			挂中心线钢尺量测每侧一点
			高程	0，－15			水准仪测量
			厚度	不小于设计要求			钢尺量测
		管座	肩宽	＋10，－5			钢尺量测，挂高程线
			肩高	＋20			钢尺量测，每侧一点
3	土（砂及砂砾）基础	高程	压力管道	±30			水准仪测量
			无压管道	0，－15			
		平基厚度		不小于设计要求			钢尺量测
		土弧基础腋角高度		不小于设计要求			钢尺量测

（二）钢管接口连接

（1）主控项目

1）管节及管件、焊接材料等的质量应符合 GB 50268—2008 第 5.3.2 条的规定。

检查方法：检查产品质量保证资料；检查成品管进场验收记录，检查现场制作管的加工记录。

2）接口焊缝坡口应符合 GB 50268—2008 第 5.3.7 条的规定。

检查方法：逐口检查，用量规量测；检查坡口记录。

3）焊口错边符合 GB 50268—2008 第 5.3.8 条的规定，焊口无十字型焊缝。

检查方法：逐口检查，用长 300mm 的直尺在接口内壁周围顺序贴靠量测错边量。

4）焊口焊接质量应符合 GB 50268—2008 第 5.3.17 条的规定和设计要求。

检查方法：逐口观察，按设计要求进行抽检；检查焊缝质量检测报告。

5）法兰接口的法兰应与管道同心，螺栓自由穿入，高强度螺栓的终拧扭矩应符合设计要求和有关标准的规定。

检查方法：逐口检查；用扭矩扳手等检查；检查螺栓拧紧记录。

（2）一般项目

1）接口组对时，纵、环缝位置应符合 GB 50268—2008 第 5.3.9 条的规定。

检查方法：逐口检查；检查组对检验记录；用钢尺量测。

2）管节组对前，坡口及内外侧焊接影响范围内表面应无油、漆、垢、锈、毛刺等污物。

检查方法：观察；检查管道组对检验记录。

3）不同壁厚的管节对接应符合 GB 50268—2008 第 5.3.10 条的规定。

检查方法：逐口检查，用焊缝量规、钢尺量测；检查管道组对检验记录。

4）焊缝层次有明确规定时，焊接层数、每层厚度及层间温度应符合焊接作业指导书的规定，且层间焊缝质量均应合格。

检查方法：逐个检查；对照设计文件、焊接作业指导书检查每层焊缝检验记录。

5）法兰中轴线与管道中轴线的允许偏差应符合：D_i 小于或等于 300mm 时，允许偏差小于或等于 1mm；D_i 大于 300mm 时，允许偏差小于或等于 2mm。

检查方法：逐个接口检查；用钢尺、角尺等量测。

6）连接的法兰之间应保持平行，其允许偏差不大于法兰外径的 1.5‰，且不大于 2mm；螺孔中心允许偏差应为孔径的 5%。

检查方法：逐口检查；用钢尺、塞尺等量测。

（三）球墨铸铁管接口连接

（1）主控项目

1）管节及管件的产品质量应符合 GB 50268—2008 第 5.5.1 条的规定。

检查方法：检查产品质量保证资料，检查成品管进场验收记录。

2）承插接口连接时，两管节中轴线应保持同心，承口、插口部位无破损、变形、开裂；插口推入深度应符合要求。

检查方法：逐个观察；检查施工记录。

3）法兰接口连接时，插口与承口法兰压盖的纵向轴线一致，连接螺栓终拧扭矩应符合设计或产品使用说明要求；接口连接后，连接部位及连接件应无变形、破损。

检查方法：逐个接口检查，用扭矩扳手检查；检查螺栓拧紧记录。

4）橡胶圈安装位置应准确，不得扭曲、外露；沿圆周各点应与承口端面等距，其允许偏差应为±3mm。

检查方法：观察，用探尺检查；检查施工记录。

（2）一般项目

1）连接后管节间平顺，接口无突起、突弯、轴向位移现象。

检查方法：观察；检查施工测量记录。

2）接口的环向间隙应均匀，承插口间的纵向间隙不应小于3mm。

检查方法：观察，用塞尺、钢尺检查。

3）法兰接口的压兰、螺栓和螺母等连接件应规格型号一致，采用钢制螺栓和螺母时，防腐处理应符合设计要求。

检查方法：逐个接口检查；检查螺栓和螺母质量合格证明书、性能检验报告。

4）管道沿曲线安装时，接口转角应符合GB 50268—2008第5.5.8条的规定。

检查方法：用直尺量测曲线段接口。

（四）混凝土管接口连接

钢筋混凝土管、预（自）应力混凝土管、预应力钢筒混凝土管接口连接应符合下列规定：

（1）主控项目

1）管及管件、橡胶圈的产品质量应符合GB 50268—2008第5.6.1、5.6.2、5.6.5和5.7.1条的规定。

检查方法：检查产品质量保证资料、成品管进场验收记录。

2）柔性接口的橡胶圈位置正确，无扭曲、外露现象；承口、插口无破损、开裂；双道橡胶圈的单口水压试验合格。

检查方法：观察，用探尺检查；检查单口水压试验记录。

3）刚性接口的强度符合设计要求，不得有开裂、空鼓、脱落现象。

检查方法：观察，检查水泥砂浆、混凝土试块的抗压强度试验报告。

（2）一般项目

1）柔性接口的安装位置正确，其纵向间隙应符合GB 50268—2008第5.6.9、5.7.2条的相关规定。

检查方法：逐个检查，用钢尺量测；检查施工记录。

2）刚性接口的宽度、厚度符合设计要求；其相邻管接口错口允许偏差：D_i小于700mm时，应在施工中自检；D_i大于700mm、小于或等于1000mm时，应不大于3mm；D_i大于1000mm时，应不大于5mm。

检查方法：两井之间取3点，用钢尺、塞尺量测；检查施工记录。

3）管道沿曲线安装时，接口转角应符合GB 50268—2008第5.6.9、5.7.5条的相关规定。

检查方法：用直尺量测曲线段接口。

4）管道接口的填缝应符合设计要求，密实、光洁、平整。

检查方法：观察，检查填缝材料质量保证资料、配合比记录。

（五）化学建材管接口连接

（1）主控项目

1）管节及管件、橡胶圈等的产品质量应符合 GB 50268—2008 第 5.8.1、5.9.1 条的规定。

检查方法：检查产品质量保证资料；检查成品管进场验收记录。

2）承插、套筒式连接时，承口、插口部位及套筒连接紧密，无破损、变形、开裂等现象；插入后胶圈应位置正确，无扭曲等现象；双道橡胶圈的单口水压试验合格。

检查方法：逐个接口检查；检查施工方案及施工记录，单口水压试验记录；用钢尺、探尺量测。

3）聚乙烯管、聚丙烯管接口熔焊连接应符合下列规定：

① 焊缝应完整，无缺损和变形现象；焊缝连接应紧密，无气孔、鼓泡和裂缝；电熔连接的电阻丝不裸露；

② 熔焊焊缝焊接力学性能不低于母材；

③ 热熔对接连接后应形成凸缘，且凸缘形状大小均匀一致，无气孔、鼓泡和裂缝；接头处有沿管节圆周平滑对称的外翻边，外翻边最低处的深度不低于管节外表面；管壁内翻边应铲平；对接错边量不大于管材壁厚的 10%，且不大于 3mm。

检查方法：观察；检查熔焊连接工艺试验报告和焊接作业指导书，检查熔焊连接施工记录、熔焊外观质量检验记录、焊接力学性能检测报告。

检查数量：外观质量全数检查；熔焊焊缝焊接力学性能试验每 200 个接头不少于 1 组；现场进行破坏性检验或翻边切除检验（可任选一种）时，现场破坏性检验每 50 个接头不少于 1 个，现场内翻边切除检验每 50 个接头不少于 3 个；单位工程中接头数量不足 50 个时，仅做熔焊焊缝焊接力学性能试验，可不做现场检验。

4）卡箍连接、法兰连接、钢塑过渡接头连接时，应连接件齐全、位置正确、安装牢固，连接部位无扭曲、变形。

检查方法：逐个检查。

（2）一般项目

1）承插、套筒式接口的插入深度应符合要求，相邻管口的纵向间隙应不小于 10mm；环向间隙应均匀一致。

检查方法：逐口检查，用钢尺量测；检查施工记录。

2）承插式管道沿曲线安装时的接口转角，玻璃钢管的不应大于 GB 50268—2008 第 5.8.3 条的规定；聚乙烯管、聚丙烯管的接口转角应不大于 1.5°；硬聚氯乙烯管的接口转角应不大于 1.0°。

检查方法：用直尺量测曲线段接口；检查施工记录。

3）熔焊连接设备的控制参数满足焊接工艺要求；设备与待连接管的接触面无污物，设备及组合件组装正确、牢固、吻合；焊后冷却期间接口未受外力影响。

检查方法：观察，检查专用熔焊设备质量合格证明书、校检报告，检查熔焊记录。

4）卡箍连接、法兰连接、钢塑过渡连接件的钢制部分以及钢制螺栓、螺母、垫圈的防腐要求应符合设计要求。

检查方法：逐个检查；检查产品质量合格证明书、检验报告。

（六）管道铺设

（1）主控项目

1）管道埋设深度、轴线位置应符合设计要求，无压力管道严禁倒坡。

检查方法：检查施工记录、测量记录。

2）刚性管道无结构贯通裂缝和明显缺损情况。

检查方法：观察，检查技术资料。

3）柔性管道的管壁不得出现纵向隆起、环向扁平和其他变形情况。

检查方法：观察，检查施工记录、测量记录。

4）管道铺设安装必须稳固，管道安装后应线形平直。

检查方法：观察，检查测量记录。

（2）一般项目

1）管道内应光洁平整，无杂物、油污；管道无明显渗水和水珠现象。

检查方法：观察，渗漏水程度检查按 GB 50268—2008 附录 F 第 F.0.3 条执行。

2）管道与井室洞口之间无渗漏水。

检查方法：逐井观察，检查施工记录。

3）管道内外防腐层完整，无破损现象。

检查方法：观察，检查施工记录。

4）钢管管道开孔应符合 GB 50268—2008 第 5.3.11 条的规定。

检查方法：逐个观察，检查施工记录。

5）闸阀安装应牢固、严密，启闭灵活，与管道轴线垂直。

检查方法：观察检查，检查施工记录。

6）管道铺设的允许偏差应符合表 7-26 的规定。

表 7-26 管道铺设的允许偏差

检查项目		允许偏差 （mm）		检查数量		检查方法
				范围	点数	
1	水平轴线	无压管道	15	每节管	1	经纬仪测量或挂中线用钢尺量测
		压力管道	30			
2	管底高程	$D_i \leqslant 1000$	无压管道	±10		水准仪测量
			压力管道	±30		
		$D_i > 1000$	无压管道	±15		
			压力管道	±30		

三、相关检验批质量验收记录表（样式）

（一）开槽施工管道基础检验批质量验收记录表见表 7-27。

（二）钢管接口连接检验批质量验收记录表见表 7-28。

（三）金属类管道铺设检验批质量验收记录表见表 7-29。

（四）球墨铸铁管接口连接检验批质量验收记录表见表 7-30。

（五）钢筋混凝土类管接口连接检验批质量验收记录表见表 7-31。

（六）钢筋混凝土类管道铺设检验批质量验收记录表见表 7-32。

（七）化学建材管接口连接检验批质量验收记录表见表 7-33。

（八）柔性管道铺设检验批质量验收记录表见表 7-34。

表7-27 开槽施工管道基础检验批质量验收记录表

编号：020101□□/020201□□/020301□□/020401□□　管道基础

工程名称		分部工程名称		分项工程名称	
施工单位		施工员		项目经理	
分包单位		分包项目经理		施工班组长	
工程数量		验收部分（桩号或井号）		项目技术负责人	
交方班组		接方班组		检查日期	年　月　日

检查项目	序号	检查内容	检验依据/允许偏差（规定值或混凝土值）	检查数量（范围）	检查数量（点数）	检查结果/实测值（偏差值或实测值）1 2 3 4 5 6 7 8 9 10	应测点数	合格点数	合格率（%）
主控项目	1	地基承载力	现状地基承载力符合设计要求	检查地基处理强度或承载力检验报告（复合）		检验报告编号：			
	2	混凝土强度	标准养护及同条件养护应符合设计要求	每工作班每100m³	各1组	检验报告编号：			
	3	砂石基础压实度	符合设计要求或同条规范规定			检验报告编号：			
一般项目	1	垫层 中线每侧宽度	不小于设计要求	每个验收批	每10m测1点，且不少于3点				
		高程 压力管道	±30						
		高程 无压管道	0，-15						
	2	混凝土基础 平基 厚度	不小于设计要求	每个验收批	每10m测1点，且不少于3点				
		平基 中线每侧宽	+10，0						
		平基 高程	0，-15						
		管座 厚度	不小于设计要求						
		管座 肩宽	+10，-5						
		管座 肩高	±20						
	3	土及基础 高程 压力管道	±30	每个验收批	每10m测1点，且不少于3点				
		高程 无压管道	0，-15						
		平基厚度	不小于设计要求						
		土弧基础腋角高度	不小于设计要求						
施工单位检查评定结论						项目专业质量检查员（签字）： 项目专业技术负责人（签字）： 年　月　日			
监理（建设）单位意见						监理工程师（签字）： （或建设单位项目专业技术负责人（签字）： 年　月　日			

注：本表格实际填写时按施工工程序分别进行选择（应分页填写）；如有钢筋混凝土、钢筋部分检验批参照相关规范补充之。

表7-28 钢管接口连接检验批质量验收记录表

编号：020102□□
021301□□

工程名称		分部工程名称		分项工程名称	钢管接口连接
施工单位			项目经理		
分包单位		施工员		施工班组长	
工程数量		分包项目经理		项目技术负责人	
交方班组		验收部位（桩号或井号）		检查日期	年 月 日

	序号	检查内容	检验依据/允许偏差（规定值或±偏差值）	检查数量	点数	检查结果/实测点（偏差值或偏差实测值）											应测点数	合格点数	合格率（%）
				范围		1	2	3	4	5	6	7	8	9	10				
主控项目	1	材料质量	管节、管件及焊接材料应符合规范5.3.2条规定			保证资料及记录单编号：													
	2	接口	接口焊缝坡口应符合规范5.3.7条规定	逐口	查记录													
	3	错口	壁厚的20%，且不大于2mm	逐口	查记录	检验报告编号：													
	4	焊口焊接质量	壁厚单层焊接质量应符合规范5.3.17条规定	逐口	查记录	焊缝质量检测报告编号：													
	5	法兰接口	接口与管道要同心、螺栓自由穿入，高强螺栓终拧扭矩符合设计要求和有关标准	逐口	查记录													
一般项目	1	接口组对	纵、环缝位置应符合规范5.3.9条规定	逐口	查记录													
	2	管节组对	坡口及内外侧焊接影响范围内表面应无油漆、锈、垢、毛刺等污物	逐口	查记录													
	3	不同壁厚管节对接	不同壁厚管节对接应符合规范5.3.10条规定	逐个	尺量查记录													
	4	焊缝层次	按设计或作业指导书	逐个	查记录													
	5	法兰与管道中轴线偏差（mm）	D≤300mm ≤1mm / D>300mm ≤2mm	逐口														
	6	法兰之间平行	不大于法兰外径的1.5‰，且不大于2mm，螺孔中心允许偏差为孔径5%	逐口														

施工单位检查评定结论	项目专业质量检查员：（签字）
监理（建设）单位意见	监理工程师：（签字） （或建设单位项目专业技术负责人：（签字） 年 月 日

表7-29　金属类管道铺设检验批质量验收记录表

编号：020103□□

工程名称		分项工程名称	金属类管道铺设
施工单位		项目经理	
分包单位		施工班组长	
工程数量		项目技术负责人	
交方班组		检查日期	年　月　日

检查项目	序号	检查内容	检验依据/允许偏差（规定值或±偏差）	范围	点数	检查结果/实测点偏差值或实测值 1	2	3	4	5	6	7	8	9	10	应测点数	合格点数	合格率（%）
主控项目	1	埋设深度	管道埋设深度、轴线位置应符合设计要求，无压力管道严禁倒坡	检查施工记录、测量记录														
	2	管道外观	刚性管道无结构贯通裂缝和明显缺损情况	观察、查技术资料														
	3	管道安装	安装必须稳固、管道安装后应成线形平直	观察、查测量记录														
一般项目	1	管道开孔	不得在干管纵向、环向焊缝处开孔；管道上任何位置不得开方孔；不得在短管节上或管件上开孔；开孔处加固补强应符合设计要求	逐个观察、检查施工记录														
	2	水平轴线	无压管道 15	每管节	1													
			有压管道 30															
	3	管底高程	Di≤1000　无压管道 ±10	每管节	1													
			有压管道 ±30															
			Di>1000　无压管道 ±15															
			有压管道 ±30															

施工单位检查评定结论	项目专业质量检查员：（签字） （或建设单位项目专业技术负责人） 年　月　日
监理（建设）单位意见	监理工程师：（签字） （或建设单位项目专业技术负责人）组织项目技术负责人等进行验收，并应按上表进行记录。 年　月　日

注：本表由施工项目专业质量检查员填写，监理工程师（建设单位专业质量检查员等进行验收，并应按上表进行记录。

261

表7-30 球墨铸铁管接口连接检验批质量验收记录表

编号：020108□□

工程名称				分部工程名称			分项工程名称				球墨铸铁管接口连接		
施工单位				施工员			项目经理						
分包单位				分包项目经理			施工班组长						
工程数量				验收部分（桩号或井号）			项目技术负责人						
交方班组				接口班组			检查日期				年　月　日		

检查项目	序号	检查内容	检验依据/允许偏差（规定值或±偏差值）	检查数量		检查结果/实测点偏差值或实测值											应测点数	合格点数	合格率（%）
				范围	点数	1	2	3	4	5	6	7	8	9	10				
主控项目	1	材料产品质量	所有材料质量符合本规范5.5.1有关规定	进场批次	按规范	产品质量保证资料编号：													
	2	承接接口连接	两管节中轴线应保持同心，承口、承插部位无破损、变形、开裂；插口推入深度应符合要求	逐个观察施工记录	逐个观察施工记录													
	3	法兰接口	法兰压盖的纵向轴线一致，螺栓终拧扭矩应符合设计或说明书要求，连接部位及材件无变形、破损	逐个接口检查、检查螺栓拧紧记录	手检查，用扭矩扳													
	4	橡胶圈位置(mm)		全数	1													
一般项目	1	管节平顺度	接口无突起、突弯、轴向位移现象	观察、复测量记录	观察													
	2	环向间隙(mm)		每处	1													
	3	法兰接口压兰	螺栓和螺母等连接件规格型号一致，采用钢制螺栓和螺母时，防腐处理应符合设计要求	逐个接口检查														
	4	曲线安装允许转角	管内径 D_i (mm) / 允许转角(°)	用尺量曲线段每个接口	逐个接口检查													
			75～600 / 3															
			700～800 / 2															
			≥900 / 1															

橡胶圈位置±3；环向间隙≤3

施工单位检查评定结论	项目专业质量检查员：（签字） 年　月　日
监理（建设）单位意见	监理工程师：（签字） （或建设单位项目专业技术负责人） 年　月　日

注：本表由施工项目专业质量检查员填写，监理工程师（建设单位项目专业技术负责人）组织项目专业质量检查员等进行验收，并应按上表进行记录。

表 7-31　钢筋混凝土类管接口连接检验批质量验收记录表

编号：020202□□　020302□□

工程名称			分项工程名称			钢筋混凝土管接口连接	
施工单位			项目经理				
分包单位			施工班组长				
工程数量			项目技术负责人				
交方班组			检查日期			年　　月　　日	

检查项目	序号	检查内容	检验依据/允许偏差（规定值或土偏差值）	检查数量		检查结果/实测点偏差值或实测值										应测点数	合格点数	合格率（%）
				范围	点数	1	2	3	4	5	6	7	8	9	10			
主控项目	1	材料产品质量	管及管件、橡胶圈的产品质量符合本规范有关规定	进场批次	按规范	产品质量保证资料编号：												
	2	柔性接口	橡胶圈位置正确、无扭曲、外露现象，承口、插口无破损、开裂；双道橡胶圈的单口水压试验合格	逐个观察，检查单口水压记录														
	3	刚性接口	接口混凝土强度符合设计要求，不得有开裂、空鼓、脱落现象	检查砂浆及混凝土试块抗压强度试验报告														
一般项目	1	柔性接口纵向间隙	柔性接口的安装位置正确，其纵向间隙应符合规范的有关规定	逐个检查，检查施工记录														
	2	相邻接口错口（mm）	$D_i \leqslant 700$	自检	两井之间	3												
			$700 < D_i \leqslant 1000$	≤3	两井之间	3												
			$D_i > 1000$	≤5	两井之间	3												
	4	曲线安装	管道曲线安装时，接口及转角处应符合设计要求、施工范围第 5.6.9、5.7.5 条的规定	曲线段每个接口														
	5	接口填缝	管道接口填缝应符合设计要求，密实、光洁、平整	检查材料质量、施工配合比记录														

施工单位检查评定结论	项目专业质量检查员：（签字）　　　　　　　年　　月　　日
监理（建设）单位意见	监理工程师：（签字）（或建设单位项目专业技术负责人）组织项目专业质量检查员等进行验收，并应按上表进行记录。

注：本表由施工项目专业质量检查员填写，监理工程师（建设单位项目专业技术负责人）组织项目专业质量检查员等进行验收，并应按上表进行记录。

表 7-32　钢筋混凝土类管道铺设检验批质量验收记录表

编号：020203□□　　020303□□

工程名称			分部工程名称		分项工程名称	钢筋混凝土类管道铺设
施工单位			项目经理		项目经理	
分包单位			分包项目经理		施工班组长	
工程数量			验收部分（桩号或井号）		项目技术负责人	
交方班组			接方班组		检查日期	年　月　日

检查项目		序号	检查内容	检验依据/允许偏差（规定值或土偏差值）	范围	点数	检查结果/实测点偏差值或实测值										应测点数	合格点数	合格率（%）
							1	2	3	4	5	6	7	8	9	10			
主控项目		1	埋设深度	管道埋设深度、轴线位置应符合设计要求，无压力管道严禁倒坡	检查施工记录、测量记录														
		2	管道外观	刚性管道无结构贯通裂缝和明显缺损情况	观察、检查技术资料														
		3	管道安装	安装稳固、管道安装后应形平直	观察、检查测量资料														
一般项目		1	水平轴线	无压管道	15	每节管	1													
				压力管道	30															
		2	管底高程	$D_i \leqslant 1000$	无压管道	±10	每节管	1													
					压力管道	±30															
				$D_i > 1000$	无压管道	±15															
					压力管道	±30															
施工单位检查评定结论								项目专业质量检查员：（签字）												
																	年　月　日			
监理（建设）单位意见								监理工程师：（签字） （或建设单位项目专业技术负责人）：（签字）												
																	年　月　日			

注：本表由施工项目专业质量检查员填写，监理工程师（建设单位项目技术负责人）组织项目专业质量检查员等进行验收，并应按上表进行记录。

表7-33　化学建材管接口连接检验批质量验收记录表

编号：020402□□　　021201□□

工程名称		分项工程名称		化学建材管接口连接
施工单位		施工员		项目经理
分包单位		分包项目经理		施工班组长
工程数量		验收部分（桩号或井号）		项目技术负责人
交方班组		接方班组		检查日期　　年　月　日

检查项目	序号	检查内容	检验依据/允许偏差（规定值或±偏差值）	检查数量 范围	检查数量 点数	检查结果/实测点值或实测值 1	2	3	4	5	6	7	8	9	10	应测点数	合格点数	合格率（%）
主控项目	1	材料产品质量	管及管件、橡胶圈的产品质量符合本规范 5.8.1、5.9.1 规定	进场批次	按规范	产品质量保证资料编号：成品管进场验收记录												
	2	管道接口	承口、插口部位及套筒连接紧密，无破损、变形、开裂等现象，插入后胶圈位置正确，无扭曲现象，双道橡胶圈的单口水压试验合格	逐个接口检查、检查	按规范	施工方案及记录、单口水压记录												
	3	聚乙烯、聚丙烯管接口熔焊	焊缝应完整，无缺损、变形、焊接力学性能不低于母材，凸缘无气孔、鼓包、裂缝对接缝边质量符合要求	逐个检查		检查焊接工艺试验报告、作业指导书、相关记录、焊接力学性能检测报告												
	4	卡箍、法兰等连接件	卡箍、法兰等连接件符合要求	逐个检查														
一般项目	1	相邻管口	承插式接口插入深度符合要求；相邻管口纵向间隙≥10mm	逐个检查、检查施工记录														
	2	管道接口	承插式管道沿曲线安装时的接口转角，玻璃钢管的不应大于规范 5.8.3 规定，聚乙烯、聚丙烯管的接口转角≤1.5°；硬聚乙烯管的接口转角≤1.0°	逐个检查、检查施工记录														
	3	熔焊连接设备	熔焊连接设备的控制参数满足焊接工艺要求；设备及组合件组装正确	检查焊接设备质量合格证明书、校验记录、记录														
	4	连接件防腐	钢制部分及配件防腐符合设计要求	逐个检查、检查产品质量合格证明书、检验报告														

施工单位检查评定结论：	项目专业质量检查员：（签字）年　月　日
监理（建设）单位意见：	监理工程师：（签字） （或建设单位项目技术负责人）项目专业技术负责人：（签字）年　月　日

注：本表由施工项目专业质量检查员填写，监理工程师（建设单位项目技术负责人）组织项目专业质量检查员等进行验收，并应按上表进行记录。

表7-34　柔性管道铺设检验批质量验收记录表

编号：020403□□

工程名称					分部工程名称			柔性管道铺设										
施工单位					分部工程			项目经理										
分包单位					分包项目经理			施工班组长										
工程数量					验收部位（桩号或井号）			项目技术负责人										
交方班组					接收班组			检查日期			年	月	日					

检查项目	序号	检查内容	检验依据/允许偏差（规定值或±偏差值）		检查数量		检查结果/实测点偏差值或实测值										应测点数	合格点数	合格率（%）
					范围	点数	1	2	3	4	5	6	7	8	9	10			
主控项目	1	埋设深度	管道埋设深度、轴线位置应符合设计要求，无压力管道严禁倒坡		检查施工记录、测量记录														
	2	管道管壁	管壁不得出现纵向隆起、环向扁平和其他变形		观察、检查施工记录、测量记录														
	3	管道安装	安装必须稳固、管道安装后应线形平直		观察、检查测量资料														
一般项目	1	水平轴线	无压管道	15	每节管	1													
			压力管道	30															
	2	管底高程	$D_i \leq 1000$	无压管道	±10	每节管	1												
				压力管道	±30														
			$D_i > 1000$	无压管道	±15														
				压力管道	±30														

施工单位检查评定结论		项目专业质量检查员：（签字） （或建设单位项目专业技术负责人） 年　月　日
监理（建设）单位意见		监理工程师：（签字） （建设单位项目专业技术负责人）：（签字） 年　月　日

注：本表由施工项目专业质量检查员填写，监理工程师（建设单位项目专业技术负责人）组织项目专业质量检查员等进行验收，并应按本表进行记录。

第四节　不开槽施工管道主体结构

一、检验要点

1. 本节适用于采用顶管、盾构、浅埋暗挖、地表式水平定向钻及夯管等方法进行不开槽施工的室外给排水管道工程。

2. 施工前应进行现场调查研究，并对建设单位提供的工程沿线的有关工程地质、水文地质、周围环境情况，以及沿线地下与地上管线、周边建（构）筑物、障碍物及其他设施的详细资料进行核实确认，必要时应进行坑探。

3. 施工前应编制施工方案，包括下列主要内容：

（1）顶管法施工方案包括下列主要内容：

① 顶进方法比选和顶管段单元长度的确定。

② 顶管机选型及各类设备的规格、型号及数量。

③ 工作井位置选择、结构类型及其洞口封门设计。

④ 管节、接口选型及检验，内外防腐处理。

⑤ 顶管进、出洞口技术措施，地基改良措施。

⑥ 顶力计算、后背设计和中继间设置。

⑦ 减阻剂选择及相应技术措施。

⑧ 施工测量、纠偏的方法。

⑨ 曲线顶进及垂直顶升的技术控制及措施。

⑩ 地表及构筑物变形与形变监测和控制措施。

⑪安全技术措施、应急预案。

（2）盾构法施工方案包括下列主要内容：

① 盾构机的选型与安装方案。

② 工作井的位置选择、结构形式、洞门封门设计。

③ 盾构基座设计，以及始发工作井后背布置形式。

④ 管片的拼装、防水及注浆方案。

⑤ 盾构进、出洞口的技术措施，以及地基、地层加固措施。

⑥ 掘进施工工艺、技术管理方案。

⑦ 垂直运输、水平运输方式及管道内断面布置；

⑧ 掘进施工测量及纠偏措施。

⑨ 地表变形及周围环境保护的要求、监测和控制措施。

⑩ 安全技术措施、应急预案。

（3）浅埋暗挖法施工方案包括下列主要内容：

① 土层加固措施和开挖方案。

② 施工降排水方案。

③ 工作井的位置选择、结构类型及其洞口封门的设计、井内布置。

④ 施工程序（步序）设计。

⑤ 垂直运输、水平运输方式及管道内断面布置。

⑥ 结构安全和环境安全、保护的要求、监测和控制措施。

⑦ 安全技术措施、应急预案。

（4）地表式定向钻法施工方案包括下列主要内容：

① 定向钻的入土点、出土点位置选择。

② 钻进轨迹设计（入土角、出土角、管道轴向曲率半径要求）。

③ 确定终孔孔径及扩孔次数，计算管道回拖力，管材的选用。

④ 定向钻机、钻头、钻杆及扩孔头、拉管头等的选用。

⑤ 护孔减阻泥浆的配制及泥浆系统的布置。

⑥ 地面管道布置走向及管道材质、组对拼装、防腐层要求。

⑦ 导向定位系统设备的选择及施工探测（测量）技术要求，控制措施。

⑧ 周围环境控制保护及监控措施。

4. 不开槽施工方法选择应符合下列规定：

（1）顶管顶进方法的选择，应根据工程设计要求、工程水文地质条件、周围环境和现场条件，经技术经济比较后确定，并应符合下列规定：

① 采用敞口式（手掘式）顶管机时，应将地下水位降至管底以下不小于 0.5m 处，并应采取措施，防止其他水源进入顶管的管道。

② 周围环境要求控制地层变形或无降水条件时，宜采用封闭式的土压平衡或泥水平衡顶管机施工。

③ 穿越建（构）筑物、铁路、公路、重要管线和防汛墙时，应制订相应的保护措施。

④ 对于小口径的金属管道、无地层变形控制要求且顶力满足施工要求时，可采用一次顶进的挤密土层顶管法。

（2）盾构机选型，应根据工程设计要求（管道的外径、埋深和长度）、工程水文地质条件、施工现场及周围环境安全等要求，经过技术经济比较后确定。

（3）浅埋暗挖施工方案的选择，应根据工程设计（隧道断面和结构形式、埋深、长度）、工程水文地质条件、施工现场和周围环境安全等要求、经过技术经济比较后确定。

（4）定向钻机的回转扭矩和回拖力确定，应根据终孔孔径、轴向曲率半径、管道长度，结合工程水文地质和现场周围环境条件，经过技术经济比较综合考虑后确定，并应有一定的安全储备。

（5）导向探测仪的配置应根据定向钻机类型、穿越障碍物类型、探测深度和现场探测条件选用。

（6）工作井宜设置在检查井等附属构筑物的位置。

5. 施工前应根据工程水文地质条件、施工现场条件、周围环境等因素，进行安全风险评估；并制定防止发生事故以及事故处理的应急预案，备足应急抢险设备、器材等物质。

6. 根据工程设计、施工方法、工程水文地质条件，对邻近建（构）筑物、管线，应采用土体加固或其他有效的保护措施。

7. 根据设计要求、工程特点及有关规定，对管（隧）道沿线影响范围地表或地下管线等建（构）筑物设置观测点，进行监控测量。监控测量的信息应及时反馈，以指导施工，发现问题及时处理。

8. 监控测量的控制点（桩）设置应符合 GB 50268—2008 第 3.1.7 条规定，每次测量前应对控制点（桩）进行复核，如有扰动，应进行校正或重新补设。

9. 施工设备、装置应满足施工要求，并应符合下列规定：

① 施工设备、主要配套设备和辅助系统安装完成后，应经试运行及安全性检验，合格后方可掘进作业。

② 操作人员应经过培训，掌握设备操作要领，熟悉施工方法、各项技术参数，考试合格方可上岗。

③ 管（隧）道内涉及的水平运输设备、注浆系统、喷浆系统以及其他辅助系统应满足施工技术要求和安全、文明施工要求。

④ 施工供电应设置双路电源，并能自动切换；动力、照明应分路供电，作业面移动照明应采用低压供电。

⑤ 采用顶管、盾构、浅埋暗挖法施工的管道工程，应根据管（隧）道长度、施工方法和设备条件等确定管（隧）道内通风系统模式；设备供排风能力、管（隧）道内人员作业环境等还应满足国家有关标准规定。

⑥ 采用起重设备或垂直运输系统时，应符合下列规定：

a. 起重设备必须经过起重荷载计算。

b. 使用前应按有关规定进行检查验收，合格后方可使用。

c. 起重作业前应试吊，吊离地面 100mm 左右时，应检查重物捆扎情况和制动性能，确认安全后方可起吊；起吊时工作井内严禁站人，当吊运重物下井距作业面底部小于 500mm 时，操作人员方可近前工作。

d. 严禁超负荷使用。

e. 工作井上、下作业时必须有联络信号。

⑦ 所有设备、装置在使用中应按规定定期检查、维修和保养。

10. 顶管施工的管节应符合下列规定：

① 管节的规格及其接口连接形式应符合设计要求。

② 钢筋混凝土成品管质量应符合国家现行标准 GB/T 11836《混凝土和钢筋混凝土排水管》、JC/T 640《顶进施工法用钢筋混凝土排水管》的规定，管节及接口的抗渗性能应符合设计要求。

③ 钢管制作质量应符合 GB 50268—2008 第 5 章的相关规定和设计要求，且焊缝等级应不低于Ⅱ级；外防腐结构层满足设计要求，顶进时不得被土体磨损。

④ 双插口、钢承口钢筋混凝土管钢材部分制作与防腐应按钢管要求执行。

⑤ 玻璃钢管质量应符合国家有关标准的规定。

⑥ 橡胶圈应符合 GB 50268—2008 第 5.6.5 条规定及设计要求，与管节粘附牢固、表面平顺。

⑦ 衬垫的厚度应根据管径大小和顶进情况选定。

11. 盾构管片的结构形式、制作材料、防水措施应符合设计要求，并应满足下列规定。

① 铸铁管片、钢制管片应在专业工厂中生产。

② 现场预制钢筋混凝土管片时，应按管片生产的工艺流程，合理布置场地、管片养护装置等。

③ 钢筋混凝土管片的生产，应进行生产条件检查和试生产检验，合格后方可正式批量生产。

④ 管片堆放的场地应平整，管片端部应用枕木垫实。

⑤ 管片内弧面向上叠放时不宜超过 3 层，侧卧堆放时不得超过 4 层，内弧面不得向下叠放，否则应采取相应的安全措施。

⑥ 施工现场管片安装的螺栓连接件、防水密封条及其他防水材料应配套存放，妥善保存，不得混用。

12. 浅埋暗挖法施工的工程材料应符合设计和施工方案的要求。

13. 水平定向法施工，应根据设计要求选用聚乙烯管或钢管；成品管产品质量应符合 GB 50268—2008 第 5 章的相关规定和设计要求，且符合下列规定：

① 钢管接口应焊接，聚乙烯管接口应熔接。

② 钢管的焊缝等级应不低于 Ⅱ 级；钢管外防腐结构层及接口处的补口材质应满足设计要求，外防腐层不应被土体磨损或增设保护层。

③ 钻定向钻施工时，轴向最大回拖力和最小曲率半径的确定应满足管材力学性能要求，钢管的管径与壁厚之比不应大于 100，聚乙烯管标准尺寸比宜为 SDR11。

14. 施工中应做好掘进、管道轴线跟踪测量记录。

15. 管道的功能性试验符合 GB 50268—2008 第 9 章的规定。

（一）工作井

1. 工作井的结构必须满足井壁支护以及顶管（顶进工作井）、盾构（始发工作井）推进后座力作用等施工要求，其位置选择应符合下列规定：

① 宜选择在管道井室的位置。

② 便于排水、排泥、出土和运输。

③ 尽量避开现有构（建）筑物，减小施工扰动对周围环境的影响。

④ 顶管单向顶进时宜设在下游一侧。

2. 工作井围护结构应根据工程和水文地质条件、邻近建（构）筑物、地下与地上管线情况，以及结构受力、施工安全等要求，经过技术经济比较后确定。

3. 工作井施工应遵守下列规定：

① 编制专项施工方案。

② 应根据工作井的尺寸、结构形式、环境条件等因素，确定支护结构和支护（撑）形式。

③ 土方开挖过程中，应遵循"开槽支撑、先撑后挖、分层开挖，严禁超挖"的原则进行开挖与支撑。

④ 井底应保证稳定和干燥，并应及时封底。

⑤ 井底封底前，应设置集水坑，坑上应设有盖；封闭集水坑时应进行抗浮验算。

⑥ 在地面井口周围应设置安全护栏、防汛墙和防雨设施。

⑦ 井内应设置便于上、下的安全通道。

4. 顶管的顶进工作井、盾构的始发工作井的后背墙施工应符合下列规定：

（1）后背墙结构强度与刚度必须满足顶管、盾构最大允许顶力和设计要求。

（2）后背墙平面与掘进轴线应保持垂直，表面应坚实平整，能有效地传递作用力。

（3）施工前必须对后背土体进行允许抗力的验算，验算通不过时应对后背土体加固，以满足施工安全、周围环境保护要求。

（4）顶管的顶进工作井后背墙还应符合下列规定：

① 上、下游两段管道有折角时，还应对后背墙结构及布置进行设计。

② 装配式后背墙宜采用方木、型钢或钢板等组装，底端宜在工作坑底以下且不小于500mm；组装构件应规格一致、紧贴固定；后背土体壁面应与后背墙贴紧，有孔隙时应采用砂石料填塞密实。

③ 无原土做后背墙时，宜就地取材设计结构简单、稳定可靠、拆除方便的人工后背墙。

④ 利用已顶进完毕的管道做后背时，待顶管道的最大允许顶力应小于已顶管道的外壁摩擦阻力；后背钢板与管口端面之间应衬垫缓冲材料，并应采取措施保护已顶入管道的接口不受损伤。

5. 工作井尺寸应结合施工场地、施工管理、洞门拆除、测量及垂直运输等要求确定，且应符合下列规定：

（1）顶管工作井应符合下列规定：

① 应根据顶管机安装和拆卸、管节长度和外径尺寸、千斤顶工作长度、后背墙设置、垂直运土工作面、人员作业空间和顶进作业管理等要求确定平面尺寸。

② 深度应满足顶管机导轨安装、导轨基础厚度、洞口防水处理、管接口连接等要求；顶混凝土管时，洞圈最低处距底板顶面距离不宜小于600mm；顶钢管时，还应留有底部人工焊接的作业高度。

（2）盾构工作井应符合下列规定：

① 平面尺寸应满足盾构安装和拆卸、洞门拆除、后背墙设置、施工车架或临时平台、测量及垂直运输要求。

② 深度应满足盾构基座安装、洞口防水处理、井与管道连接方式要求，洞圈最底处距底板顶面距离宜大于600mm。

③ 浅埋暗挖竖井的平面尺寸和深度应根据施工设备布置、土石方和材料运输、施工人员出入、施工排水等的需要以及设计要求进行确定。

6. 工作井洞口施工应符合些下列规定：

（1）预留进、出洞口的位置应符合设计和施工方案的要求。

（2）洞口土层不稳定时，应对土体进行改良，进出洞施工前应检查改良后的土体强度和渗漏水情况。

（3）设置临时封门时，应考虑周围土层变形控制和施工安全等要求。封门应拆除方便，拆除时应减小对洞门土层的扰动。

（4）顶管或盾构施工的洞口应符合下列规定：

① 洞口应设置止水装置，止水装置联结环板应与工作井壁内的预埋件焊接牢固，且用胶凝材料封堵。

② 采用钢管做预埋顶管洞口时，钢管外宜加焊止水环。

③ 在软弱地层，洞口外缘宜设支撑点。

（5）浅埋暗挖施工的洞口影响范围的土层应进行预加固处理。

7. 顶管的顶进工作井内布置及设备安装、运行应符合下列规定：

（1）导轨应采用钢质材料，其强度和刚度应满足施工要求；导轨安装的坡度应与设计坡度一致。

（2）顶铁应符合下列规定：

① 顶铁的强度、刚度应满足最大允许顶力要求；安装轴线应与管道轴线平行、对称，顶铁在导轨上滑动平稳、且无阻滞现象，以使传力均匀和受力稳定。

② 顶铁与管端面之间应采用缓冲材料衬垫，并宜采用与管端面吻合的U形或环形顶铁。

③ 顶进作业时，作业人员不得在顶铁上方及侧面停留，并应随时观察顶铁有无异常现象。

（3）千斤顶、油泵等主顶进装置应符合下列规定：

① 千斤顶宜固定在支架上，并与管道中心的垂线对称，其合力的作用点应在管道中心的垂线上；千斤顶对称布置且规格应相同。

② 千斤顶的油路应并联，每台千斤顶应有进油、回油的控制系统；油泵应与千斤顶相匹配，并应有备用油泵；高压油管应顺直、转角少。

③ 千斤顶、油泵、换向阀及连接高压油管等安装完毕，应进行试运转；整个系统应满足耐压、无泄漏要求，千斤顶推进速度、行程和各千斤顶同步性应符合施工要求。

④ 初始顶进应缓慢进行，待各接触部位密合后，再按正常顶进速度顶进；顶进中若发现油压突然增高，应立即停止顶进，检查原因并经处理后方可继续顶进。

⑤ 千斤顶活塞退回时，油压不得过大，速度不得过快。

8. 盾构始发工作井内布置及设备安装、运行应符合下列规定：

（1）盾构基座应符合下列规定：

① 钢筋混凝土结构或钢结构，并置于工作井底板上；其结构应能承载盾构自重和其他附加荷载。

② 盾构基座上的导轨应根据管道的设计轴线和施工要求确定夹角、平面轴线、顶面高程和坡度。

（2）盾构安装应符合下列规定：

① 根据运输和进入工作井吊装条件，盾构可整体或解体运入现场，吊装时应采取防止变形的措施。

② 盾构在工作井内安装应达到安装精度要求，并根据施工要求就位在基座导轨上。

③ 盾构掘进前，应进行试运转验收，验收合格后方可使用。

（3）始发工作井的盾构后座采用管片衬砌、顶撑组装时，应符合下列规定：

① 后座管片衬砌应根据施工情况确定开口环和闭口环的数量，其后座管片的后端面应与轴线垂直，与后背墙贴紧。

② 开口尺寸应结合受力要求和进出材料尺寸而定。

③ 洞口处的后座管片应为闭口环，第一环闭口环脱出盾尾时，其上部与后背墙之间应设置顶撑，确保盾构顶力传至工作井后背墙。

④ 盾构掘进至一定距离、管片外壁与土体的摩擦力能够平衡盾构掘进反力时，为提高施工速度可拆除盾构后座，安装施工平台和水平运输装置。

（4）工作井应设置施工工作平台。

（二）顶管

1. 顶管施工应根据工程具体情况采用下列技术措施：

① 一次顶进距离大于100m时，应采用中继间技术。

② 在砂砾层或卵石层顶管时，应采取管节外表面熔蜡措施、触变泥浆技术等减少顶进阻力和稳定周围土体。

③ 长距离顶管应采用激光定向等测量控制技术。

2. 计算施工最大顶力时，应综合考虑管节材质、顶进工作井后背墙结构的允许最大荷载、顶进设备能力、施工技术措施等因素。施工最大顶力应大于顶进阻力，但不得超过管材或工作井后背墙的允许顶力。

3. 施工最大顶力有可能超过允许顶力时，应采取减少顶进阻力、增设中继间等施工技术措施。

4. 开始顶进前应检查下列内容，确认条件具备时方可开始顶进。

① 全部设备经过检查、试运转。

② 顶管机在导轨上的中心线、坡度和高程应符合要求。

③ 防止流动性土或地下水由洞口进入工作井的技术措施。

④ 拆除洞口封门的准备措施。

5. 顶管进、出工作井时应根据工程地质和水文地质条件、埋设深度、周围环境和顶进方法，选择技术经济合理的技术措施，并应符合下列规定：

① 应保证顶管进、出工作井和顶进过程中洞圈周围的土体稳定。

② 应考虑顶管机的切削能力。

③ 洞口周围含地下水时，若条件允许可采取降水措施，或采取注浆等措施加固主体以封堵地下水；在拆除封门时，顶管机外壁与工作井洞圈之间应设置洞口止水装置，防止顶进施工时泥水渗入工作井。

④ 工作井洞口封门拆除应符合下列规定：

a. 钢板桩工作井，可拔起或切割钢板桩露出洞口，并采取措施防止洞口上方的桩下落。

b. 工作井的围护结构为沉井工作井时，应先拆除洞圈内侧的临时封门，再拆除井壁外侧的封板或其他封填物。

c. 在不稳定土层中顶管时，封门拆除后应将顶管机立即顶入土层。

⑤ 拆除封门后，顶管机应连续顶进，直至洞口及止水装置发挥作用为止。

⑥ 在工作井洞口范围可预埋注浆管，管道进入土体之前可预先注浆。

6. 顶进作业应符合下列规定：

① 应根据土质条件、周围环境控制要求、顶进方法、各项顶进参数和监控数据、顶管机工作性能等，确定顶进、开挖、出土作业顺序和调整顶进参数。

② 掘进过程中应严格量测监控，实施信息化施工，确保开挖掘进工作面的土体稳定和土（泥水）压力平衡；并控制顶进速度、挖土和出土量，减少土体扰动和地层变形。

③ 采用敞开式（手工掘进）顶管机，在允许超挖的稳定土层中正常顶进时，管下部135°范围内不得超挖；管顶以上超挖量不得大于15mm。

④ 管道顶进过程中，应遵循"勤测量、勤纠偏、微纠偏"的原则，控制顶管机前进方向姿态，并应根据测量结果分析偏差产生的原因和发展趋势，确定纠偏的措施。

⑤ 开始顶进阶段，应严格控制顶进的速度和方向。

⑥ 进入接收工作井前应提前进行顶管机位置和姿态测量，并根据进口位置提前进行调整。

⑦ 在软土层中顶进混凝土管时，为防止管节飘移，宜将前3～5节管体与顶管机联成一体。

⑧ 钢筋混凝土管接口应保证橡胶圈正确就位；钢管接口焊接完成后，应进行防腐层补口施工，焊接及防腐层检验合格后方可顶进。

⑨ 应严格控制管道线形，对于柔性接口管道，其相邻管间转角不得大于该管材的允许转角。

7. 施工的测量与纠偏应符合下列规定：

（1）施工过程中应对管道水平轴线和高程、顶管机姿态等进行测量，并及时对测量控制基准点进行复核；发生偏差时应及时纠正。

（2）顶进施工测量前应对井内的测量控制基准点进行复核；当发生工作井位移、沉降、变形时应及时对基准点进行复核。

（3）管道水平轴线和高程测量应符合下列规定：

① 出顶进工作井进入土层，每顶进 300mm，测量不应少于一次；正常顶进时，每顶进 1000mm，测量不应少于一次。

② 进入接收工作井前 30m 应增加测量，每顶进 300mm，测量不应少于一次。

③ 全段顶完后，应在每个管节接口处测量其水平轴线和高程；有错口时，应测出相对高差。

④ 纠偏量较大，或频繁纠偏时应增加测量次数。

⑤ 测量记录应完整、清晰。

（4）距离较长的顶管，宜采用计算机辅助的导线法（自动测量导向系统）进行测量；当在管道内增设中间测站进行常规人工测量时，宜采用少设测站的长导线法，每次测量均应对中间测站进行复核。

（5）纠偏应符合下列规定：

① 顶管过程中应绘制顶管机水平与高程轨迹图、顶力变化曲线图、管节编号图，随时掌握顶进方向和趋势。

② 在顶进中及时纠偏。

③ 采用小角度纠偏方式。

④ 纠偏时开挖面土体应保持稳定；采用挖土纠偏方式，超挖量应符合地层变形控制和施工设计要求。

⑤ 刀盘式顶管机应有纠正顶管机旋转措施。

8. 采用中继间顶进时，其设计顶力、设置数量和位置应符合施工方案，并应符合下列规定：

① 设计顶力严禁超过管材允许顶力。

② 第一个中继间的设计顶力，应保证其允许最大顶力能克服前方管道的外壁摩擦阻力及顶管机的迎面阻力之和；而后续中继间设计顶力应克服两个中继间之间的管道外壁摩擦阻力。

③ 确定中继间位置时，应留有足够的顶力安全系数，第一个中继间位置应根据经验提前安装，同时考虑正面阻力反弹，防止地面沉降。

④ 中继间密封装置宜采用径向可调形式，密封配合面的加工精度和密封材料的质量应满足要求。

⑤ 超深、超长距离顶管工程，中继间应具有可更换密封止水圈的功能。

9. 中继间的安装、运行、拆除应符合下列规定：

① 中继间的壳体应有足够的刚度；其千斤顶的数量应根据该施工长度的顶力计算确定，

并沿周长均匀分布安装；其伸缩行程应满足施工和中继间结构受力的要求。

② 中继间外壳在伸缩时，滑动部分应具有止水性能和耐磨性，且滑动时无阻滞。

③ 中继间安装前应检查各部件，确认正常后方可安装；安装完毕应通过试验运转检验后方可使用。

④ 中继间的启动和拆除应由前向后依次进行。

⑤ 拆除中继间时，应具有对接接头的措施；中继间的外壳若不拆除，应在安装前进行防腐处理。

10. 触变泥浆注浆工艺应符合下列规定：

① 注浆工艺方案应包括：

a. 泥浆配比、注浆量及压力的确定。

b. 制备和输送泥浆的设备及其安装。

c. 注浆工艺、注浆系统及注浆孔的布置。

② 确保顶进时管外壁和土体之间的间隙能形成稳定、连续的泥浆套。

③ 泥浆材料的选择、组成和技术指标要求，应经现场试验确定；顶管机尾部同步注浆选择黏度较高、失水量小、稳定性好的材料；补浆的材料宜黏滞小、流动性好。

④ 触变泥浆应搅拌均匀，并具有下列性能：

a. 在输送和注浆过程中应呈胶状液体，具有相应的流动性。

b. 注浆后经一定的静置时间应呈胶凝状，具有一定的固结强度。

c. 管道顶进时，触变泥浆被扰动后胶凝结构破坏，又呈胶状液体。

d. 触变泥浆材料对环境无危害。

⑤ 顶管机尾部的后续几节管节应连续设置注浆孔。

⑥ 应遵循"同步注浆与补浆相结合"和"先注后顶、随顶随注、及时补浆"的原则，制定合理的注浆工艺。

⑦ 施工中应对触变泥浆的黏度、重度、pH 值、注浆压力、注浆量进行检测。

11. 触变泥浆注浆系统应符合下列规定：

① 制浆装容积应满足形成泥浆套的需要。

② 注浆泵宜选用液压泵、活塞泵或螺杆泵。

③ 注浆管应根据顶管长度和注浆孔位置设置，管接头拆卸方便、密封可靠。

④ 注浆孔的布置按管道直径大小确定，每个断面可设置 3～5 个；相邻断面上的注浆孔可平行布置或交错布置；每个注浆孔宜安装球阀，在顶管机尾部和其他适当位置的注浆孔管道上应设置压力表。

⑤ 注浆前，应检查注浆装置水密性；注浆时压力应逐步升至控制压力；注浆遇有机械故障、管路堵塞、接头渗漏等情况时，经处理后方可继续顶进。

12. 根据工程实际情况正确选择顶管机，顶进中对地层变形的控制应符合下列要求：

① 通过信息化施工，优化顶进的控制参数，使地层变形最小。

② 采用同步注浆和补浆，及时填充管外壁与土体之间的施工间隙，避免管道外壁土体扰动。

③ 发生偏差应及时纠偏。

④ 避免管节接口、中继间、工作井洞口及顶管机尾部等部位的水土流失和泥浆渗漏，

并确保管节接口端面完好。

　　⑤ 保持开挖量与出土量的平衡。

　　13. 顶进应连续作业，顶进过程中遇下列情况之一时，应暂停顶进，及时处理，并应采取防止顶管机前方塌方的措施。

　　① 顶管机前方遇到障碍。

　　② 后背墙变形严重。

　　③ 顶铁发生扭曲现象。

　　④ 管位偏差过大且纠偏无效。

　　⑤ 顶力超过管材的允许顶力。

　　⑥ 油泵、油路发生异常现象。

　　⑦ 管节接缝、中继间渗漏泥水、泥浆。

　　⑧ 地层、临近建（构）筑物、管线等周围环境的变形量超出控制允许值。

　　14. 顶管穿越铁路、公路或其他设施时，除符合 GB 50268—2008 的有关规定外，尚应遵守铁路、公路或其他设施的有关技术安全的规定。

　　15. 顶管管道贯通后应做好下列工作：

　　（1）工作井中的管端应按下列规定处理：

　　① 进入接收工作井的顶管机的管端下部应设枕垫。

　　② 管道两端露在工作井中的长度不小于 0.5m，且不得有接口。

　　③ 工作井中露出的混凝土管道端部应及时浇筑混凝土基础。

　　（2）顶管结束后进行触变泥浆置换时，应采取下列措施：

　　① 采用水泥砂浆、粉煤灰水泥砂浆等易于固结或稳定性较好的浆液置换泥浆填充管外侧超挖、塌落等原因造成的空隙。

　　② 拆除注浆管路后，将管道上的注浆孔封闭严密。

　　③ 将全部注浆设备清洗干净。

　　（3）钢筋混凝土管顶进结束后，管道内的管节接口间隙应按设计要求处理：设计无要求时，可采用弹性密封膏密封，其表面应抹平，不得凸入管内。

　　16. 钢筋混凝土管曲线顶管应符合下列规定：

　　（1）顶进阻力计算宜采用当地的经验公式确定；当无经验公式时，可按相同条件下直线顶管的顶进阻力进行估算，并考虑曲线段管外壁增加的侧向摩阻力以及顶进作用力轴向传递中的损失影响。

　　（2）曲线顶进应符合下列规定：

　　① 采用触变泥浆技术措施，并检查验证泥浆套形成情况。

　　② 根据顶进阻力计算中继间的数量和位置，并考虑轴向顶力、轴线调整的需要，缩短第一个中继间与顶管机以及后续中继间之间的间距。

　　③ 顶进初始时，应保持一定长度的直线段，然后逐渐过渡到曲线段。

　　④ 曲线段前几节管接口处可预埋钢板、预设拉杆，以备控制和保持接口张开量；对于软土层或曲率半径较小的顶管，可在顶管机后续管节的每个接口间隙位置，预设间隙调整器，形成整体弯曲弧度导向管段。

　　⑤ 采用敞口式（手掘进）顶管机时，在弯曲轴线内侧可进行超挖；超挖量的大小应考

虑弯曲段的曲率半径、管径、管长度等因素，满足地层变形控制和设计要求，并应经现场试验确定。

（3）施工测量应符合 GB 50268—2008 第 6.3.8 条的规定，并符合下列规定：

① 宜采用计算机辅助的导线法（自动测量导向系统）进行跟踪、快速测量。

② 顶进时，顶管机位置及姿态测量每米不应少于一次。

③ 每顶入一节管，其水平轴线及高程测量不应少于三次。

17. 管道的垂直顶升施工应符合下列规定：

（1）垂直顶升范围内的特殊管段，其结构形式应符合设计要求，结构强度、刚度和管段变形情况应满足承载顶升反力的要求；特殊管段土基应进行强度、稳定性验算，并根据验算结果采取相应的土体加固措施。

（2）顶进的特殊管段位置应准确，开孔管节在水平顶进时应采取防旋转的措施，保证顶升口的垂直度、中心位置满足设计和垂直顶升要求；开孔管节与相邻管节应连接牢固。

（3）垂直顶升设备的安装应符合下列规定：

① 顶升架应有足够的刚度、强度，其高度和平面尺寸应满足人员作业和垂直管节安装要求，并操作简便。

② 传力底梁座安装时，应保证其底面与水平管道有足够的均匀接触面积，使顶升反力均匀传递到相邻的数节水平管节上；底梁座上的支架应对称布置。

③ 顶升架安装定位时，需使顶升架千斤顶合力中心与水平开孔管顶升口中心同轴心和垂直；顶升液压系统应进行安装调试。

（4）顶升前应检查下列施工事项，合格后方可顶升：

① 垂直立管的管节制作完成后应进行试拼装，并对合格管节进行组对编号。

② 垂直立管顶升前应进行防水、防腐蚀处理。

③ 水平开孔管节的顶升口设置止水框装置且安装位置准确，并与相邻管节连接成整体；止水框装置与立管之间应安装止水嵌条，止水嵌条压紧程度可采用设置螺栓及方钢调节。

④ 垂直立管的顶头管节应设置转换装置（转向法兰），确保顶头管节就位后顶升前，进行顶升口帽盖与水平管脱离并与顶头管相连的转换过程中不发生泥、水渗漏。

⑤ 垂直顶升设备安装经检查、调试合格。

（5）垂直顶升应符合下列规定：

① 应按垂直立管的管节组对编号顺序依次进行。

② 立管管节就位时应位置正确，并保证管节与止水框装置内圈的周围间隙均匀一致，止水嵌条止水可靠。

③ 立管管节应平稳、垂直向上顶升；顶升各千斤顶行程应同步、匀速，并避免顶块偏心受力。

④ 垂直立管的管节间接口连接正确、牢固，止水可靠。

⑤ 应有防止垂直立管后退和管节下滑的措施。

（6）垂直顶升完成后，应完成下列工作：

① 做好与水平开口管节顶升口的接口处理，确保底座管节与水平管连接强度可靠。

② 立管进行防腐和阴极保护施工。

③ 管道内应清洁干净，无杂物。

（7）垂直顶升管在水下揭去帽盖时，必须在水平管道内灌满水并按设计要求采取立管稳管保护及揭帽盖安全措施后进行。

（8）外露的钢制构件防腐应符合设计要求。

（三）盾构

1. 盾构施工应根据设计要求和工程具体情况确定盾构类型、施工工艺，布设管片生产及地下、地面生产辅助设施，做好施工准备工作。

2. 钢筋混凝土管片生产应符合有关规范的规定和设计要求，并应符合下列规定：

① 模具、钢筋骨架按有关规定验收合格。

② 经过试验确定混凝土配合比，普通防水混凝土坍落度不宜大于 70mm；水、水泥、外加剂用量偏差应控制在±2%；粗、细骨料用量允许偏差应为±3%。

③ 混凝土保护层厚度较大时，应设置防表面混凝土收缩的钢筋网片。

④ 混凝土振捣密实，且不得碰钢模芯棒、钢筋、钢模及预埋件等；外弧面收水时应保证表面光洁、无明显收缩裂缝。

⑤ 管片养护应根据具体情况选用蒸汽养护、水池养护或自然养护。

3. 在脱模、吊运、堆放等过程中，应避免碰伤管片。

4. 管片应按拼装顺序编号排列堆放。管片粘贴防水密封条前应将槽内清理干净；粘贴时应牢固、平整、严密、位置准确，不得有起鼓、超长和缺口等现象；粘贴后应采取防雨、防潮、防晒等措施。

5. 盾构进、出工作井施工应符合下列规定：

① 土层不稳定时需对洞口土体进行加固，盾构出始发工作井前应对经加固的洞口土体进行检查。

② 出始发工作井拆除封门前应将盾构靠近洞口，拆除后应将盾构迅速推入土层内，缩短正面土层的暴露时间；洞圈与管片外壁之间应及时安装洞口止水密封装置。

③ 盾构出工作井后的 50～100 环内，应加强管道轴线测量和地层变形监测；并应根据盾构进入土层阶段的施工参数，调整和优化下阶段的掘进作业要求。

④ 进接收工作井阶段应降低正面土压力，拆除封门时应停止推进，确保封门的安全拆除；封门拆除后盾构应尽快推进和拼装管片，缩短进接收工作井时间；盾构到达接收工作井后应及时对洞圈间隙进行封闭。

⑤ 盾构进接收工作井前 100 环应进行轴线、洞门中心位置测量，根据测量情况及时调整盾构推进姿态和方向。

6. 盾构掘进应符合下列规定：

① 应根据盾构机类型采取相应的开挖面稳定方法，确保前方土体稳定。

② 盾构掘进轴线按设计要求进行控制，每掘进一环应对盾构姿态、衬砌位置进行测量。

③ 在掘进中逐步纠偏，并采用小角度纠偏方式。

④ 根据地层情况、设计轴线、埋深、盾构机类型等因素确定推进千斤顶的编组。

⑤ 根据地质、埋深、地面的建筑设施及地面的隆沉值等情况，及时调整盾构的施工参数和掘进速度。

⑥ 掘进中遇有停止推进且间歇时间较长时，应采取维持开挖面稳定的措施。

⑦ 在拼装管片或盾构掘进停歇时，应采取防止盾构后退的措施。

⑧ 推进中盾构旋转角度偏大时，应采取纠正的措施。

⑨ 根据盾构选型、施工现场环境，合理选择土方输送方式和机械设备。

⑩ 盾构掘进每次达到 1/3 管道长度时，对已建管道部分的贯通测量不少于一次；曲线管道还应增加贯通测量次数。

⑪ 应根据盾构类型和施工要求做好各项施工、掘进、设备和装置运行的管理工作。

7. 盾构掘进中遇有下列情况之一，应停止掘进，查明原因并采取有效措施：

① 盾构位置偏离设计轴线过大。

② 管片严重碎裂和渗漏水。

③ 盾构前方开挖面发生坍塌或地表隆沉严重。

④ 遭遇地下不明障碍物或意外的地质变化。

⑤ 盾构旋转角度过大，影响正常施工。

⑥ 盾构扭矩或顶力异常。

8. 管片拼装应符合下列规定：

① 管片下井前应进行防水处理，管片与连接件等应有专人检查，配套送至工作面，拼装前应检查管片编组编号。

② 千斤顶顶出长度应满足管片拼装要求。

③ 拼装前应清理盾尾底部，并检查拼装机运转是否正常；拼装机在旋转时，操作人员应退出管片拼装作业范围。

④ 每环中的第一块拼装定位准确，自下而上、左右交叉对称依次拼装，最后封顶成环。

⑤ 逐块初拧管片环向和纵向螺栓，成环后环面应平整；管片脱出盾尾后应再次复紧螺栓。

⑥ 拼装时保持盾构姿态稳定，防止盾构后退、变坡变向。

⑦ 拼装成环后应进行质量检测，并记录填写报表。

⑧ 防止损伤管片防水密封条、防水涂料及衬垫；有损伤或挤出、脱槽、扭曲时，及时修补或调换。

⑨ 防止管片损伤，并控制相邻管片间环面平整度、整环管片的圆度、环缝及纵缝的拼接质量，所有螺栓连接件应安装齐全并及时检查复紧。

9. 盾构掘进中应采用注浆以利于管片衬砌结构稳定，注浆应符合下列规定：

① 根据注浆目的选择浆液材料，沉降量控制要求较高的工程不宜用惰性浆液；浆液的配合比及性能应经试验确定。

② 同步注浆时，注浆作业应与盾构掘进同步，及时充填管片脱出盾尾后形成的空隙，并应根据变形监测情况控制好注浆压力和注浆量。

③ 注浆量控制宜大于环形空隙体积的 150%，压力宜为 0.2～0.5MPa；并宜多孔注浆；注浆后应及时将注浆孔封闭。

④ 注浆前应对注浆孔、注浆管路和设备进行检查；注浆结束及时清洗管路及注浆设备。

10. 盾构法施工及环境保护的监控内容应包括：地表隆沉、管道轴线监测，以及地下管道保护、地面建（构）筑物变形的量测等。有特殊要求时还应进行管道结构内力、分层土体变位、孔隙水压力的测量。施工监测情况应及时反馈，并指导施工。

11. 盾构施工中对已成形管道轴线和地表变形进行监测应符合表 7-35 的规定。穿越重要建（构）筑物、公路及铁路时，应连续监测。

表 7-35　盾构掘进施工的管道轴线、地表变形监测的规定

测量项目	量测工具	测点布置	监测频率
地表变形	水准仪	每 5m 设一个监测点，每 30m 设一个监测断面；必要时须加密	盾构前方 20m、后方 30m，监测 2 次/d；盾构后方 50m，监测 1 次/2d；盾构后方>50m，监测 1 次/7d
管道轴线	水准仪、经纬仪、钢尺	每 5～10 环设一个监测断面	工作面后 10 环，监测 1 次/d；工作面后 50 环，监测 1 次/2d；工作面后>50 环，监测 1 次/7d

12. 盾构施工的给排水管道应按设计要求施做现浇钢筋混凝土二次衬砌；现浇钢筋混凝土二次衬砌前应隐蔽验收合格，并应符合下列规定：

① 所有螺栓应拧紧到位，螺栓与螺栓孔之间的防水垫圈无缺漏。

② 所有预埋件、螺栓孔、螺栓手孔等进行防水、防腐处理。

③ 管道如有渗漏水，应及时封堵处理。

④ 管片拼装接缝应进行嵌缝处理。

⑤ 管道内清理干净，并进行防水层处理。

13. 现浇钢筋混凝土二次衬砌应符合下列规定：

① 衬砌的断面形式、结构形式和厚度，以及衬砌的变形缝位置和构造符合设计要求。

② 钢筋混凝土施工应符合现行国家标准 GB 50204《混凝土结构工程施工质量验收规范》和 GB 50141《给水排水构筑物工程施工及验收规范》的有关规定。

③ 衬砌分次浇筑成型时，应"先下后上、左右对称、最后拱顶"的顺序分块施工。

④ 下拱式非全断面衬砌时，应对无内衬部位的一次衬砌管片螺栓手孔封堵抹平。

14. 全断面的钢筋混凝土二次衬砌，宜采用台车滑模浇筑，其施工应符合下列规定：

1）组合钢拱模板的强度、刚度，应能承受泵送混凝土荷载和辅助振捣荷载，并应确保台车滑模在拆卸、移动、安装等施工条件下不变形。

2）使用前模板表面应清理并均匀涂刷混凝土隔离剂，安装应牢固，位置正确；与已浇筑完成的内衬搭接宽度不宜小于 200mm，另一端面封堵模板与管片的缝隙应封闭；台车滑模应设置辅助振捣。

3）钢筋骨架焊接应牢固，符合设计要求。

4）采用和易性良好、坍落度适当的泵送混凝土，泵送前应不产生离析。

5）衬砌应一次浇筑成型，并应符合下列要求：

① 泵送导管应水平设置在顶部，插入深度宜为台车滑模长度的 2/3，且不小于 3m。

② 混凝土浇筑应左右对称、高度基本一致，并应视情况采取辅助振捣。

③ 泵送压力升高或顶部导管管口被混凝土埋入超过 2m 时，导管可边泵送边缓慢退出；导管管口至台车滑模端部时，应快速拔出导管并封堵。

④ 混凝土达到规定的强度方可拆模；拆模和台车滑模移动时不得损伤已浇筑混凝土。

⑤ 混凝土缺陷应及时修补。

（四）浅埋暗挖

1. 按工程结构、水文地质、周围环境情况选择施工方案。

2. 按设计要求和施工方案做好加固土层和降排水等开挖施工准备。

3. 开挖前的土层加固应符合下列规定：

（1）超前小导管加固土层应符合下列规定：

1）宜采用顺直，长度 3~4m，直径 40~50mm 的钢管。

2）沿拱部轮廓线外侧设置，间距、孔位、孔深、孔径符合设计要求。

3）小导管的后端应支承在已设置的钢格栅上，其前端应嵌固在土层中，前后两排小导管的重叠长度不应小于 1m。

4）小导管外插角不应大于 15°。

（2）超前小导管加固的浆液应依据土层类型，通过试验选定。

（3）水玻璃、改性水玻璃浆液与注浆应符合下列规定：

① 应取样进行注浆效果检查，未达要求时，应调整浆液或调整小导管间距。

② 砂层中注浆宜定量控制，注浆量应经渗透试验确定。

③ 注浆压力宜控制在 0.15~0.3MPa 之间，最大不得超过 0.5MPa，每孔稳压时间不得小于 2min。

④ 注浆应有序，自一端起跳孔顺序注浆，并观察有无串孔现象，发生串孔时应封闭相邻孔。

⑤ 注浆后，根据浆液类型及其加固试验效果，确定土层开挖时间；通常 4~8h 后方可开挖。

（4）钢筋锚杆加固土层应符合下列规定：

① 稳定洞体时采用的锚杆类型、锚杆间距、锚杆长度及排列方式，应符合施工方案的要求。

② 锚杆孔距允许偏差：普通锚杆±100mm；预应力锚杆±200mm。

③ 灌浆锚杆孔内应砂浆饱满，砂浆配比及强度符合设计要求。

④ 锚杆安装经验收合格后，应及时填写记录。

⑤ 锚杆试验要求：同批每 100 根为一组，每组 3 根，同批试件抗拔力平均值不得小于设计锚固力值。

4. 土方开挖应符合下列规定：

① 宜用激光准直仪控制中线和隧道断面仪控制外轮廓线。

② 按设计要求确定开挖方式，内径小于 3m 的管道，宜用正台阶法或全断面开挖。

③ 每开挖一榀钢拱架的间距，应及时支护、喷锚、闭合，严禁超挖。

④ 土层变化较大时，应及时控制开挖长度；在稳定性较差的地层中，应采用保留核心工的开挖方法，核心土的长度不宜小于 2.5m。

⑤ 在稳定性差的地层中停止开挖或停止作业时间较长时，应及时喷射混凝土封闭开挖面。

⑥ 相向开挖的两个开挖面相距约 2 倍管（隧）径时，应停止一个开挖面做业，进行封闭；由另一开挖面做贯通开挖。

5. 初期衬砌施工应符合下列规定：

（1）混凝土的强度符合设计要求，且宜采用湿喷方式。

（2）按设计要求设置变形缝，且变形缝间距不宜大于 15m。

（3）支护钢格栅、钢架以及钢筋网的加工、安装符合设计要求；运输、堆放应采取防止变形措施；安装前应除锈，并抽样试拼装，合格后方可使用。

（4）喷射混凝土施工前应做好下列准备工作：

① 钢格栅、钢架及钢筋网安装检查合格。

② 埋设控制喷射混凝土厚度的标志。

③ 检查管道开挖断面尺寸，清除松动的浮石、土块和杂物。

④ 作业区的通风、照明设置符合规定。

⑤ 做好排、降水；疏干地层的积、渗水。

（5）喷射混凝土原材料及配合比应符合下列规定：

① 宜选用硅酸盐水泥或普通硅酸盐水泥。

② 细骨料应采用中砂或粗砂，细度模数宜大于2.5，含水率宜控制在5%～7%；采用防粘料的喷射机时，砂的含水率宜为7%～10%。

③ 粗骨料应采用卵石或碎石，粒径不宜大于15mm。

④ 骨料级配应符合表7-36规定。

表7-36 骨料通过各筛径的累计质量百分数

骨料通过量（%）	筛孔直径（mm）							
	0.15	0.30	0.60	1.20	2.50	5.00	10.00	15.00
优	5～7	10～15	17～22	23～31	34～42	50～60	73～82	100
良	4～8	5～22	13～31	18～41	26～54	40～70	62～90	100

⑤ 应使用非碱活性骨料；使用碱活性骨料时，混凝土的总含碱量不应大于$3kg/m^3$。

⑥ 速凝剂质量合格且用前应进行试验，初凝时间不应大于5min，终凝时间不应大于10min。

⑦ 拌合用水应符合混凝土用水标准。

⑧ 应控制水灰比。

（6）干拌混合料应符合下列规定：

① 水泥与砂石质量比宜为1:4.0～1:4.5，砂率宜取45%～55%；速凝剂掺量应通过试验确定。

② 原材料按重量计，其称量允许偏差：水泥和速凝剂均为±2%，砂和石均为±3%。

③ 混合料应搅拌均匀，随用随拌；掺有速凝剂的干拌混合料的存放时间不应超过20min。

（7）喷射混凝土作业应符合下列规定：

① 工作面平整、光滑、无干斑或流淌滑坠现象；喷射作业分段、分层进行，喷射顺序由下而上。

② 喷射混凝土时，喷头应保持垂直于工作面，喷头距工作面不宜大于1°。

③ 采取措施减少喷射混凝土回弹损失。

④ 一次喷射混凝土的厚度：侧壁宜为60～100mm，拱部宜为50～60mm。分层喷射时，应在前一层喷混凝土终凝后进行。

⑤ 钢格栅、钢架、钢筋网的喷射混凝土保护层不应小于20mm。

⑥ 应在喷射混凝土终凝 2h 后进行养护，时间不小于 14d；冬期不得用水养护；混凝土强度低于 6MPa 时不得受冻。

⑦ 冬期作业区环境温度不低于 5℃；混合料及水进入喷射机口温度不低于 5℃。

（8）喷射混凝土设备应符合下列规定：

① 输送能力和输送距离应满足施工要求。

② 应满足喷射机工作风压及耗风量的要求。

③ 输送管应能承受 0.8MPa 以上压力，并有良好的耐磨性能。

④ 应保证供水系统喷头处水压不低于 0.15～0.20MPa。

⑤ 应及时检查、清理、维护机械设备系统，使设备处于良好状况。

（9）操作人员应穿着安全防护衣具。

（10）初期衬砌应尽早闭合，混凝土达到设计强度后，应及时进行背后注浆，以防止土体扰动造成土层沉降。

（11）大断面分部开挖应设置临时支护。

6．施工监控量测应符合下列规定：

（1）监控量测包括下列主要项目：

① 开挖面土质和支护状态的观察。

② 拱顶、地表下沉值。

③ 拱脚的水平收敛值。

（2）测点应紧跟工作面，离工作面距离不宜大于 2m，且宜在工作面开挖以后 24h 测得初始值。

（3）量测频率应根据监测数据变化趋势等具体情况确定和调整；量测数据应及时绘制成时态曲线，并注明当时管（隧）道施工情况以分析测点变形规律。

（4）监控量测信息及时反馈，指导施工。

7．防水层施工应符合下列规定：

（1）应在初期支护基本稳定，且衬砌检查合格后进行。

（2）防水层材料应符合设计要求，排水管道工程宜采用柔性防水层。

（3）清理混凝土表面，剔除尖、突部位，并用水泥砂浆压实、找平，防水层铺设基面凹凸高差不应大于 50mm，基面阴阳角应处理成圆角或钝角，圆弧半径不宜小于 50mm。

（4）初期衬砌表面塑料类衬垫应符合下列规定：

① 衬垫材料应直顺，用垫圈固定，钉牢在基面上；固定衬垫的垫圈，应与防水卷材同材质，并焊接牢固。

② 衬垫固定时宜交错布置，间距应符合设计要求；固定钉距防水卷材外边缘的距离不应小于 0.5m。

③ 衬垫材料搭接宽度不宜小于 500mm。

（5）防水卷材铺设时应符合下列规定：

① 牢固地固定在初期衬砌面上；采用软塑料类防水卷材时，宜采用热焊固定在垫圈上。

② 采用专用热合机焊接；双焊缝搭接，焊缝应均匀连续，焊缝的宽度不应小于 10mm。

③ 宜环向铺设，环向与纵向搭接宽度不应小于 100mm。

④ 相邻两幅防水卷材的接缝应错开布置，并错开结构转角处，且错开距离不宜小

于 600mm。

⑤ 焊缝不得有漏焊、假焊、焊焦、焊穿等现象；焊缝应经充气试验，合格条件为：气压 0.15MPa，经 3min 其下降值不大于 20%。

8. 二次衬砌施工应符合下列规定：

（1）在防水层验收合格后，结构变形基本稳定的条件下施作。

（2）采取措施保护防水层完好。

（3）伸缩缝应根据设计设置，并与初期支护变形缝位置重合；止水带安装应在两侧加设支撑筋，并固定牢固，浇筑混凝土时不得有移动位置、卷边、跑灰等现象。

（4）模板施工应符合下列规定：

① 模板和支架的强度、刚度和稳定性应满足设计要求，使用前应经过检查，重复使用时应经修整。

② 模板支架预留沉落量为：0～30mm。

③ 模板接缝拼接严密，不得漏浆。

④ 变形缝端头模板处的填缝中心应与初期支护变形缝位置重合，端头模板支设应垂直、牢固。

（5）混凝土浇筑应符合下列规定：

① 应按施工方案划分浇筑部位。

② 灌注前，应对设立模板的外形尺寸、中线、标高、各种预埋件等进行隐蔽工程检查，并填写记录；检查合格后，方可进行灌注。

③ 应从下向上浇筑，各部位应对称浇筑振捣密实，且振捣器不得触及防水层。

④ 应采取措施做好施工缝处理。

（6）泵送混凝土应符合下列规定：

① 坍落度为 60～200mm。

② 碎石级配，骨料最大粒径≤25mm。

③ 减水型、缓凝型外加剂，其掺量应经试验确定；掺加防水剂、微膨胀剂时应以动态运转试验控制掺量。

④ 骨料的含碱量控制应符合 GB 50268—2008 第 6.5.5 条的规定。

（7）拆模时间应根据结构断面形式及混凝土达到的强度确定；矩形断面，侧墙应达到设计强度的 70%；顶板应达到 100%。

二、检验标准

工作井的围护结构、井内结构施工质量验收标准应按现行国家标准 GB 50202《建筑地基基础工程施工质量验收规范》、GB 50141《给水排水构筑物工程施工及验收规范》的相关规定执行。

（一）工作井

（1）主控项目

1）工程原材料、成品、半成品的产品质量应符合国家相关标准规定和设计要求。

检查方法：检查产品质量合格证、出厂检验报告和进场复验报告。

2）工作井结构的强度、刚度和尺寸应满足设计要求，结构无滴漏和线流现象。

检查方法：观察按 GB 50268—2008 附录 F 第 F.0.3 条的规定逐座进行检查，检查施工记录。

3）混凝土结构的抗压强度等级、抗渗等级符合设计要求。

检查数量：每根钻孔灌柱桩、每幅地下连续墙混凝土为一个验收批，抗压强度、抗渗试块应各留置一组；沉井及其他现浇结构的同一配合比混凝土，每工作班且每浇筑 $100m^3$ 为一个验收批，抗压强度试块留置不应少于 1 组；每浇筑 $500m^3$ 混凝土抗渗试块留置不应少于 1 组。

检查方法：检查混凝土浇筑记录，检查试块的抗压强度、抗渗试验报告。

（2）一般项目

1）结构无明显渗水和水珠现象。

检查方法：按 GB 50268—2008 附录 F 第 F.0.3 条的规定逐座观察。

2）顶管顶进工作井、盾构始发工作井的后背墙应坚实、平整；后座与井壁后背墙联系紧密。

检查方法：逐个观察；检查相关施工记录。

3）两导轨应顺直、平行、等高，盾构基座及导轨的夹角符合规定；导轨与基座连接应牢固可靠，不得在使用中产生位移。

检查方法：逐个观察、量测。

4）工作井施工的允许偏差应符合表 7-37 的规定。

表 7-37　工作井施工的允许偏差

检查项目			允许偏差（mm）	检查数量		检查方法
				范围	点数	
1	井内导轨安装	顶面高程 顶管、夯管	+3.0	每座	每根导轨 2 点	用水准仪测量、水平尺量测
		顶面高程 盾构	+5.0			
		中心水平位置 顶管、夯管	3		每根导轨 2 点	用经纬仪测量
		中心水平位置 盾构	5			
		两轨间距 顶管、夯管	+2		2 个断面	用钢尺量测
		两轨间距 盾构	±5			
2	盾构后座管片	高　程	±10	每环底部	1 点	用水准仪测量
		水平轴线	±10		1 点	
3	井尺寸	矩形 每侧长、宽	不小于设计要求	每座	2 点	挂中线用尺量测
		圆形 半径				
4	进、出井预留洞口	中心位置	20	每个	竖、水平各 1 点	用经纬仪测量
		内径尺寸	±20		垂直向各 1 点	用钢尺量测
5	井底板高程		±30	每座	4 点	用水准仪测量
6	顶管、盾构工作井后背墙	垂直度	0.1%H	每座	1 点	用垂线、角尺量测
		水平扭转度	0.1%L			

注：H 为后背墙的高度（mm）；L 为后背墙的长度（mm）。

（二）顶管管道

（1）主控项目

1）管节及附件等工程材料的产品质量应符合国家有关标准的规定和设计要求。

检查方法：检查产品质量合格证明书、各项性能检验报告，检查产品制造原材料质量保证资料；检查产品进场验收记录。

2）接口橡胶圈安装位置正确，无位移、脱落现象；钢管的接口焊接质量应符合 GB 50268—2008 第 5 章的相关规定，焊缝无损探伤检验符合设计要求。

检查方法：逐个接口观察；检查钢管接口焊接检验报告。

3）无压管道的管底坡度无明显反坡现象；曲线顶管的实际曲率半径符合设计要求。

检查方法：观察，检查顶进施工记录、测量记录。

4）管道接口端部应无破损、顶裂现象，接口处无滴漏。

检查方法：逐节观察，其中渗漏水程度检查按 GB 50268—2008 附录 F 第 F.0.3 条执行。

（2）一般项目

1）管道内应线形平顺、无突变、变形现象；一般缺陷部位，应修补密实、表面光洁；管道无明显渗水和水珠现象。

检查方法：按 GB 50268—2008 附录 F 第 F.0.3 条、附录 G 的规定逐节观察。

2）管道与工作井出、进洞口的间隙连接牢固，洞口无渗漏水。

检查方法：观察每个洞口。

3）钢管防腐层及焊缝处的外防腐层及内防腐层质量验收合格。

检查方法：观察，按 GB 50268—2008 第 5 章的相关规定进行检查。

4）有内防腐层的钢筋混凝土管道，防腐层应完整、附着紧密。

检查方法：观察。

5）管道内应清洁，无杂物、油污。

检查方法：观察。

6）顶管施工贯通后管道的允许偏差应符合表 7-38 的规定。

表 7-38　顶管施工贯通后管道的允许偏差

检查项目			允许偏差（mm）	检查数量		检查方法
				范围	点数	
1	直线顶管水平轴线	$L<300\text{m}$	50	每管节	1 点	用经纬仪测量或挂中线用尺量测
		$300\text{m}\leqslant L<1000\text{m}$	100			
		$L\geqslant1000\text{m}$	$L/10$			
2	直线顶管内底高程	$L<300\text{m}$　$D_i<1500$	$+30,\ -40$			用水准仪或水平仪测量
		$L<300\text{m}$　$D_i\geqslant1500$	$+40,\ -50$			
		$300\text{m}\leqslant L<1000\text{m}$	$+60,\ -80$			用水准仪测量
		$L\geqslant1000\text{m}$	$+80,\ -100$			
3	曲线顶管水平轴线	$R\leqslant150D_i$　水平曲线	150			用经纬仪测量
		$R\leqslant150D_i$　竖曲线	150			
		$R\leqslant150D_i$　复合曲线	200			
		$R>150D_i$　水平曲线	150			
		$R>150D_i$　竖曲线	150			
		$R>150D_i$　复合曲线	150			

续表

检查项目			允许偏差（mm）	检查数量		检查方法
				范围	点数	
4	曲线顶管内底高程	$R \leqslant 150D_i$ 水平曲线	＋100，－150	每管节	1点	用水准仪测量
		竖曲线	＋150，－200			
		复合曲线	±200			
		$R > 150D_i$ 水平曲线	＋100，－150			
		竖曲线	＋100，－150			
		复合曲线	±200			
5	相邻管间错口	钢管、玻璃钢管	≤2			用钢尺量测，见 GB 50268—2008 第4.6.3条的有关规定
		钢筋混凝土管	15％壁厚，且≤20			
6	钢筋混凝土管曲线顶管相邻管间接口的最大间隙与最小间隙之差		≤ΔS			
7	钢管、玻璃钢管道竖向变形		≤0.03D_i			
8	对顶时两端错口		50			

注：D_i 为管道内径（mm）；L 为顶进长度（mm）；ΔS 为曲线顶管相邻管节接口允许的最大间隙与最小间隙之差（mm）；R 为曲线顶管的设计曲率半径（mm）。

（三）垂直顶升管道

（1）主控项目

1）管节及附件的产品质量应符合国家相关标准的规定和设计要求。

检查方法：检查产品质量合格证明书、各项性能检验报告，检查产品制造原材料质量保证资料，检查产品进场验收记录。

2）管道直顺，无破损现象；水平特殊管节及相邻管节无变形、破损现象；顶升管道底座与水平特殊管节的连接符合设计要求。

检查方法：逐个观察，检查施工记录。

3）管道防水、防腐蚀处理符合设计要求；无滴漏和线流现象。

检查方法：逐个观察，检查施工记录，渗漏水程度检查按 GB 50268—2008 附录 F 第 F.0.3 条执行。

（2）一般项目

1）管节接口连接件安装正确、完整。

检查方法：逐个观察；检查施工记录。

2）防水、防腐层完整，阴极保护装置符合设计要求。

检查方法：逐个观察，检查防水、防腐材料技术资料、施工记录。

3）管道无明显渗水和水珠现象。

检查方法：按 GB 50268—2008 附录 F 第 F.0.3 条的规定逐节观察。

4）水平管道内垂直顶升施工的允许偏差应符合表 7-39 的规定。

表 7-39 水平管道内垂直顶升施工的允许偏差

	检查项目		允许偏差（mm）	检查数量		检查方法
				范围	点数	
1	顶升管帽盖顶面高程		± 20	每根	1点	用水准仪测量
2	顶升管 管节安装	管节垂直度	$\leqslant 1.5\text{‰}H$	每节	各1点	用垂线量
		管节连接端面平行度	$\leqslant 1.5\text{‰}D_0$，且$\leqslant 2$			用钢尺、角尺等测
3	顶升管节间错口		$\leqslant 20$			用钢尺量测
4	顶升管道垂直度		$0.5\text{‰}H$	每根	1点	用垂线量
5	顶升管的 中心轴线	沿水平管纵向	30	顶头、底座管节	各1点	用经纬仪测量或钢尺量测
		沿水平管横向	20			
6	开口管顶升口 中心轴线	沿水平管纵向	40	每处	1点	
		沿水平管横向	30			

注：H 为垂直顶升管总长度（mm）；D_0 为垂直顶升管外径（mm）。

（四）盾构管片制作

（1）主控项目

1）工厂预制管片的产品质量应符合国家相关标准的规定和设计要求。

检查方法：检查产品质量合格证明书、各项性能检验报告，检查制造产品的原材料质量保证资料。

2）现场制作的管片应符合下列规定：

① 原材料的产品应符合国家相关标准的规定和设计要求。

② 管片的钢模制作的允许偏差应符合表 7-40 的规定。

检查方法：检查产品质量合格证明书、各项性能检验报告、进场复验报告；管片的钢模制作允许偏差按表 7-40 的规定执行。

表 7-40 管片的钢模制作的允许偏差

	检查项目	允许偏差	检查数量		检查方法
			范围	点数	
1	宽度	± 0.4mm	每块钢模	6点	用专用量轨、卡尺及钢尺等量测
2	弧弦长	± 0.4mm		2点	
3	底座夹角	$\pm 1°$		4点	
4	纵环向芯棒中心距	± 0.5mm		全检	
5	内腔高度	± 1mm		3点	

3）管片的混凝土强度等级、抗渗等级符合设计要求。

检查方法：检查混凝土抗压强度，抗渗试块报告。

检查数量：同一配合比当天同一班组或每浇筑5环管片混凝土为一个验收批，留置抗压强度试块1组；每生产10环管片混凝土应留置抗渗试块1组。

4）管片表面应平整，外观质量无严重缺陷、且无裂缝；铸铁管片或钢制管片无影响结构和拼装的质量缺陷。

检查方法：逐个观察；检查产品进场验收记录。

5）单块管片尺寸的允许偏差应符合表 7-41 的规定。

表 7-41　单块管片尺寸的允许偏差

	检查项目	允许偏差（mm）	检查数量		检查方法
			范围	点　数	
1	宽度	±1	每块	内、外侧各 3 点	用卡尺、钢尺、直尺、角尺、专用弧形板量测
2	弧弦长	±1		两端面各 1 点	
3	管片的厚度	+3，−1		3 点	
4	环面平整度	0.2		2 点	
5	内、外环面与端面垂直度	1		4 点	
6	螺栓孔位置	±1		3 点	
7	螺栓孔直径	±1		3 点	

6）钢筋混凝土管片抗渗试验应符合设计要求。

检查方法：将单块管片放置在专用试验架上，按设计要求水压恒压 2h，渗水深度不得超过管片厚度的 1/5 为合格。

检查数量：工厂预制管片，每生产 50 环应抽查 1 块管片做抗渗试验；连续三次合格时则改为每生产 100 环抽查 1 块管片，再连续三次合格则最终改为 200 环抽查 1 块管片做抗渗试验；如出现一次不合格，则恢复每 50 环抽查 1 块管片，并按上述抽查要求进行试验。

现场生产管片，当天同一班组或每浇筑 5 环管片，应抽查 1 块管片做抗渗试验。

7）管片进行水平组合拼装检验时应符合表 7-42 的规定。

表 7-42　管片水平组合拼装检验的允许偏差

	检查项目	允许偏差（mm）	检查数量		检查方法
			范围	点数	
1	环缝间隙	≤2	每条缝	6 点	插片检查
2	纵缝间隙	≤2		6 点	插片检查
3	成环后内径（不放衬垫）	±2	每环	4 点	用钢尺量测
4	成环后外径（不放衬垫）	+4，−2		4 点	用钢尺量测
5	纵、环向螺栓穿进后，螺栓杆与螺孔的间隙	$(D_1 − D_2) < 2$	每处	各 1 点	插钢丝检查

注：D_1 为螺孔直径，D_2 为螺栓杆直径，单位：mm。

检查数量：每套钢模（或铸铁、钢制管片）先生产 3 环进行水平拼装检验，合格后试生产 100 环再抽查 3 环进行水平拼装检验；合格后正式生产时，每生产 200 环应抽查 3 环进行水平拼装检验；管片正式生产后出现一次不合格时，则应加倍检验。

（2）一般项目

1）钢筋混凝土管片无缺棱、掉边、麻面和露筋，表面无明显气泡和一般质量缺陷；铸铁管片或钢制管片防腐层完整。

检查方法：逐个观察；检查产品进场验收记录。

2）管片预埋件齐全，预埋孔完整、位置正确。

检查方法：观察；检查产品进场验收记录。

3）防水密封条安装凹槽表面光洁，线形直顺。

检查方法：逐个观察。

4）管片的钢筋骨架制作的允许偏差应符合表 7-43 的规定。

表 7-43　钢筋混凝土管片的钢筋骨架制作的允许偏差

	检查项目	允许偏差（mm）	检查数量		检查方法
			范围	点数	
1	主筋间距	±10	每榀	4 点	用卡尺、钢尺量测
2	骨架长、宽、高	+5，−10		各 2 点	
3	环、纵向螺栓孔	畅通、内圆面平整		每处 1 点	
4	主筋保护层	±3		4 点	
5	分布筋长度	±10		4 点	
6	分布筋间距	±5		4 点	
7	箍筋间距	±10		4 点	
8	顶埋件位置	±5		每处 1 点	

（五）盾构掘进和管片拼装

（1）主控项目

1）管片防水密封条性能符合设计要求，粘贴牢固、平整、无缺损，防水垫圈无遗漏。

检查方法：逐个观察，检查防水密封条质量保证资料。

2）环、纵向螺栓及连接件的力学性能符合设计要求，螺栓应全部穿入，拧紧力矩应符合设计要求。

检查方法：逐个观察；检查螺栓及连接件的材料质量保证资料、复试报告，检查拼装拧紧记录。

3）钢筋混凝土管片拼装无内外贯穿裂缝，表面无大于 0.2mm 的推顶裂缝以及混凝土剥落和露筋现象；铸铁、钢制管片无变形、破损。

检查方法：逐片观察，用裂缝观察仪检查裂缝宽度。

4）管道无线漏、滴漏水现象。

检查方法：按 GB 50268—2008 附录 F 第 F.0.3 条的规定，全数观察。

5）管道线形平顺，无突变现象；圆环无明显变形。

检查方法：观察。

（2）一般项目

1）管道无明显渗水。

检查方法：按 GB 50268—2008 附录 F 第 F.0.3 条的规定，全数观察。

2）钢筋混凝土管片表面不宜有一般质量缺陷；铸铁、钢制管片防腐层完好。

检查方法：全数观察，其中一般质量缺陷判定按 GB 50268—2008 附录 G 的规定执行。

3）钢筋混凝土管片的螺栓手孔封堵时不得有剥落现象，且封堵混凝土强度符合设计要求。

检查方法：观察；检查封堵混凝土的抗压强度试块试验报告。

4）管片在盾尾内管片拼装成环的允许偏差应符合表7-44的规定。

表7-44 在盾尾内管片拼装成环的允许偏差

检查项目		允许偏差（mm）	检查数量		检查方法
			范围	点数	
1	环缝张开	≤2	每环	1	插片检查
2	纵缝张开	≤2			插片检查
3	衬砌环直径圆度	5‰D_i		4	用钢尺量测
4	相邻管片间的高差 环向	5			用钢尺量测
	纵向	6			
5	成环环底高程	±100		1	用水准仪测量
6	成环中心水平轴线	±100			用经纬仪测量

注：环缝、纵缝张开的允许偏差仅指直线段。

5）管道贯通后的允许偏差应符合表7-45的规定。

表7-45 管道贯通后的允许偏差

检查项目		允许偏差（mm）	检查数量		检查方法
			范围	点数	
1	相邻管片间的高差 环向	15	每5环	4	用钢尺量测
	纵向	20			
2	环缝张开	2		1	插片检查
3	纵缝张开	2			
4	衬砌环直径圆度	8‰D_i		4	用钢尺量测
5	管底高程 输水管道	±150		1	用水准仪测量
	套管或管廊	±100			
6	管道中心水平轴线	±150			用经纬仪测量

注：环缝、纵缝张开的允许偏差仅指直线段。

（六）盾构施工管道的钢筋混凝土二次衬砌

（1）主控项目

1）钢筋数量、规格应符合设计要求。

检查方法：检查每批钢筋的质量保证资料和进场复验报告。

2）混凝土强度等级、抗渗等级符合设计要求。

检查方法：检查混凝土抗压强度、抗渗试块报告。

检查数量：同一配合比，每连续浇筑一次混凝土为一验收批，应留置抗压、抗渗试块各1组。

3）混凝上外观质量无严重缺陷。

检查方法：按GB 50268—2008附录G的规定逐段观察；检查施工技术资料。

4）防水处理符合设计要求，管道无滴漏、线漏现象。

检查方法：按GB 50268—2008附录F第F.0,3条的规定观察；检查防水材料质量保证资料、施工记录、施工技术资料。

（2）一般项目

1）变形缝位置符合设计要求，且通缝、垂直。

检查方法：逐个观察。

2）拆模后无隐筋现象，混凝土不宜有一般质量缺陷。

检查方法：按 GB 50268—2008 附录 G 的规定逐段观察；检查施工技术资料。

3）管道线形平顺，表面平整、光洁；管道无明显渗水现象。

检查方法：全数观察。

4）钢筋混凝土衬砌施工质量的允许偏差应符合表 7-46 的规定。

表 7-46　钢筋混凝土衬砌施工质量的允许偏差

	检查项目	允许偏差（mm）	检查数量		检查方法
			范围	点　数	
1	内径	±20		不少于1点	用钢尺量测
2	内衬壁厚	±15		不少于2点	
3	主钢筋保护层厚度	±5		不少于4点	
4	变形缝相邻高差	10	每榀	不少于1点	
5	管底高程	±100		不少于1点	用水准仪测量
6	管道中心水平轴线	±100			用经纬仪测量
7	表面平整度	10			沿管道轴向用2m直尺量测
8	管道直顺度	15	每20m	1点	沿管道轴向用20m小线量测

（七）浅埋暗挖管道的土层开挖

（1）主控项目

1）开挖方法必须符合施工方案要求，开挖土层稳定。

检查方法：全过程检查；检查施工方案、施工技术资料，施工和监测记录。

2）开挖断面尺寸不得小于设计要求，且轮廓圆顺；若出现超挖，其超挖允许值不得超出现行国家标准 GB 50299《地下铁道工程施工及验收规范》的规定。

检查方法：检查每个开挖断面；检查设计文件、施工方案、施工技术资料、施工记录。

（2）一般项目

3）土层开挖的允许偏差应符合表 7-47 的规定。

表 7-47　土层开挖的允许偏差

序号	检查项目	允许偏差（mm）	检查数量		检查方法
			范围	点数	
1	轴线偏差	±30	每榀	4	挂中心线用尺量每侧2点
2	高程	±30	每榀	1	用水准仪测量

注：管道高度大于2m时，轴线偏差每侧测量3点。

4）小导管注浆加固质量符合设计要求。

检查方法：全过程检查，检查施工技术资料、施工记录。

（八）浅埋暗挖管道的初期衬砌

（1）主控项目

1）支护钢格栅、钢架的加工、安装应符合下列规定：

① 每批钢筋、型钢材料规格、尺寸、焊接质量应符合设计要求。

② 每榀钢格栅、钢架的结构形式，以及部件拼装的整体结构尺寸应符合设计要求，且无变形。

检查方法：观察，检查材料质量保证资料，检查加工记录。

2）钢筋网安装应符合下列规定：

① 每批钢筋材料规格、尺寸应符合设计要求。

② 每片钢筋网加工、制作尺寸应符合设计要求，且无变形。

检查方法：观察；检查材料质量保证资料。

3）初期衬砌喷射混凝土应符合下列规定：

① 每批水泥、骨料、水、外加剂等原材料，其产品质量应符合国家标准的规定和设计要求。

② 混凝土抗压强度应符合设计要求。

检查方法：检查材料质量保证资料、混凝土试件抗压和抗渗试验报告。

检查数量：混凝土标准养护试块，同一配合比，管道拱部和侧墙每20m混凝土为一验收批，抗压强度试块各留置一组；同一配合比，每40m管道混凝土留置抗渗试块一组。

（2）一般项目

1）初期支护钢格栅、钢架的加工、安装应符合下列规定：

① 每榀钢格栅各节点连接必须牢固，表面无焊渣。

② 每榀钢格栅与壁面应楔紧，底脚支垫稳固，相邻格栅的纵向连接必须绑扎牢固。

③ 钢格栅、钢架的加工与安装的允许偏差符合表7-48的规定。

检查方法：观察；检查制造、加工记录，按表7-48的规定检查允许偏差。

表 7-48　钢格栅、钢架的加工与安装的允许偏差

检查项目			允许偏差	检查数量		检查方法
				范围	点数	
1 加工	拱架（顶拱、墙拱）	矢高及弧长	＋200mm	每榀	2	用钢尺量测
		墙架长度	±20mm		1	
		拱、墙架横断面（高、宽）	＋100mm		2	
	格栅组装后外轮廓尺寸	高度	±30mm		1	
		宽度	±20mm		2	
		扭曲度	≤20mm		3	
2 安装	横向和纵向位置		横向±30mm，纵向±50mm		2	用钢尺量测
	垂直度		5‰		2	用垂球及钢尺量测
	高程		±30mm		2	用水准仪测量
	与管道中线倾角		≤2°		1	用经纬仪测量
	间距	格栅	±100mm		每处1	用钢尺量测
		钢架	±50mm		每处1	

注：首榀钢格栅应经检验合格后，方可投入批量生产。

2）钢筋网安装应符合下列规定：

① 钢筋网必须与钢筋格栅、钢架或锚杆连接牢固。

② 钢筋网加工、铺设的允许偏差应符合表 7-49 的规定。

检查方法：观察，按表 7-49 的规定检查允许偏差。

表 7-49　钢筋网加工、铺设的允许偏差

检查项目		允许偏差（mm）	检查数量		检查方法
			范围	点数	
1	钢筋网加工 钢筋间距	±10	片	2	用钢尺量测
	钢筋网加工 钢筋搭接长	±15			用钢尺量测
2	钢筋网铺设 搭接长度	≥200	一榀钢拱架长度	4	用钢尺量测
	钢筋网铺设 保护层	符合设计要求		2	用垂球及尺量测

3）初期衬砌喷射混凝土应符合下列规定：

① 喷射混凝上层表面应保持平顺、密实，且无裂缝、无脱落、无漏喷、无露筋、无空鼓、无渗漏水等现象。

② 初期衬砌喷射混凝土质量的允许偏差符合表 7-50 的规定。

检查方法：观察，按表 7-50 的规定检查允许偏差。

表 7-50　初期衬砌喷射混凝土质量的允许偏差

检查项目	允许偏差（mm）	检查数量		检查方法
		范围	点数	
1　平整度	≤30	每20m	2	用2m靠尺和塞尺量测
2　矢弦比	≯1/6	每20m	1个断面	用尺量测
3　喷射混凝土层厚度	见注1	每20m	1个断面	钻孔法或其他有效方法，见注2

注：1. 喷射混凝土层厚度允许偏差，60%以上检查点厚度不小于设计厚度，其余点处的最小厚度不小于设计厚度的 1/2；厚度总平均值不小于设计厚度。

　　2. 每20m管道检查一个断面，每断面以拱部中线开始，每间隔2～3m设一个点，但每一检查断面的拱部不应少于3个点，总计不应少于5个点。

（九）浅埋暗挖管道的防水层

（1）主控项目

1）每批的防水层及衬垫材料品种、规格必须符合设计要求。

检查方法：观察，检查产品质量合格证明、性能检验报告等。

（2）一般项目

2）双焊缝焊接，焊缝宽度不小于 10mm 且均匀连续，不得有漏焊、假焊、焊焦、焊穿等现象。

检查方法：观察，检查施工记录。

3）防水层铺设质量的允许偏差符合表 7-51 的规定。

表 7-51 防水层铺设质量的允许偏差

	检查项目	允许偏差（mm）	检查数量		检查方法
			范围	点数	
1	基面平整度	≤50			用 2m 直尺量取最大值
2	卷材环向与纵向搭接宽度	≥100	每 5m	2	用钢尺量测
3	衬垫搭接宽度	≥50			

注：本表防水层系低密度聚乙烯（LDPE）卷材。

（十）浅埋暗挖管道的二次衬砌

（1）主控项目

1）原材料的产品质量保证资料应齐全，每生产批次的出厂质量合格证明书及各项性能检验报告应符合国家相关标准规定和设计要求。

检查方法：检查产品质量合格证明书、各项性能检验报告、进场复验报告。

2）伸缩缝的设置必须根据设计要求，并应与初期支护变形缝位置重合。

检查方法：逐缝观察，对照设计文件检查。

3）混凝土抗压、抗渗等级必须符合设计要求。

检查数量：

① 同一配比，每浇筑一次垫层混凝土为一验收批，抗压强度试块各留置 1 组；同一配比，每浇筑管道每 30m 混凝土为一验收批，抗压强度试块留置 2 组（其中 1 组作为 28d 强度）；如需要与结构同条件养护的试块，其留置组数可根据需要确定。

② 同一配比，每浇筑管道每 30m 混凝土为一验收批，留置抗渗试块 1 组。

检查方法：检查混凝土抗压、抗渗试件的试验报告。

（2）一般项目

1）模板和支架的强度、刚度和稳定性，外观尺寸、中线、标高、预埋件必须满足设计要求；模板接缝应拼接严密，不得漏浆。

检查方法：检查施工记录、测量记录。

2）止水带安装牢固，浇筑混凝土时，不得产生移动、卷边、漏灰现象。

检查方法：逐个观察。

3）混凝土表面光洁、密实，防水层完整不漏水。

检查方法：逐段观察。

4）二次衬砌模板安装质量、混凝土施工的允许偏差应分别符合表 7-52、表 7-53 的规定。

表 7-52　二次衬砌模板安装质量的允许偏差

检查项目		允许偏差	检查数量		检查方法
			范围	点数	
1	拱部高程（设计标高加预留沉降量）	±10mm	每20m	1	用水准仪测量
2	横向（以中线为准）	±10mm	每20m	2	用钢尺量测
3	侧模垂直度	≤3‰	每截面	2	垂球及钢尺量测
4	相邻两块模板表面高低差	≤2mm	每5m	2	用尺量测取较大值

注：本表项目只适用分项工程检验，不适用分部及单位工程质量验收。

表 7-53　二次衬砌混凝土施工的允许偏差

序号	检查项目	允许偏差 (mm)	检查数量		检查方法
			范围	点数	
1	中线	≤30	每5m	2	用经纬仪侧量，每侧计1点
2	高程	+20，−30	每20m	1	用水准仪测量

三、相关检验批质量验收记录表（样式）

（一）相关检验批质量验收记录表见表 7-54。

（二）沉井模板检验批质量验收记录表见表 7-55。

（三）沉井钢筋加工检验批质量验收记录表见表 7-56。

（四）沉井钢筋安装检验批质量验收记录表见表 7-57。

（五）沉井制作检验批质量验收记录表见表 7-58。

（六）沉井下沉及封底检验批质量验收记录表见表 7-59。

（七）沉井井内结构检验批质量验收记录表见表 7-60。

（八）直线顶管管道检验批质量验收记录表见表 7-61。

（九）垂直顶升管道检验批质量验收记录表见表 7-62。

（十）盾构管片制作检验批质量验收记录表见表 7-63。

（十一）盾构掘进和管片拼装检验批质量验收记录表见表 7-64。

（十二）盾构施工管道钢筋混凝土二次衬砌检验批质量验收记录表见表 7-65。

（十三）浅埋暗挖管道的土层开挖检验批质量验收记录表见表 7-66。

（十四）浅埋暗挖管道的初期衬砌检验批质量验收记录表见表 7-67。

（十五）浅埋暗挖管道的防水层检验批质量验收记录表见表 7-68。

（十六）浅埋暗挖管道的二次衬砌检验批质量验收记录表见表 7-69。

表7-54　沉井围护结构检验批质量验收记录表

编号：020801□□

工程名称			分部工程名称		分项工程名称		沉井围护结构	
施工单位			施工员		项目经理			
分包单位			分包项目经理		施工班组长			
工程数量			验收部位（井号）		项目技术负责人			
交方班组			接方班组		检查日期		年　月　日	

检查项目	序号	检查内容	检验依据/允许偏差（规定值或±偏差值）	检查数量		检查结果/实测点偏差值或实测值										应测点数	合格点数	合格率（%）
				范围	点数	1	2	3	4	5	6	7	8	9	10			
主控项目	1	位置选择	符合6.2.1规定	观察、检查现场检查记录														
	2	地面井口维护	安全护栏、夜间照明、警示标志、防汛、防雨设施符合规范要求	观察、检查现场检查记录														
	3	安全通道	上、下的安全通道符合规范和设计要求	观察、检查现场检查记录														
	4	设备安装	符合6.2.7、6.2.8条要求	观察、检查现场检查记录														
	5	井内照明	井内照明采用安全电压，通风设施符合相关要求	观察、检查现场检查记录														
一般项目	1	桩垂直度	<1%	10m	1													
	2	桩身弯曲度	<2%L	10m	1													
	3	齿槽平直度	无电焊或毛刺	全数														
	4	桩长度	不小于设计规定	全数														
施工单位检查评定结论													项目专业质量检查员：（签字）　　年　月　日					
监理（建设）单位意见													监理工程师：（签字）（或建设单位项目专业技术负责人）：（签字）　　年　月　日					

注：本表一般项目按重复使用钢桩检验编制，如采用其他桩型，按GB 50202有关规定执行。

表7-55　沉井模板检验批质量验收记录表

编号：020802□□

工程名称		分部工程名称		分项工程名称	沉井模板
施工单位		施工员		项目经理	
分包单位		分包项目经理		施工班组长	
工程数量		验收部位（井号）		项目技术负责人	
交方班组		接方班组		检查日期	年 月 日

检查项目	序号	检查内容	检验依据/允许偏差（规定值或±偏差值）(mm)	检查数量 范围	检查数量 点数	检查结果/实测点偏差值或实测值 1	2	3	4	5	6	7	8	9	10	应测点数	合格点数	合格率（%）
主控项目	1	刚度和稳定性	模板及其支架应满足浇筑混凝土时承载能力，刚度和稳定性要求，且应安装牢固	观察		查模支架设计、验算资料												
	2	模板组装	模板安装位置正确，拼缝紧密不漏浆，对拉螺栓、垫块等安装稳固；模板的预留件，预留孔洞不得遗漏，且安装牢固	观察		检查模板设计、施工方案												
	3	隔离剂	模板清洁、脱模剂涂刷均匀、钢筋和混凝土接茬处无污渍	观察检查														
一般项目	1	相邻板差	2	每20m	1													
	2	平整度	3	每20m	1													
	3	高程	±5	每10m	1													
	4	井壁截面尺寸	±3	每10m	2													
	5	轴线位移	10	每10m	1													
	6	止水带 中心位移	5	每10m	2													
		止水带 垂直度	5	每10m	2													

施工单位检查评定结论：	项目专业质量检查员：（签字） 年 月 日
监理（建设）单位意见：	监理工程师：（签字） 项目专业技术负责人：（签字） （或建设单位项目专业技术负责人） 年 月 日

注：本表由施工项目专业质量检查员填写，监理工程师（建设单位项目技术负责人）组织项目专业质量检查员等进行验收，并应按上表进行记录。

表7-56　沉井钢筋加工检验批质量验收记录表

编号：020803□□

工程名称			分部工程名称		分项工程名称	沉井钢筋加工
施工单位			施工员		项目经理	
分包单位			分包项目经理		施工班组长	
工程数量			验收部位（井号）		项目技术负责人	
交方班组			接方班组		检查日期	年　月　日

检查项目	序号	检查内容	检验依据/允许偏差（规定值或±偏差值）（mm）	检查数量		检查结果/实测点偏差值或实测值											应测点数	合格点数	合格率（%）
				范围	点数	1	2	3	4	5	6	7	8	9	10			
主控项目	1	原材料质量	进场钢筋的质量保证资料应齐全，出厂质量合格证明书及各项性能检验报告应符合国家有关标准规定和设计要求，受力钢筋的品种、级别、规格必须符合设计要求	观察、检查质量保证资料		出厂合格证明编号： 性能复验报告编号：													
	2	加工质量	受力钢筋的弯钩和弯折、箍筋的末端弯钩形式应符合 GB 50204 的相关规定和设计要求	观察、检查施工记录															
	3	钢筋连接	纵向受力钢筋的连接方式应符合设计要求，受力钢筋采用机械连接接头或焊接接头时，其接头应符合 GB 50204 的相关规定进行力学性能检验	观察、检查施工记录		钢筋焊接接头力学性能检验报告编号：													
一般项目	1	受力钢筋成型长度	+5，−10	每批、每一类型抽查1%	1													
	2	弯起钢筋	弯起点位移	±20		1													
	3		弯起点高度	0，−10	且不小于3根	1													
	4	箍筋尺寸	±5		2													

施工单位检查评定结论

项目专业质量检查员：（签字）

监理（建设）单位意见

监理工程师：（签字）

（或建设单位项目专业技术负责人）

年　月　日

注：本表由施工项目专业质量检查员填写，监理工程师（建设单位项目专业技术负责人）组织项目专业质量检查员等进行验收，并应按上表行记录。

表7-57 沉井钢筋安装检验批质量验收记录表

编号：020804□□

工程名称		分部工程名称		分项工程名称	沉井钢筋安装
施工单位		施工员		项目经理	
分包单位		分包项目经理		施工班组长	
工程数量		验收部位（井号）		项目技术负责人	
交方班组		接方班组		检查日期	年 月 日

检查项目	序号	检查内容	检验依据/允许偏差（规定值或土偏差值）（mm）	检查数量		检查结果/实测点偏差值或实测值											应测点数	合格点数	合格率（%）
				范围	点数	1	2	3	4	5	6	7	8	9	10			
主控项目	1	接头位置	同一边接区段内的受力钢筋，采用机械连接或焊接接头时，接头面积百分率应符合GB 50204 的相关规定，采用绑扎接头时，接头面积百分率及最小搭接长度应符合GB 50141—2008 规范第 6.2.4 条第三款的规定	观察、检查施工记录														
一般项目	1	受力钢筋的间距	±10	每5m	1													
	2	受力钢筋的排距	±5	每5m	1													
	3	钢筋弯起点位置	20	每5m	1													
	4	箍筋、横向钢筋间距	绑扎骨架 ±20	每5m	1													
			焊接骨架 ±10	每5m	1													
	5	圆环钢筋同心度（直径小于3m管状结构）	±10	每3m	1													
	6	焊接预埋件	中心线位置 3	每件	1													
			水平高差 ±3															
	7	受力钢筋保护层	基础 0～+10	每5m	4													
			板、墙、拱 0～+3	每5m	1													

施工单位检查评定结论	项目专业质量检查员：（签字） 年 月 日
监理（建设）单位意见	项目专业技术负责人：（签字） 监理工程师：（签字） （或建设单位项目专业技术负责人） 年 月 日

注：本表由施工项目专业质量检查员填写，监理工程师（建设单位项目技术负责人）组织项目专业质量检查员等进行验收，并应按上表进行记录。

表 7-58　沉井制作检验批质量验收记录表

编号：020805□□

工程名称		分部工程名称		分项工程名称		沉井混凝土制作
施工单位		施工员		项目经理		
分包单位		分包项目经理		施工班组长		
工程数量		验收部位（井号）		项目技术负责人		
交方班组		接方班组		检查日期		年　月　日

检查项目	序号	检查内容		检验依据（允许偏差（规定值或士偏差值）(mm)）	检查数量		检查结果/实测点偏差值或实测值 1 2 3 4 5 6 7 8 9 10	应测点数	合格点数	合格率（%）
					范围	点数				
主控项目	1	原材料		所用工程材料的等级、规格、性能应符合国家有关标准的规定和设计要求	检查出厂合格证及复检报告		出厂合格证编号：性能复检报告编号：			
	2	混凝土强度		混凝土强度以及抗渗、抗冻性能应符合设计要求	查抗压、抗渗、抗冻试验报告		混凝土配合比单编号：抗压、抗渗、抗冻试验报告：			
	3	外观		混凝土结构外观无严重质量缺陷、制作过程中沉井无变形、开裂现象	观察、检查施工记录、监测记录					
一般项目	1	平面尺寸	长度	±0.5%L，且≤100	每座	每边1点				
	2		宽度	±0.5%B，且≤50		方形每边1 1				
	3		高度	+30		圆形4				
	4	直径（圆形）		±0.5%D，且≤100	每座	1				
	5	两对角线差		对角线长1%		圆形4				
	6	井壁厚度		±15	每件	每10m 1点				
	7	井壁、井墙垂直度		≤1%H	每座	方形每边1 圆形4				
	8	预理作中心线位置		±10		1				
	9	预留孔（洞）位移		±10	每处	1				

施工单位检查评定结论

项目专业质量检查员：（签字）

年　月　日

监理（建设）单位意见

监理工程师：（签字）

（或建设单位项目专业技术负责人）：（签字）

年　月　日

注：L为沉井长度，B为沉井宽度，H为沉井高度，D为沉井外径（mm）。

表7-59　沉井下沉及封底检验批质量验收记录表

编号：020806□□

工程名称		分部工程名称		沉井下沉及封底
施工单位		分项工程名称		项目经理
分包单位		分包项目经理		施工班组长
工程数量		验收部位（井号）		项目技术负责人
交方班组		接收班组		检查日期　年　月　日

检查项目	序号	检查内容	检验依据/允许偏差（规定值或土偏差值）(mm)	检查数量		检查结果/实测点偏差值或实测值										应测点数	合格点数	合格率(%)
				范围	点数	1	2	3	4	5	6	7	8	9	10			
主控项目	1	原材料	封底所用工程材料应符合国家有关标准和设计要求	检查每批出厂合格证及复验报告		出厂质量证明编号：进场复检报告编号：												
	2	混凝土强度	封底混凝土强度以及抗渗、抗冻性能符合设计要求	检查抗压、抗渗、抗冻试验报告		混凝土抗压强度试验报告编号：抗渗、抗冻试验报告：												
	3	标高及厚度	封底前沉底标高应符合设计要求；封底后混凝土地板板厚度不得小于设计要求	检查下沉记录；监测记录及复量测														
	4	下沉过程	下沉过程及封底时沉井无变形、倾斜、开裂现象；沉井结构无线流现象，底板无渗水现象	观察、查看下沉记录														
一般项目	下沉阶段 1	沉井四角高差	不大于下沉总深度的1.5%~2%，且不大于500	每座	取方井四角或圆井相互垂直处													
	下沉阶段 2	顶面中心位移	不大于下沉总深度的1.5%，且不大于300	每座	1													
	沉井终沉 1	下沉到位后，刃脚平面中心位置	不大于下沉总深度的1%，下沉总深度小于10m时应不大于100	每座	取方井四角或圆井垂直处每座1点													
	沉井终沉 2	沉井四角、圆井相互垂直地面高差	不小于下沉总深度1%，且不大于300；两角同水平距离小于10m时应不大于100															
	沉井终沉 3	刃脚平均高程	不大于100；地层为软土层时可根据使用条件和施工条件确定		取方井四角或圆井相互垂直处4点取平均值													

施工单位检查评定结论

项目专业质量检查员：（签字）

监理（建设）单位意见

监理工程师：（签字）

（或建设单位项目专业技术负责人）：（签字）

年　月　日

表7-60　沉井井内结构检验批质量验收记录表

编号：020807□□　沉井井内结构

工程名称		分部工程名称		分项工程名称	
施工单位		施工员		项目经理	
分包单位		分包项目经理		施工班组长	
工程数量		验收部位（井号）		项目技术负责人	
交方班组		接方班组		检查日期	年　月　日

检查项目	序号	检查内容	检验依据/允许偏差（规定值或±偏差值）(mm)		检查数量		检查结果/实测点点或偏差值或实测值										应测点数	合格点数	合格率（%）
					范围	点数	1	2	3	4	5	6	7	8	9	10			
主控项目	1	原材料质量	原材料、成品、半成品的产品质量符合国家标准准及设计要求																
	2	结构强度、刚度、尺寸	工作井结构的强度、刚度和尺寸应满足设计计算要求，结构无滴漏和线流现象		按规范附录F第F.0.3条	逐座	合格证、检验、复检报告编号：													
	3	混凝土抗压强度、抗渗	抗压强度、抗渗等级符合设计要求		抗压每工作班或100m³每工作班或抗渗500m³	1组	施工记录编号：　　试验报告编号：													
一般项目	1	井内导轨安装	顶面高程	顶管、夯构 +3.0	每座	每根导轨2点													
				盾构 +5.0															
			中心水平轴线	顶管、夯构 3		每根导轨2点													
				盾构 5															
			两轨间距	顶管、夯构 ±2		2个断面													
				盾构 ±5															
	2	盾构后座管片	高程	±10	每环底部	1													
			水平轴线	±10		1													
	3	井尺寸	矩形 每侧长、宽	不小于设计要求	每座	2													
			圆形 半径			1													
	4	进、出井预留洞口	中心位置	20	每个	2个													
			内径尺寸	±20		竖、水平 各1													
	5	井底板高程		±30	每座	4													
	6	顶管、盾构工作墙	垂直度	0.1%H	每座	1													
		井后背墙	水平扭转度	0.1%L		1													

施工单位检查评定结论	项目专业质量检查员： 项目专业技术负责人：
监理（建设）单位意见	监理工程师：（签字） （或建设单位项目专业技术负责人）：（签字） 年　月　日

表 7-61 直线顶管管道检验批质量验收记录

编号：020901□ □

工程名称		分部工程名称		分项工程名称		直线顶管管道施工
施工单位		分包项目经理		项目经理		
分包单位		分包项目经理		施工班组长		
工程数量		验收部位（井号）		项目技术负责人		
交方班组		接方班组		检查日期		年 月 日

检查项目	序号	检查内容	检验依据/允许偏差（规定值或主偏差值）（mm）		检查数量		检查结果/实测点偏差值或实测值											合格点数	合格率（%）
					范围	点数	1	2	3	4	5	6	7	8	9	10			
主控项目	1	顶管材料	管节及附伴等工程材料的产品质量应符合国家有关标准和设计要求		检查钢管焊接检验报告		合格证报告编号：检验报告编号：												
	2	接口探伤	钢管接口焊接质量符合规范要求，焊缝无损探伤符合设计要求		检查钢管焊样检验报告		检验报告编号：												
	3	管底坡度	无压管道坡度无明显反坡现象		观察、查施工记录														
	4	管道接口	胶圈安装位置正确，无位移、脱落现象。接口端部无破损、顶裂现象。接口处无滴漏		逐节观察														
一般项目	1	直线顶管水平轴线	L<300m　50		每管节	1													
			300m≤L<1000m　100																
			L≥1000m　L/10																
	2	直线顶管内底高程	L<300m　$D_i<1500$　+30、−40　$D_i≥1500$　+40、−50		每管节	1													
			300m≤L<1000m　+60、−80																
			L≥1000m　+80、−100																
	3	相邻管间错口	钢管、玻璃管　≤2　钢筋混凝土管　1.5%壁厚，且≤20		每管节	1													
	4	钢管玻璃管竖向变形	≤0.03D_i																
	5	对顶时两端错口	50																

施工单位检查评定结论

施工（建设）单位意见

监理　　　　项目专业质量检查员：（签字）

监理工程师：（签字）
（或建设单位项目专业技术负责人）：（签字）

年　月　日

注：L 为顶进长度。

表7-62　垂直顶升管道检验批质量验收记录表

编号：020903□□

工程名称		分部工程名称		垂直顶升管道施工
施工单位		施工员	项目经理	
分包单位		分包项目经理	施工班组长	
工程数量		验收部位（井号）	项目技术负责人	
交方班组		接方班组	检查日期	年　月　日

检查项目	序号	检查内容		检验依据/允许偏差（规定值或±偏差值）(mm)	检查数量		检查结果/实测点偏差值或实测值										合格点数	合格率（%）
					范围	点数	1	2	3	4	5	6	7	8	9	10		
主控项目	1	顶升管道材料		管节及附件等工程材料的产品质量应符合国家有关标准及设计要求	逐个观察	合格证报告编号：检验报告编号：												
	2	外观		管道直顺，无破损，管节无变形无破损，底座与水平特殊管节连接符合设计要求	逐个观察	施工记录编号：												
	3	管道防水、防腐		管道防水、防腐蚀处理符合设计要求；无满漏和线流现象														
一般项目	1	顶升管帽盖顶面高程		±20	每根	1												
	2	顶升管节安装	管节垂直度	≤1.5‰H	每节	各1												
			管节连接端口平行度	≤1.5‰D_0且≤2														
	3	顶升管节间错口		≤20	每根	1												
	4	顶升管道垂直度		0.5‰H	顶头、底座管节	各1												
	5	顶升管的中心线	沿水平管纵向	30														
			沿水平管横向	20														
	6	开口管顶口中心线垂直	沿水平管纵向	40	每处	1												
			沿水平管横向	30														

施工单位检查评定结论：

　　项目专业质量检查员：（签字）

监理（建设）单位意见：

　　监理工程师：（签字）
　　（或建设单位项目专业技术负责人：（签字））

年　月　日

305

表 7-63　盾构管片制作检验批质量验收记录表

编号：021001□-□

工程名称		分部工程名称		分项工程名称	盾构管片制作1
施工单位		分包项目经理		项目经理	
分包单位		验收部位（井号）		施工班组长	
工程数量				项目技术负责人	
交方班组		按方班组		检查日期	年　月　日

检查项目	序号	检查内容	检验依据/允许偏差（规定值或允许偏差值）(mm)	检查数量		检查结果/实测点偏差值或实测值											应测点数	合格点数	合格率(%)
				范围	点数	1	2	3	4	5	6	7	8	9	10			
主控项目	1	工厂制作产品质量	预制管片的产品质量符合国家相关标准及设计要求			合格证及检验报告编号：													
	2	现场制作产品质量	原材料产品应符合标准和设计要求			产品质量合格证：检验报告：复验报告：													
			管片钢模制作允许偏差　项目：宽度　允许偏差：±0.4	每块钢模	6													
			弧弦长　±0.4		2													
			底座夹角　±1°		4													
			纵环向芯棒中心距　±0.5		全检													
			内腔高度　±1		3													
	3	混凝土试块强度、抗渗试块	管片的混凝土强度等级、抗渗等级符合设计要求	每台班或每批	1组	混凝土试验报告编号：　抗渗试块编号：报告编号：													
	4	外观质量	管片表面应平整、无裂缝；铸铁管或钢管片无影响质量无严重缺陷，无结构和拼装的质量缺陷	逐个观察		产品进场验收记录：													
	5	钢筋混凝土管片抗渗试验	单块管片按设计水压值恒压2小时，渗水深度≤1/5管片厚度	每台班或按批次	1块	抗渗试验记录：													

续表

检查项目	序号		检查内容	检验依据/允许偏差（规定值或土偏差值）（mm）	检查数量		检查结果/实测点偏差值或实测值												合格率（%）
					范围	点数	1	2	3	4	5	6	7	8	9	10	应测点数	合格点数	
	6	单块管片尺寸允许偏差	宽度	±1		内、外侧各3														
			弧弦长	±1		两端各1														
			管片的厚度	+3，−1	每块	3														
			环面平整度	0.2		2														
			内、外环面与端面垂直度	1		4														
			螺栓孔位置	±1		3														
			螺栓孔直径	±1		3														
主控项目	7	管片水平组合拼装检验	环缝间隙	≤2	每条缝	6														
			纵缝间隙	≤2		6														
			成环后内径（不放衬垫）	±2	每环	4														
			成环后外径（不放衬垫）	+4，−2		4														
			纵、环向螺栓穿进后，螺栓杆与螺孔的间隙	$(D_1-D_2)<2$	每处	各1														

续表

检查项目	序号	检查内容		检验依据/允许偏差（规定值或设计值）（mm）	检查数量		检查结果/实测点偏差或实测值										应测点数	合格点数	合格率（%）
					范围	点数	1	2	3	4	5	6	7	8	9	10			
一般项目	1	管片外观及防腐		管片混凝土表面无缺棱、掉边、麻面、露筋，表面无明显气泡和一般质量缺陷；铸铁或钢制管片防腐层完整	逐个观察		产品进场验收记录：													
	2	管片预埋		管片预埋件齐全、预埋孔完整，位置正确	观察		产品进场验收记录：													
	3	防水		防水密封条凹槽表面光洁、线形直顺	逐个观察															
	4	钢筋混凝土管片的钢筋骨架制作	1 主筋间距	±10	每幅	4														
			2 骨架长、宽、高	+5，−10		各2														
			3 环、纵向螺栓孔	畅通、内圆面平整		每处1														
			4 主筋保护层	±3		4														
			5 分布筋长度	±10		4														
			6 分布筋间距	±5		4														
			7 箍筋间距	±10		4														
			8 预埋件位置	±5		每处1														

施工单位检查评定结论	项目专业质量检查员：（签字）
监理（建设）单位意见	监理工程师：（签字） （或建设单位项目专业技术负责人）：（签字） 年　月　日

表7-64　盾构掘进和管片拼装检验批质量验收记录表

编号：021002□□

工程名称		分部工程名称		分项工程名称	盾构管片制作1
施工单位		施工员		项目经理	
分包单位		分包项目经理		施工班组长	
工程数量		验收部位（井号）		项目技术负责人	
交方班组		接方班组		检查日期	年　月　日

检查项目	序号	检查内容		检验依据（规定值或允许偏差值）（mm）	范围	点数	检查结果/实测点偏差值或实测值 1　2　3　4　5　6　7　8　9　10	应测点数	合格点数	合格率（%）
主控项目	1	防水		管片防水密封条性能符合设计要求，粘贴牢固、平整、无缺损，防水垫圈无遗漏	逐个观察		防水密封条质量保证资料：			
	2	螺栓、连接件力学性能		环、纵向螺栓及连接件力学性能符合设计要求，落实全部穿入，拧紧力矩应符合设计要求	逐个观察		材料质量保证资料： 复试报告： 拼装拧紧记录：			
	3	裂缝、变形		钢筋混凝土管片拼装无内外贯通裂缝，表面无>0.2mm的缝，混凝土剥落、露筋、转铁、钢制管片无变形、破损	逐个观察； 裂缝观察仪检查					
一般项目	4	渗漏情况		管道无线漏、滴漏水	全数观察					
	5	线形		管道线形平顺，无突变；圆环无明显变形	观察	按附录F.0.3				
	1	盾尾内管片拼装成环	环缝张开	≤2	每环	1				
	2		纵缝张开	≤2						
	3		衬砌管径直径圆度　环向	5‰Di						
	4		相邻管片间的高差　纵向	5		4				
			环向	6						
	5		成环环底高程	±100		1				
	6		成环中心水平轴线	±100						

续表

检查项目	序号	检查内容			检验依据/允许偏差（规定值或±偏差值）(mm)	检验数量		检查结果/实测点偏差值或实测值											应检点数	合格点数	合格率（%）
						范围	点数	1	2	3	4	5	6	7	8	9	10			
一般项目	7	管道贯通后的允许偏差	相邻管片间的高差	环向	15		4													
				纵向	20															
	8		环缝张开		2	每5环	1													
	9		纵缝张开		2															
	10		管底高程	输水管道	±150		4													
				套管（管廊）	±100															
	11		衬砌环直径圆度		8‰D_1															
	12		管道中心水平轴线		±150		1													

施工单位检查评定结论

项目专业质量检查员：（签字）

监理（建设）单位意见

监理工程师：（签字）
（或建设单位项目专业技术负责人：（签字）

年　月　日

注：环缝、纵缝张开的允许偏差仅指直线段。

表 7-65 盾构施工管道钢筋混凝土二次衬砌检验批质量验收记录表

编号：021003□□

工程名称				分部工程名称				分项工程名称			盾构施工钢筋混凝土二次衬砌
施工单位				施工员				项目经理			
分包单位				分包项目经理				施工班组长			
工程数量				验收部位（井号）				项目技术负责人			
交方班组				接方班组				检查日期			年 月 日

检查项目	序号	检查内容	检验依据/允许偏差（规定值或土偏差值）（mm）	检验数量		检查结果/实测点（偏差值或实测值											应检点数	合格点数	合格率（%）
				范围	点数	1	2	3	4	5	6	7	8	9	10			
主控项目	1	钢筋数量与规格	钢筋数量、规格应符合设计要求	按进场批次	保证资料及检验报告编号：													
	2	混凝土强度等级、抗渗	混凝土强度等级、抗渗等级符合设计要求	同一配合比或连接建筑一次抗压，抗渗各一组	混凝土试验报告编号：抗渗试块报告：													
	3	混凝土外观质量	混凝土外观质量无严重缺陷。按规定附录 G 的规定逐段观察	检查施工技术资料														
	4	防水处理	防水处理符合设计要求。管道无渗漏、线漏现象。按规范附录 F 第 F.0.3 条的规定观察	检查防水材料质量保证资料、施工技术资料														
一般项目	1	内径	±20		不少于 1 点													
	2	内衬壁厚	±15		不少于 2 点													
	3	主钢筋保护层厚度	±5		不少于 4 点													
	4	变形缝相邻高差	10	每幅	不少于 1 点													
	5	管底高程	±100															
	6	管道中心水平轴线	±100		不少于 1 点													
	7	表面平整度	10															
	8	管道直顺度	15	每 20m	1													

施工单位检查评定结论		项目专业质量检查员：（签字） 项目专业技术负责人：（签字） 年 月 日
监理（建设）单位意见		监理工程师：（签字） （或建设单位项目专业技术负责人：） 年 月 日

注：本表由施工项目专业质量检查员填写，监理工程师（建设单位项目专业技术负责人）组织项目专业质量检查员等进行验收，并应按上表进行记录。

表7-66 浅埋暗挖管道的土层开挖检验批质量验收记录表

编号：021101□□

工程名称		分项工程名称		浅埋暗挖管道的土层开挖
施工单位		项目经理		
分包单位		施工班组长		
工程数量		项目技术负责人		
交方班组		检查日期		年 月 日

检查项目	序号	检查内容	检验依据/允许偏差（规定值或偏差值）（mm）	检验数量 范围	检验数量 点数	检查结果/实测点偏差值或实测值 1 2 3 4 5 6 7 8 9 10	应检点数	合格点数	合格率（%）
主控项目	1	开挖方法	开挖方法必须符合方案要求，开挖土层稳定	全过程检查、查方案、记录和监测记录					
	2	开挖断面	开挖断面尺寸不得小于设计要求，若出现超挖，其超挖值必须符合 GB 50299 规范规定	检查每个开挖断面，查设计文件、施工方案、技术资料、施工记录					
一般项目	1	小导管注浆	符合设计要求	全过程检查、查技术资料、施工记录					
	2	轴线偏差	±30	每幅	4				
	3	高程	±30	每幅	1				

施工单位检查评定结论	项目专业质量检查员：（签字）	项目专业技术负责人：（签字）
监理（建设）单位意见	监理工程师：（签字）（或建设单位项目专业技术负责人）	年 月 日

注：本表由施工项目专业质量检查员填写，监理工程师（建设单位项目专业技术负责人）组织项目专业质量检查员等进行验收，并应按上表进行记录。

表7-67 浅埋暗挖管道的初期衬砌检验批质量验收记录表

编号：021102□□

工程名称					分部工程名称			分项工程名称				浅埋暗挖管道的初期衬砌1	
施工单位					项目经理			项目经理					
分包单位					分包项目经理			施工班组长					
工程数量					验收部位（井号）			项目技术负责人					
交方班组					接方班组			检查日期				年　月　日	
检查项目	序号	检查内容	检验依据/允许偏差 （规定值或±偏差值）（mm）	检验数量		检查结果/实测值或偏差值实测值						应检点数	合格点数	合格率（%）
				范围	点数	1	2	3	4	5	6	7	8	9	10			
主控项目	1	支护钢格栅、钢架加工、安装	每批钢筋、型钢材料规格、尺寸，焊接质量符合设计要求；每榀钢格栅、钢架的结构形式、部件拼装整体结构尺寸符合设计要求，且无变形	观察		质量保证资料：加工记录：												
	2	钢筋网安装	每片钢筋网材料规格、尺寸符合设计要求；每片钢筋网加工、制作尺寸符合设计要求，且无变形	观察		质量保证资料：												
	3	初期衬砌喷射混凝土	每批水泥、骨料、水、外加剂等原材料符合国家标准和设计要求；混凝土强度符合设计要求	管道拱部、侧墙每验收批抗压强度各一组，每40m管道混凝土抗渗一组		原材料质量保证资料：抗压强度试块报告：抗渗试块报告：												
一般项目	钢格栅钢架加工	拱架（顶拱、墙拱）	矢高及弧长	+200	每榀	2												
			墙架长度	±20		1												
			拱、墙架横断面（高、宽）	+100		2												
		格栅组装	高度	±30		1												
		后外轮廓尺寸	宽度	±20		2												
			扭曲度	≤20		3												

续表

检查项目	序号	检查内容		检验依据/允许偏差（规定值或偏差值）(mm)	检验数量		检查结果/实测点偏差值或实测值 1 2 3 4 5 6 7 8 9 10	应检点数	合格点数	合格率（%）
					范围	点数				
一般项目		钢格栅钢架安装	横向和纵向位置	横向±30，纵向±50	每幅	2				
			垂直度	5‰		2				
			高程	±30		2				
			与管道中线倾角	≤2°		1				
			间距 格栅	±100		每处1				
			间距 钢架	±50		每处1				
		钢筋网加工、敷设	加工 钢筋间距	±10	片	2				
			铺设 钢筋搭接长	±15	一幅钢拱	4				
			搭接长度	≥200	架长度	2				
			保护层	符合设计要求	每20m	2				
		初期衬砌混凝土质量	平整度	≤30	每20m	1个断面				
			矢弦比	≯1/6	每20m	1个断面				
			喷射混凝土层厚度	见表注1	每20m					

施工单位检查评定结论

监理（建设）单位意见

项目专业质量检查员：（签字）

监理工程师：（签字）

（或建设单位项目专业技术负责人）：（签字）

年　月　日

注：1. 喷射混凝土层厚度允许偏差，60%以上检查点厚度不小于设计厚度，其余点厚度不小于设计厚度的1/2；厚度总平均值不小于设计厚度。
2. 每20m管道检查一个断面，每断面以拱部中线开始，每间隔2～3m设一个点，但每一个检查断面的拱部不应少于3个点，跟踪不少于5个点。

表7-68 浅埋暗挖管道的防水层检验批质量验收记录表

编号：021102□□

工程名称				分部工程名称			分项工程名称		浅埋暗挖管道的防水层
施工单位				施工员			项目经理		
分包单位				分包项目经理			施工班组长		
工程数量				验收部位（井号）			项目技术负责人		
交方班组				接方班组			检查日期		年 月 日

检查项目		序号	检查内容	检验依据/允许偏差（规定值或允许偏差值）（mm）	检验数量		检查结果/实测点偏差或实测值										应检点数	合格点数	合格率（%）
					范围	点数	1	2	3	4	5	6	7	8	9	10			
主控项目	一	1	材料、品种、规格	每批的防水层及衬垫材料品种、规格必须符合设计要求	观察		产品质量合格证明：性能检验报告：												
一般项目	1		焊缝宽度	双焊缝焊接，焊缝宽度不小于10mm，且均匀连续，不得有漏焊、假焊、焊焦、焊穿等现象	观察		施工记录：												
	2		防水层铺设质量	基面平整度	≤50	每5m	2													
				卷材环向与纵向搭接宽度	≥100														
				衬垫搭接宽度	≥50														

施工单位检查评定结论		项目专业质量检查员：（签字）
监理（建设）单位意见		监理工程师：（签字）（或建设单位项目专业技术负责人）年 月 日

注：本表由施工项目专业质量检查员填写，监理工程师（建设单位项目技术负责人）组织项目专业质量检查员等进行验收，并应按上表进行记录。

表7-69 浅埋暗挖管道的二次衬砌检验批质量验收记录表

编号：021104□□

工程名称				分部工程名称			分项工程名称								浅埋暗挖管道的二次衬砌	
施工单位				施工			项目经理									
分包单位				分包项目经理			施工班组长									
工程数量				验收部位（井号）			项目技术负责人									
交方班组				接方班组			检查日期							年 月 日		

检查项目	序号	检查内容	检验依据或允许偏差 （规定值或允许偏差值）（mm）	检验数量		检查结果/实测点偏差值或实测值										应检点数	合格点数	合格率（%）
				范围	点数	1	2	3	4	5	6	7	8	9	10			
主控项目	1	原材料	原材料的产品质量保证资料应齐全，每生产批次的出厂质量合格证明书及各项性能检验报告应符合国家相关标准和设计要求			产品质量合格证明： 性能检验报告： 进场复验报告：												
	2	伸缩缝	伸缩缝的设置必须根据设计要求，并应与初期支护变形缝位置重合	逐缝观察		和设计文件对照检查记录：												
	3	混凝土抗压、抗渗	混凝土抗压，抗渗等级必须符合设计计要求	抗压	垫层	每批1组	抗压试块报告编号： 抗渗试块报告编号：											
					管道	每批2组												
				抗渗		每批1组												
一般项目	1	二次衬砌模板安装	拱部高程（设计计量） 高＋预留沉降量	每20m	1													
			横向：以中线为准	±10	每20m	2												
			侧模垂直度	≤3‰	每截面	2												
			相邻两块模板表面高低差	≤2	每5m	2												
	2	二次衬砌混凝土	中线	≤30	每5m	2												
			高程	+20，−30	每20m	1												

施工单位检查评定结论		项目专业质量检查员：（签字） 项目专业技术负责人：（签字） 年 月 日
监理（建设）单位意见		监理工程师：（签字） （或建设单位项目专业技术负责人） 年 月 日

注：本表由施工项目专业质量检查员填写，监理工程师（建设单位项目专业质量检查员）组织项目专业质量检查员等进行验收，并应按上表进行记录。

第五节　管道附属构筑物

一、检验要点

1. 本节适用于给排水管道工程中的各类井室、支墩、雨水口工程。管道工程中涉及的小型抽升泵房及其取水口、排放口构筑物应符合现行国家标准 GB 50141《给水排水构筑物工程施工及验收规范》的有关规定执行。

2. 管道附属构筑物的位置、结构类型和构造尺寸等应按设计要求施工。

3. 管道附属构筑物的施工除应符合本规定外，其砌筑结构、混凝土结构施工还应符合国家有关规范规定。

4. 管道附属构筑物的基础（包括支墩侧基）应建在原状土上，当原状土地基松软或被扰动时，应按设计要求进行地基处理。

5. 施工中应采取相应的技术措施，避免管道主体结构与附属构筑物之间产生过大差异沉降，导致结构开裂、变形、破坏。

6. 管道接口不得包覆在附属构筑物的结构内部。

7. 管道附属构筑物的基础（包括支墩侧基）应建在原状土上，当原状土地基松软或被扰动时，应按设计要求进行地基处理。

8. 施工中应采取相应的技术措施，避免管道主体结构与附属构筑物之间产生过大差异沉降，导致结构开裂、变形、破坏。

9. 管道接口不得包覆在附属构筑物的结构内部。

（一）井室

1. 井室的混凝土基础与管道基础同时浇筑；施工应满足 GB 50268—2008 第 5.2.2 条的规定。

2. 管道穿过井壁的施工应符合设计要求；当设计无要求时应符合下列规定：

（1）混凝土类管道、金属类无压管道，其管外壁与砌筑井壁洞圈之间为刚性连接时水泥砂浆应坐浆饱满、密实。

（2）金属类压力管道，井壁洞圈应预设套管，管道外壁与套管的间隙应四周均匀一致，其间隙宜采用柔性或半柔性材料填嵌密实。

（3）化学建材管道宜采用中介层法与井壁洞圈连接。

（4）对于现浇混凝土结构井室，井壁洞圈应振捣密实。

（5）排水管道接入检查井时，管口外缘与井内壁平齐；当接入管径大于 300mm 时，对于砌筑结构井室应砌砖圈加固。

3. 砌筑结构的井室施工应符合下列规定：

（1）砌筑前应砌块应充分湿润；砌筑砂浆配合比符合设计要求，现场拌制应拌合均匀、随用随拌。

（2）排水管道检查井内的流槽，宜与井壁同时进行砌筑。

（3）砌块应垂直砌筑，需收口砌筑时，应按设计要求的位置设置钢筋混凝土梁进行收口；圆井采用砌块逐层砌筑收口，四面收口时每层收进不应大于 30mm，偏心收口时每层不应大于50mm。

④ 砌块砌筑时，铺浆应饱满，灰浆与砌块四周粘结紧密、不得漏浆，上下砌块应错缝踩踏。

⑤ 砌筑时应同时安装踏步，踏步安装后在砌筑砂浆未达到规定抗压强度前不得踩踏。

⑥ 内外井壁应采用水泥砂浆勾缝；有抹面要求时，抹面应分层压实。

4. 预制装配件式结构的井室施工应符合下列规定：

① 预制构件及其配件经检验符合设计和安装要求。

② 预制构件装配位置和尺寸正确，安装牢固。

③ 采用水泥砂浆接缝时，企口坐浆与竖缝灌浆应饱满，装配后的接缝砂浆凝结硬化期间应加强养护，并不得受外力碰撞或震动。

④ 设有橡胶密封圈时，胶圈应安装稳固，止水严密可靠。

⑤ 设有预留短管的预制构件，其与管道的连接应按 GB 50268—2008 第 5 章的有关规定执行。

⑥ 底板与井室、井室与盖板之间的拼缝，水泥砂浆应填塞严密，抹角光滑平整。

5. 现浇钢筋混凝土结构的井室施工应符合下列规定：

① 浇筑前，钢筋、模板工程经检验合格，混凝土配合比满足设计要求。

② 振捣密实，无振漏、走模、漏浆等现象。

③ 及时进行养护，强度等级未达设计要求不得受力。

④ 浇筑时应同时安装踏步，踏步安装后在混凝土未达到规定抗压强度前不得踩踏。

6. 有支、连管接入的井室，应在井室施工的同时安装预留支、连管，预留管的管径、方向、高程应符合设计要求，管与井壁衔接处应严密；排水检查井的预留管管口宜采用低强度砂浆砌筑封口抹平。

7. 井室施工达到设计高程后，应及时浇筑或安装井圈，井圈应以水泥砂浆坐浆并安放平稳。

8. 井室内部处理应符合下列规定：

① 预留孔、预埋件应符合设计和管道施工工艺要求。

② 排水检查井的流槽表面应平顺、圆滑、光洁，并与上下游管道底部接顺。

③ 透气井及排水落水井、跌水井的工艺尺寸应按设计要求进行施工。

④ 阀门井的井底距承口或法兰盘下缘以及井壁与承口或法兰盘外缘应留有安装作业空间，其尺寸应符合设计要求。

⑤ 不开槽法施工的管道，工作井作为管道井室使用时，其洞口处理及井内布置应符合设计要求。

9. 给排水井盖选用的型号、材质应符合设计要求，设计未要求时，宜采用复合材料井盖，行业标志明显；道路上的井室必须使用重型井盖，装配稳固。

10. 井室周围回填土必须符合设计要求和 GB 50268—2008 第 4 章的有关规定。

（二）支墩

1. 管节及管件的支墩和锚定结构应位置准确，锚定牢固，钢制锚固件必须采取相应的防腐处理。

2. 支墩应在坚固的地基上修筑。当无原状土做后背墙时，应采取措施保证支墩在受力情况下，不致破坏管道接口。当采用砌筑支墩时，原状土与支墩间应采用砂浆填塞。

3. 支墩应在管节接口做完、管节位置固定后修筑。

4. 支墩施工前，应将支墩部位的管节、管件表面清理干净。

5. 支墩宜采用混凝土浇筑，其强度等级不应低于 C15。采用砌筑结构时，水泥砂浆强度不应低于 M7.5。

6. 管节安装过程中的临时固定支架，应在支墩的砌筑砂浆或混凝土达到规定强度后方可拆除。

7. 管道及管件支墩施工完毕后，并达到强度要求后方可进行水压试验。

（三）雨水口

1. 管雨水口的位置及深度应符合设计要求。

2. 基础施工应符合下列规定：

① 开挖雨水口槽及雨水管支管槽，每侧宜留出 300～500mm 的施工宽度。

② 槽底应夯实并及时浇筑混凝土基础。

③ 采用预制雨水口时，基础顶面宜铺设 20～30mm 厚的砂垫层。

3. 雨水口砌筑应符合下列规定：

① 管端面在雨水口内的露出长度，不得大于 20mm，管端面应完整无破损。

② 砌筑时，灰浆应饱满，随砌、随沟缝，抹面应压实。

③ 雨水口底部应用水泥砂浆抹出雨水口泛水坡。

④ 砌筑完成后雨水口内应保持清洁，及时加盖，保证安全。

4. 预制雨水口安装应牢固，位置平正，并符合 GB 50268—2008 第 8.4.3 条第 1 款的规定。

5. 雨水口与检查井的连接管的坡度应符合设计要求，管道铺设应符合 GB 50268—2008 第 5 章的有关规定。

6. 位于管路下的雨水口、雨水支、连管应根据设计要求浇筑混凝土基础。坐落于道路基层内的雨水支管应作 C25 级混凝土全包封，且包封混凝土达到 75% 设计强度前，不得放行交通。

7. 井框、井箅应完整无损、安装平稳、牢固。

8. 井周回填土应符合设计要求和 GB 50268—2008 第 4 章的有关规定。

二、检验标准

（一）井室

（1）主控项目

1）所用的原材料、预制构件的质量应符合国家有关标准的规定和设计要求。

检查方法：检查产品质量合格证明书、各项性能检验报告、进场验收记录。

2）砌筑水泥砂浆强度、结构混凝土强度符合设计要求。

检查方法：检查水泥砂浆强度、混凝土抗压强度试块试验报告。

检查数量：每 50m³ 砌体或混凝土每浇筑 1 个台班一组试块。

3）砌筑结构应灰浆饱满、灰缝平直，不得有通缝、瞎缝；预制装配式结构应坐浆、灌浆饱满密实，无裂缝；混凝土结构无严重质量缺陷；井室无渗水、水珠现象；

检查方法：逐个观察。

（2）一般项目

1）井壁抹面应密实平整，不得有空鼓，裂缝等现象；混凝土一般无明显质量缺陷；井室无明显湿渍现象。

检查方法：逐个观察。

2）井内部构造符合设计和水力工艺要求，且部位位置及尺寸正确，无建筑垃圾等杂物；检查井流槽应平顺、圆滑、光洁。

检查方法：逐个观察。

3）井室内踏步位置正确、牢固。

检查方法：逐个观察，用钢尺量测。

4）井盖、座规格符合设计要求，安装稳固。

检查方法：逐个观察。

5）井室的允许偏差应符合表7-70的规定。

表 7-70　井室的允许偏差

检查项目			允许偏差（mm）	检查数量		检查方法
				范围	点数	
1	平面轴线位置（轴向、垂直轴向）		15	每座	2	用钢尺量测、经纬仪测量
2	结构断面尺寸		+10，0		2	用钢尺量测
3	井室尺寸	长、宽	±20		2	用钢尺量测
		直径				
4	井口高程	农田或绿地	+20		1	用水准仪测量
		路面	与道路规定一致			
5	井底高程	开槽法管道铺设 $D_i \leq 1000$	±10		2	
		开槽法管道铺设 $D_i > 1000$	±15			
		不开槽法管道铺设 $D_i < 1500$	+10，-20			
		不开槽法管道铺设 $D_i \geq 1500$	+20，-40			
6	踏步安装	水平及垂直间距、外露长度	±10		1	用尺量测偏差较大值
7	脚窝	高、宽、深	±10			
8	流槽宽度		+10			

（二）雨水口及支、连管

（1）主控项目

1）所用的原材料、预制构件的质量应符合国家有关标准的规定和设计要求。

检查方法：检查产品质量合格证明书、各项性能检验报告、进场验收记录。

2）雨水口位置正确，深度符合设计要求，安装不得歪扭；

检查方法：逐个观察，用水准仪、钢尺量测。

3）井框、井箅应完整、无损，安装平稳、牢固；支、连管应直顺，无倒坡、错口及破损现象；

检查数量：全数观察。

4）井内、连接管道内无线漏、滴漏现象。

检查数量：全数观察。

（2）一般项目

1）雨水口砌筑勾缝应直顺、坚实，不得漏勾、脱落；内、外壁抹面平整光洁。

检查数量：全数观察。

2）支、连管内清洁、流水通畅，无明显渗水现象。

检查数量：全数观察。

3）雨水口、支管的允许偏差应符合表 7-71 的规定。

表 7-71 雨水口、支管的允许偏差

	检查项目	允许偏差（mm）	检查数量		检查方法
			范围	点数	
1	井框、井算吻合	≤10	每座	1	用钢尺量测较大值（高度、深度亦可用水准仪测量）
2	井口与路面高差	−5，0			
3	雨水口位置与道路边线平行	≤10			
4	井内尺寸	长、宽：+20，0			
		深：0，−20			
5	井内支、连管管口底高度	0，−20			

（三）支墩

（1）主控项目

1）所用的原材料质量应符合国家有关标准的规定和设计要求。

检查方法：检查产品质量合格证明书、各项性能检验报告、进场验收记录。

2）支墩地基承载力、位置符合设计要求；支墩无位移、沉降。

检查方法：全数观察；检查施工记录、施工测量记录、地基处理技术资料。

3）砌筑水泥砂浆强度、结构混凝土强度符合设计要求。

检查方法：检查水泥砂浆强度、混凝土抗压强度试块试验报告。

检查数量：每 $50m^3$ 砌体或混凝土每浇筑 1 个台班一组试块。

（2）一般项目

1）混凝土支墩应表面平整、密实；砖砌支墩应灰缝饱满，无通缝现象，其表面抹灰应平整、密实。

检查方法：逐个观察。

2）支墩支承面与管道外壁接触紧密，无松动、滑移现象。

检查方法：全数观察。

3）管道支墩的允许偏差应符合表 7-72 的规定。

表 7-72 管道支墩的允许偏差

	检查项目	允许偏差（mm）	检查数量		检查方法
			范围	点数	
1	平面轴线位置（轴向、垂直轴向）	15	每座	2	用钢尺量测或经纬仪测量
2	支撑面中心高程	±15		1	用水准仪测量
3	结构断面尺寸（长、宽、厚）	+10，0		3	用钢尺量测

三、相关检验批质量验收记录表（样式）

（一）混凝土井室检验批质量验收记录见表 7-73。

（二）砖砌井室检验批质量验收记录见表 7-74。

（三）预制拼装井室检验批质量验收记录见表 7-75。

（四）雨水口及支连管安装检验批质量验收记录见表 7-76。

（五）检查井盖安装检验批质量验收记录见表 7-77。

（六）管道支墩安装检验批质量验收记录见表 7-78。

市政工程质量检验

表7-73 混凝土井室检验批质量验收记录表

编号：030001□□

工程名称		分部工程名称		分项工程名称	现浇混凝土井室
施工单位		施工员	项目经理		
分包单位		分包项目经理	施工班组长		
工程数量		验收部位（桩号或井号）		项目技术负责人	
交方班组		接方班组		检查日期	年 月 日

检查项目	序号	检查内容		检验依据/允许偏差（规定值或±偏差值）(mm)	检查数量范围	点数	检查结果/实测点偏差值或实测值 1 2 3 4 5 6 7 8 9 10	应测点数	合格点数	合格率（%）
主控项目	1	原材料		原材料、预制构件的质量符合国家相关标准及设计要求			合格证及检验报告编号：			
	2	混凝土强度		混凝土强度应符合标准和设计要求	每一检验1组		混凝土试验报告编号：			
一般项目	1	平面轴线位置（轴向、垂直轴向）		15		2				
	2	结构断面尺寸		+10，0		2				
	3	井室尺寸	长、宽或直径	±20		2				
	4	井口高程	农田或绿地	+20	每座	1				
			路面	与道路规定一致						
	5	井底高程	开槽法管道铺设	$D_1 \leq 1000$ ±10		2				
				$D_1 > 1000$ ±15						
			不开槽法管道铺设	$D_1 < 1500$ +10，−20						
				$D_1 \geq 1500$ +20，−40						
	6	踏步安装	间距及外露长度	±10		1				
	7	脚窝	高、宽、深	±10						
	8	流槽宽度		±10						

施工单位检查评定结论	项目专业质量检查员：（签字） 年 月 日
监理（建设）单位意见	监理工程师：（签字）（或建设单位项目技术负责人） 年 月 日

注：本表由施工项目专业质量检查员填写，监理工程师（建设单位项目技术负责人）组织项目专业质量检查员等进行验收，并应按本表进行记录。

322

表7-74　砖砌井室检验批质量验收记录表

编号：030002□□

工程名称				分部工程名称			分项工程名称									砖砌井室
施工单位				施工员			项目经理									
分包单位				分包项目经理			施工班组长									
工程数量				验收部位（桩号或井号）			项目技术负责人									
交方班组				接方班组			检查日期								年 月 日	

检查项目	序号	检查内容	检验依据/允许偏差（规定值或土偏差值）（mm）		检查数量		检查结果/实测点偏差值或实测值										应测点数	合格点数	合格率（%）
					范围	点数	1	2	3	4	5	6	7	8	9	10			
主控项目	1	原材料	原材料、预制构件的质量符合国家相关标准及设计要求		每50m²砌体1组		合格证及检验报告编号：												
	2	砌筑砂浆强度	砂浆强度应符合标准和设计要求				砂浆试验报告编号：												
	3	砌筑质量	砌筑结构应灰浆饱满，灰缝平直，不得有通缝、瞎缝；井室无渗水、水珠现象		逐个检查														
一般项目	1	平面轴线位置（轴向、垂直轴向）	15			2													
	2	结构断面尺寸	+10，0			2													
	3	井室尺寸	长、宽或直径	±20		2													
	4	井口高程	农田或绿地	+20		1													
			路面	与道路规定一致	每座														
	5	井底高程	开槽法管道铺设	$D_i \leqslant 1000$	±10														
				$D_i > 1000$	±15														
			不开槽法管道铺设	$D_i < 1500$	+10，−20	2													
				$D_i \geqslant 1500$	+20，−40														
	6	踏步安装	间距及外露长度	±10		1													
	7	脚窝	高、宽、深	±10															
	8	流槽宽度		±10															
施工单位检查评定结论									项目专业质量检查员：（签字）　　　　　　　　　年　月　日										
监理（建设）单位意见									监理工程师：（签字）（或建设单位项目专业技术负责人）：（签字）　　　　　年　月　日										

注：本表由施工项目专业质量检查员填写，监理工程师（建设单位项目技术负责人）组织项目专业质量检查员等进行验收，并应按表进行记录。

表7-75 预制拼装井室检验批质量验收记录表

编号：030003□□

工程名称		分部工程名称		分项工程名称	预制拼装井室
施工单位				项目经理	
分包单位		分包项目经理		施工班组长	
工程数量		验收部位（桩号或井号）		项目技术负责人	
交方班组		接方班组		检查日期	年 月 日

检查项目	序号	检查内容	检验依据（规定值或允许偏差）(mm)	检查数量 范围	点数	检查结果/实测点偏差值或实测值 1 2 3 4 5 6 7 8 9 10	应测点数	合格点数	合格率（%）
主控项目	1	原材料	预制构件的质量符合合国家相关标准及设计要求						
一般项目	1	平面轴线位置（轴向、垂直轴向）	15		2				
	2	结构断面尺寸	+10, 0		2				
	3	井口尺寸	长、宽或直径 +20		2				
	4	井口高程	与路面规定一致 路面 ±10 农田或绿地 ±15	每座	21				
	5	井底高程 开槽法管道铺设 不开槽法管道铺设	$D_i \leqslant 1000$ ±10 $D_i > 1000$ ±15 $D_i < 1500$ +10, −20 $D_i \geqslant 1500$ +20, −40		2				
	6	踏步安装	间距及外露长度 ±10						
	7	脚窝	高、宽、深 ±10						
	8	流槽宽度	±10		1				

施工单位检查评定结论	项目专业质量检查员：（签字） 年 月 日
监理（建设）单位意见	监理工程师：（签字） （或建设单位项目技术负责人） 年 月 日

注：本表由施工项目专业质量检查员填写，监理工程师（建设单位项目技术负责人）组织项目专业质量检查员等进行验收，并应按表进行记录。

表7-76 雨水口及支连管安装检验批质量验收记录表

编号：030004□□

工程名称			分部工程名称		分项工程名称	雨水口及支连管安装
施工单位			项目经理		项目经理	
分包单位			分包项目经理		施工班组长	
工程数量			验收部位（桩号或井号）		项目技术负责人	
交方班组			接方班组		检查日期	年 月 日

检查项目	序号	检查内容	检验依据/允许偏差 （规定值或土偏差值）（mm）	检查数量		检查结果/实测点偏差值或实测值											应测点数	合格点数	合格率（%）
				范围	点数	1	2	3	4	5	6	7	8	9	10			
主控项目	1	原材料	所用的原材料、预制构件的质量符合国家相关标准及设计要求	按进场批次		合格证及检验报告编号：												
	2	雨水口位置	雨水口位置正确，安装不得歪扭，深度符合设计要求	逐个观察														
	3	井框、井箅	井框、井箅完好无损	全数观察														
	4	井内	井内、连接管内无线漏、滴漏现象	全数观察														
一般项目	1	井框、井箅吻合	≤10	每座	1													
	2	井盖与路面高差	−5，0		1													
	3	雨水口位置与路边线平行	≤10		1													
	4	井内尺寸	长、宽 +20，0		1													
			深 0，−20															
	5	井内支、连管口底高度	0，−20															

施工单位检查评定结论	项目专业质量检查员：（签字） 年 月 日
监理（建设）单位意见	监理工程师：（签字） （或建设单位项目技术负责人） 年 月 日

注：本表由施工项目专业质量检查员填写，监理工程师（建设单位项目技术负责人）组织项目专业质量检查员等进行验收，并应按表进行记录。

表 7-77 检查井盖安装检验批质量验收记录表

编号：030005□□

工程名称				分部工程名称				分项工程名称				检查井盖安装	
施工单位				项目经理				项目经理					
分包单位				分包项目经理				施工班组长					
工程数量				验收部位（桩号或井号）				项目技术负责人					
交方班组				接方班组				检查日期				年 月 日	

检查项目	序号	检查内容	检验依据/允许偏差（规定值或土偏差值）（mm）	检查数量		检查结果/实测点偏差或实测值											应测点数	合格点数	合格率（%）
				范围	点数	1	2	3	4	5	6	7	8	9	10			
主控项目	1	原材料	所用的原材料、预制构件的质量符合国家相关标准及设计要求	按进场批次		合格证及检验报告编号：													
	2	检查井位置	位置正确、深度符合设计要求，安装应平整	逐个观察															
	3	井座与井盖	井座与井盖完好无损	全数观察															
	4	井内	抹灰面光滑无开裂、无线漏、滴漏现象	全数观察															
一般项目	1	井座、井盖吻合	≤8	每座	1														
	2	井盖与路面高差	-5、0		1														
	3	井内尺寸	（方井）长、宽	+20、0		1													
			（圆井）直径	+20、0		1													
			井深	0、-20																

施工单位检查评定结论	项目专业质量检查员：（签字）
监理（建设）单位意见	监理工程师：（签字） （或建设单位项目技术负责人）组织项目专业质量检查员等进行验收，并应按表进行记录。 年 月 日

注：本表由施工项目专业质量检查员填写，监理工程师（建设单位项目技术负责人）等进行验收，并应按表进行记录。

表7-78　管道支墩安装检验批质量验收记录表

编号：030006□□

工程名称			分部工程名称		分项工程名称		管道支墩安装
施工单位			施工员		项目经理		
分包单位			分包项目经理		施工班组长		
工程数量			验收部位（桩号或井号）		项目技术负责人		
交方班组			接方班组		检查日期		年　月　日

检查项目	序号	检查内容	检验依据/允许偏差值（规定值或设计偏差值）(mm)	检查数量		检查结果/实测点偏差值或实测值											应测点数	合格点数	合格率（%）
				范围	点数	1	2	3	4	5	6	7	8	9	10				
主控项目	1	原材料	所用的原材料、预制构件的质量符合国家相关标准及设计要求	按进场批次		合格证及验收报告编号：													
	2	地基承载力	地基承载力，位置符合设计要求，支墩无位移、沉降	全数检查															
	3	砂浆强度	砂浆及结构混凝土符合设计要求	每50m³或一台班1组															
一般项目	1	平面轴线位置（轴向、垂直轴向）	15	每座	2														
	2	支撑面中心高程	±15	每座	1														
	3	结构断面尺寸（长、宽、高）	+10，0		3														

施工单位检查评定结论

项目专业质量检查员：（签字）

年　月　日

监理（建设）单位意见

监理工程师：（签字）
（或建设单位项目专业技术负责人）

年　月　日

注：本表由施工项目专业质量检查员填写，监理工程师（建设单位项目技术负责人）组织项目专业质量检查员等进行验收，并应按表进行记录。

327

第六节 管道功能性试验

一、检验要点

1. 给排水管道安装完成后应进行管道功能性试验：

① 压力管道应按 GB 50268—2008 第 9.2 节的规定进行压力管道水压试验，试验分为预试验和主试验阶段；试验合格的判定依据分为允许压力降值和允许渗水量值，按设计要求确定；设计无要求时，应根据工程实际情况，选用其中一项值或同时采用两项值作为试验合格的最终判定依据。

② 无压管道应按 GB 50268—2008 第 9.3、9.4 节的规定进行管道的严密性试验，严密性试验分为闭水试验和闭气试验，按设计要求确定；设计无要求时，应根据实际情况选择闭水试验或闭气试验进行管道功能性试验。

③ 压力管道水压试验进行实际渗水量测定时，宜采用注水法（见附录 C）进行。

2. 管道功能性试验涉及水压、气压作业时，应有安全防护措施，作业人员应按相关安全作业操作进行操作。管道水压试验和冲洗消毒排出的水，应及时排放至规定地点，不得影响周围环境和造成积水，并应采取措施确保人员、交通通行和附近设施的安全。

3. 压力管道水压试验或闭水试验前，应做好水源引接、排水的疏导等方案。

4. 向管道内注水应从下游缓慢注入，注入时在试验管段的上游的管顶及管段中的高点应设置排气阀，将管道内的气体排除。

5. 冬期进行压力管道水压及闭水试验时，应采取防冻措施。

6. 单口水压试验合格的大口径球墨铸铁管、玻璃钢管、预应力钢筒混凝土管或预应力混凝土管等管道，设计无要求时：

① 压力管道可免去预试验阶段，而直接进行主试验阶段。

② 无压管道应认同严密性试验合格，无需进行闭水或闭气试验。

7. 全断面整体现浇的钢筋混凝土无压管渠处于地下水位以下时，除设计有要求外，当管渠的混凝土强度等级、抗渗性能检验合格，并按 GB 50268—2008 附录 F 的规定进行检查符合设计要求时，可不必进行闭水试验。

8. 当管道采用两种（或两种以上）管材时，宜按不同管材分别进行试验；当不具备分别试验的条件必须组合试验，且设计无具体要求时，应采用不同管材的管段中试验标准最高的标准进行试验。

9. 管道的试验长度除 GB 50268—2008 规定和设计另有要求外，压力管道水压试验的管段长度不宜大于 1.0km；无压力管道的闭水试验，若条件允许可一次试验不超过 5 个连续井段；对于无法分段试验的管道，应由工程有关方面根据工程具体情况确定。

10. 给水管道必须水压试验合格，并网运行前进行冲洗与消毒，经检验水质达到标准后，方可允许并网通水投入运行。

11. 污水、雨污水合流管道及湿陷土、膨胀土、流砂地区的雨水管道，回填土前必须经严密性试验合格后方可投入运行。

二、压力管道水压试验

1. 水压试验前，施工单位应编制的试验方案，其内容应包括：
① 后背及堵板的设计。
② 进水管路、排气孔及排水孔的设计。
③ 加压设备、压力计的选择及安装的设计。
④ 排水疏导措施。
⑤ 升压分段的划分及观测制度的规定。
⑥ 试验管段的稳定措施和安全措施。
2. 试验管段的后背应符合下列规定：
① 后背应设在原状土或人工后背上，土质松软时应采取加固措施。
② 后背墙面应平整并与管道轴线垂直。
3. 采用钢管、化学建材管的压力管道，管道中最后一个焊接接口完毕一个小时以上方可进行水压试验。
4. 水压试验管道内径大于或等于 600mm 时，试验管段端部的第一个接口应采用柔性接口，或采用特制的柔性接口堵板。
5. 水压试验采用的设备、仪表规格及其安装应符合下列规定：
① 采用弹簧压力计时，精度不应低于 1.5 级，最大量程宜为试验压力的 1.3～1.5 倍，表壳的公称直径不宜小于 150mm，使用前经校正并具有符合规定的检定证书。
② 水泵、压力计应安装在试验段的两端部与管道轴线相垂直的支管上。
6. 开槽施工管道试验前，附属设备安装应符合下列规定：
① 非隐蔽管道的固定设施已按设计要求安装合格。
② 管道附属设备已按要求紧固、锚固合格。
③ 管件的支墩、锚固设施混凝土强度已达到设计强度。
④ 未设支墩、锚固设施的管件，应采取加固措施并检查合格。
7. 水压试验前，管道回填土应符合下列规定：
① 管道安装检查合格后，应按 GB 50268—2008 第 4.5.1 条第 1 款的规定回填土。
② 管道顶部回填土宜留出接口位置以便检查渗漏处。
8. 水压试验前准备工作应符合下列规定：
① 试验管段所有敞口应封闭，不得有渗漏水现象。
② 试验管段不得用闸阀做堵板，不得有消火栓、水锤消除器、安全阀等附件。
③ 水压试验前应清除管道内的杂物。
9. 试验管段注满水后，宜在不大于工作压力条件下充分浸泡后再进行水压试验，浸泡时间应符合表 7-79 的规定。

表 7-79　压力管道水压试验前浸泡时间

管材种类	管径 D_i（mm）	浸泡时间（h）
球墨铸铁管（有水泥砂浆衬里）	D_i	≥24
钢管（有水泥砂浆衬里）	D_i	≥24

续表

管材种类	管径 D_i（mm）	浸泡时间（h）
化学建材管	D_i	≥24
现浇钢筋混凝土管渠	$D_i \leqslant 1000$	≥48
	$D_i > 1000$	≥72
预（自）应力混凝土管、预应力钢筒混凝土管	$D_i \leqslant 1000$	≥48
	$D_i > 1000$	≥72

10. 水压试验应符合下列规定。

①试验压力应按表 7-80 选择确定。

表 7-80　压力管道水压试验的试验压力（MPa）

管材种类	工作压力 P	试验压力
钢管	P	$P+0.5$，且不小于 0.9
球墨铸铁管	≤0.5	$2P$
	>0.5	$P+0.5$
预（自）应力混凝土管、预应力钢筒混凝土管	≤0.6	$1.5P$
	>0.6	$P+0.3$
现浇钢筋混凝土管渠	≥0.1	$1.5P$
化学建材管	≥0.1	$1.5P$，且不小于 0.8

② 预试验阶段：将管道内水压缓缓地升至试验压力并稳压 30min，期间如有压力下降可注水补压，但不得高于试验压力；检查管道接口、配件等处有无漏水、损坏现象；有漏水、损坏现象时应及时停止试压，查明原因并采取相应措施后重新试压。

③ 主试验阶段：停止注水补压，稳定 15min；当 15min 后压力下降不超表 7-81 中所列允许压力降数值时，将试验压力降至工作压力并保持恒压 30min，进行外观检查若无漏水现象，则水压试验合格。

表 7-81　压力管道水压试验的允许压力降（MPa）

管材种类	试验压力	允许压力降
钢管	$P+0.5$，且不小于 0.9	0
球墨铸铁管	$2P$	
	$P+0.5$	
预（自）应力钢筋混凝土管、预应力钢筒混凝土管	$1.5P$	0.03
	$P+0.3$	
现浇钢筋混凝土管渠	$1.5P$	
化学建材管	$1.5P$，且不小于 0.8	0.02

④ 管道升压时，管道的气体应排除，升压过程中，当发现弹簧压力计表针摆动、不稳，且升压较慢时，应重新排气后再升压。

⑤ 应分级升压，每升一级应检查后背、支墩、管身及接口，当无异常现象时再继续

升压。

⑥ 水压试验过程中，后背顶撑、管道两端严禁站人。

⑦ 水压试验时，严禁修补缺陷；遇有缺陷时，应做出标记，卸压后修补。

11. 压力管道在预试验结束，采用允许渗水量进行最终合格判定依据时，实测渗水量应小于或等于表 7-82 的规定及下列公式规定的允许渗水量。

表 7-82　压力管道水压试验的允许渗水量

管道内径 D_i （mm）	允许渗水量（L/min·km）		
	焊接接口钢管	球墨铸铁管、玻璃钢管	预（自）应力混凝土管、预应力钢筒混凝土管
100	0.28	0.70	1.40
150	0.42	1.05	1.72
200	0.56	1.40	1.98
300	0.85	1.70	2.42
400	1.00	1.95	2.80
600	1.20	2.40	3.14
800	1.35	2.70	3.96
900	1.45	2.90	4.20
1000	1.50	3.00	4.42
1200	1.65	3.30	4.70
1400	1.75	—	5.00

① 当管道内径大于表 7-82 规定时，实测渗水量应小于或等于按下列公式计算的允许渗水量。

钢管：$q=0.05\sqrt{D_i}$

球墨铸铁管（玻璃钢管）：$q=0.1\sqrt{D_i}$

预（自）应力混凝土管、预应力钢筒混凝土管：$q=0.14\sqrt{D_i}$

② 现浇钢筋混凝土管渠实测渗水量应小于或等于按下式计算的允许渗水量。

$$q=0.014D_i$$

③ 硬聚氯乙烯管实测渗水量应小于或等于按下式计算的允许渗水量。

$$q=3\times\frac{D_i}{25}\times\frac{P}{0.3\alpha}\times\frac{1}{1440}$$

式中　q——允许渗水量（L/min·km）；

　　　D_i——管道内径（mm）；

　　　P——压力管道的工作压力（MPa）；

　　　α——温度-压力折减系数；当试验水温 0～25℃时，α 取 1；25～35℃时，α 取 0.8；35～45℃时，α 取 0.63。

12. 聚乙烯管及其复合管的水压试验除应符合 GB 50268—2008 第 9.2.10 条的规定外，其预试验、主试验阶段应按下列规定执行。

（1）预试验阶段：按 GB 50268—2008 第 9.2.10 条第 2 款的规定完成后，应停止注水补压并稳定 30min；当 30min 后压力下降不超过试验压力的 70%，则预试验结束；否则重新注水补压并稳定 30min 再进行观测，直至 30min 后压力下降不超过试验压力的 70%。

（2）主试验阶段：

① 在预试验阶段结束后，迅速将管道泄水降压，降压量为试验压力的 10%～15%；期间应准确计量降压所泄出的水量（ΔV），并按下试计算允许泄出的最大水量 ΔV_{max}：

$$\Delta V_{max} = 1.2V \cdot \Delta P\left(\frac{1}{E_w} + \frac{D_i}{e_n E_p}\right)$$

式中　V——试压管段总容积（L）；

ΔP——降压量（MPa）；

E_w——水的体积模量，不同水温时 E_w 值可按表 7-83 采用；

E_p——管材弹性模量（MPa），与水温及试压时间有关；

D_i——管材内径（m）；

e_n——管材公称壁厚（m）。

ΔV 小于或等于 ΔV_{max} 时，则按本款的第（2）、（3）、（4）项进行作业；ΔV 大于 ΔV_{max} 时应停止试压，排除管内过量空气再从预试验阶段开始重新试验。

表 7-83　温度与体积模量关系

温度（℃）	体积模量（MPa）	温度（℃）	体积模量（MPa）
5	2080	20	2170
10	2110	25	2210
15	2140	30	2230

② 每隔 3min 记录一次管道剩余压力，应记录 30min；当 30min 内管道剩余压力有上升趋势时，则水压试验结果合格。

③ 30min 内管道剩余压力无上升趋势时，则应持续观察 60min；当整个 90min 内压力下降不超过 0.02MPa，则水压试验结果合格。

④ 当主试验阶段上述两条均不能满足时，则水压试验结果不合格，应查明原因并采取相应措施后再重新组织试压。

13. 大口径球墨铸铁管、玻璃钢管及预应力钢筒混凝土管道的接口单口水压试验应符合下列规定：

① 安装时应注意将单口水压试验用的进水口（管材出厂时已加工）置于管道顶部。

② 管道接口连接完毕后进行单口水压试验，试验压力为管道设计压力的 2 倍，且不得小于 0.2MPa。

③ 试压采用手提式打压泵，管道连接后将试压嘴固定在管道承口的试压孔上，连接试压泵，将压力升至试验压力，恒压 2min，无压力降为合格。

④ 试压合格后，取下试压嘴，在试压孔上拧上 M10×20mm 不锈钢螺栓并拧紧。

⑤ 水压试验时应先排净水压腔内的空气。

⑥ 若单口试压不合格且确定是接口漏水，则应马上拔出管节，找出原因，重新安装，直至符合要求为止。

三、无压管道的闭水试验

1. 闭水试验法应按设计要求和试验方案进行。

2. 试验管段应按井距分隔，抽样选取，带井试验。

3. 无压管道闭水试验时，试验管段应符合下列规定：

① 管道及检查井外观质量已验收合格。

② 管道未回填土且沟槽内无积水。

③ 全部预留孔应封堵，不得渗水。

④ 管道两端堵板承载力经核算应大于水压力的合力；除预留进出水管外，应封堵坚固，不得渗水。

⑤ 顶管施工，其注浆孔封堵且管口按设计要求处理完毕，地下水位于管底以下。

4. 管道闭水试验应符合下列规定：

① 试验段上游设计水头不超过管顶内壁时，试验水头应以试验段上游管顶内壁加2m计。

② 试验段上游设计水头超过管顶内壁时，试验水头应以试验段上游设计水头加2m计。

③ 计算出的试验水头小于10m，但已超过上游检查井井口时，试验水头应以上游检查井井口高度为准。

④ 管道闭水试验应按GB 50268—2008附录D（闭水法试验）进行。

5. 管道闭水试验时，应进行外观检查，不得有漏水现象，且符合下列规定时，管道闭水试验为合格。

① 实测渗水量小于或等于表7-84规定的允许渗水量。

② 管道内径大于表7-84规定的管径时，实测渗水量应小于或等于按下式计算的允许渗水量。

$$q = 1.25\sqrt{D_i}$$

③ 异型截面管道的允许渗水量可按周长折算为圆形管道计。

④ 化学建材管道的实测渗水量应小于或等于按下式计算的允许渗水量。

$$q \leqslant 0.0046D_i$$

式中　q——允许渗水量（$m^3/24h \cdot km$）；

　　　D_i——管道内径（mm）。

表7-84　无压力管道闭水试验允许渗水量

管材	管径 D_i（mm）	允许渗水量 [$m^3/$（24h·km）]
钢筋混凝土管	200	17.60
	300	21.62
	400	25.00
	500	27.95
	600	30.60
	700	33.00
	800	35.35

续表

管材	管径 D_i（mm）	允许渗水量 [m³/（24h·km）]
钢筋混凝土管	900	37.50
	1000	39.52
	1100	41.45
	1200	43.30
	1300	45.00
	1400	46.70
	1500	48.40
	1600	50.00
	1700	51.50
	1800	53.00
	1900	54.48
	2000	55.90

6. 当管道内径大于 700mm 时，可按管道井段数量抽样选取 1/3 进行试验；试验不合格时，抽样井段数量应在原抽样基础上加倍进行试验。

7. 不开槽施工的内径大于或等于 1500mm 钢筋混凝土结构管道，设计无要求且地下水位高于管道顶部时，可采用内渗法测渗水量；渗漏水量测方法按附录 F 的规定进行，符合下列规定时，则管道抗渗能力满足要求，不必再进行闭水试验。

① 管壁不得有线流、滴漏现象。

② 对有水珠、渗水部位应进行抗渗处理。

③ 管道内渗水量允许值：$q \leqslant 2$ [L/（m²·d）]。

四、无压管道的闭气试验

1. 闭气试验适用于混凝土类的无压管道在回填土前进行的严密性试验。

2. 闭气试验时，地下水位应低于管外底 150mm，环境温度为 -15～50℃。

3. 下雨时不得进行闭气试验。

4. 闭气试验合格标准应符合下列规定：

① 规定标准闭气试验时间符合表 7-85 的规定，管内实测气体压力 $P \geqslant 1500$Pa 则管道闭气试验合格。

表 7-85　钢筋混凝土无压管道闭气检验规定标准闭气时间

管道 DN（mm）	管内气体压力（Pa）		规定标准闭气时间 S（″）
	起点压力	终点压力	
300	2000	≥1500	1′45″
400			2′30″

续表

管道 DN (mm)	管内气体压力 (Pa)		规定标准闭气时间 S (″)
	起点压力	终点压力	
500			3′15″
600			4′45″
700			6′15″
800			7′15″
900			8′30″
1000			10′30″
1100			12′15″
1200			15′
1300	2000	≥1500	16′45″
1400			19′
1500			20′45″
1600			22′30″
1700			24′
1800			25′45″
1900			28′
2000			30′
2100			32′30″
2200			35′

② 当被检测管道内径大于或等于 1600mm 时，应记录测试时管内气体温度（℃）的起始值 T_1 及终止值 T_2，并将达到标准闭气时间时膜盒表显示的管内压力值 P 记录，用下列公式加以修正，修正后管内气体压降值为 ΔP。

$$\Delta P = 103300 - (P + 101300)(273 + T_1) / (273 + T_2)$$

ΔP 如果小于 500Pa，管道闭气试验合格。

③ 管道闭气试验不合格时，应进行漏气检查、修补后复检。

④ 闭气试验装置及程序见 GB 50268—2008 附录 E。

第八章　竣工验收及质量跟踪

第一节　合同质量标准及保证

1. 工程质量标准

工程质量应当达到协议书约定的质量标准，质量标准的评定以国家或者专业的质量检验评定标准。发包人对部分或者全部工程质量有特殊要求的，应支付由此增加的追加合同价款，对工期影响的应给予相应顺延。

达不到约定标准的工程部分，工程师一经发现，可要求承包人返工。承包人应当按照工程师的要求返工，直到符合约定标准。因承包人的原因达不到约定标准，又承包人承担返工费用，工期不予顺延。因发包人的原因达不到约定标准，由发包人承担返工的追加合同价款，工期相应顺延。因双方原因达不到约定标准责任由双方分别承担。

双当对工程质量有争议，由专用条款约定的工程质量监督部门鉴定，所需费用及因此造成的损失，由责任方承担。双方均有责任，由双方根据其责任分别承担。

2. 施工过程中的检查和返工

在工程施工过程中，工程师及其委派人员对工程的检查检验，是他们一项日常性工作和重要职能。

承包人应当认真按照标准、规范和设计要求以及工程师依据合同发出的指令施工，随时接受工程师及其委派人员的减产检验。为检查检验提供便利条件。工程质量达不到约定标准的部分，工程师一经发现，可要求承包人拆除和重新施工，承包人应按照工程师及其委派人员的要求拆除和重新施工，承担由于自身原因导致拆除和重新施工的费用，工期不予顺延。

检查检验合格后，又发现因承包人引起的质量问题，由承包人承担的责任，赔偿发包人的直接损失，工期不相应顺延。

检查检验不应影响正常施工进行，如影响施工正常进行，检查检验不合格时，影响正常施工的费用由承包人承担。除此之外影响正常施工的追加合同价款由发包人承担，相应顺延工期。

因工程师指令失误和其他非承包人原因发生的追加合同价款，由发包人承担。

3. 隐蔽工程和中间验收

由于隐蔽工程在施工中一旦完成隐蔽，很难再对其进行质量检查（这种检查成本很大），因此必须在隐蔽前进行检查验收。对于中间验收，合同双方应在专用条款中约定需要进行中间验收的单项工程和部位的名称、验收的时间和要求，以及发包人应提供的便利条件。

工程具体隐蔽条件和达到专用条款约定的中间验收部位，承包人进行自检，并在隐蔽和中间验收前48h以书面形式通知工程师验收。通知包括隐蔽和中间验收内容、验收时间和地点。承包人准备验收记录，验收合格，工程师在验收记录上签字后，承包人可进行隐蔽和继续施工。验收不合格，承包人在工程师限定的时间内修缮后重新验收。

工程质量符合标准、规范和设计图纸等的要求，验收 24h 后，工程师不在验收记录上签字，视为工程师已经批准，承包人可进行隐蔽或继续施工。

4. 重新验收

工程师不能参加验收，须在 24h 向承包人提出书面延期要求，延期不能超过 48h。工程师未能按以上时间提出延期要求，不参加验收，承包人可自行组织验收，工程师应承认验收记录。

无论工程师是否参加验收，当其提出对已经隐蔽的工程重新检验的要求时，承包人应按要求进行拨露或开孔，并在验收后重新覆盖或修复。检验合格，发包人承担由此发生的全部追加合同价款，赔偿承包人损失，并相应顺延工期。检验不合格，承包人承担发生的全部费用，但工期也不予顺延。

5. 竣工验收

竣工验收，是全面考核建设工作，检查是否符合设计要求和工程质量的重要环节。

（1）竣工工程必须符合的基本要求　竣工交付使用的工程必须符合下列基本要求：

① 完成工程设计和合同中规定的各项内容，达到国家规定的竣工条件。

② 工程质量应符合国家现行有关法律、法规、技术标准、设计文件及合同规定的要求，并经质量监督机构和定位合格。

③ 工程所用的设备和主要建筑材料、构件应具有产品质量出场检验合格证明和技术标准规定必要的进场实验报告。

④ 具有完整的工程技术档案和竣工图，已办理工程竣工交付使用的有关手续。

⑤ 已签署工程保修证书。

（2）竣工验收中承发包双方的具体工作程序和责任　工程具备竣工验收条件，承包人按国家工程竣工验收有关规定，向发包人提供完整竣工资料及竣工验收报告。双方约定由承包人提供竣工图，应当在专用条款内约定提供的日期和份数。

发包人受到竣工验收报告后 28d 内组织有关部门验收，并在验收后 14d 内给予认可或提出修改意见。承包人按要求修改。由于承包人原因，工程质量达不到约定的质量标准，承包人承担违约责任。

因特殊原因，发包人要求部分单位工程或者工程部位需甩项竣工时，双方另行签订甩项竣工协议，明确各方责任和工程价款的支付办法。

建设工程未经验收或验收不合格，不得交付使用。发包人强行使用的，由此发生的质量问题及其他问题，由发包人承担责任，但在这种情况下发包人主要是对强行使用直接产生的质量问题及其他问题承担责任，不能免除承包人对工程的保修责任。

第二节　保　　修

我国《建筑法》规定建筑工程实行质量保修制度。建筑工程的保修范围应当包括地基基础工程、主体结构工程、屋面防水工程和其他土建工程，以及电气管线、上下水管线的安装工程，供热、供冷系统工程等项目；保修的期限应当按照保证建筑物合理寿命年限内正常使用，维护使用者合法权益的原则确定。建筑工程办理交工验收手续后，在规定的期限内，因勘察、设计、施工、材料等原因造成的质量缺陷，应当由施工单位负责维修。所谓质量缺陷是指工程不符合国家或行业现行的有关技术标准。设计文件以及合同中对质量的要求。

1. 质量保修书的内容

承包人应当早工程竣工验收之前，与发包人签订质量保修书，作为合同附件。质量保修书的主要内容包括：

① 质量保修项目内容及范围。

② 质量保证期。

③ 质量保修责任。

④ 质量保修金的支付办法。

《建筑工程合同（示范文本）》修订后，作为其附件3的《工程质量保修书》曾规定发包人可向承包人收取质量保修金。但是由于我国对建筑工程的质量保修期限较长，这一规定使得承包人大量资金长期扣留于发包人手中，不利于承包人的资金周转，因此原建设部于2000年对其进行了修订，并将修订后的《工程质量保修书》与《建筑工程施工合同（示范文本）》一并推行。

2. 工程质量和保修范围内容

质量保修范围包括地基基础工程、主体结构工程、屋面防水工程和其他土建工程，以及电气管线、上下水管线的安装工程，供热、供冷系统工程等项目。工程质量保修范围是国家强制性的规定，合同当事人不能约定减少国家规定的工程质量保修范围，工程质量的保修内容由当事人在合约中约定。

3. 质量保证期

质量保证期是从工程竣工验收合格之日起算。分单项竣工验收的工程，按单项工程分别计算质量保证期。

合同双方可以根据国家有关规定，结合具体工程约定质量保证期，但双方的约定不得低于国家规定的最低质量保证期。《建筑工程质量管理条例》和原建设部的《房屋建筑工程质量保修办法》对正常使用条件下，建设工程的最低保修期限分别规定：

① 地基基础工程和主体结构工程为设计文件规定的该工程合理使用年限。

② 屋面防水工程、有防水要求的卫生间、房屋和外作面的防渗漏为5年。

③ 供热与供冷系统，为2个采暖期和供冷期。

④ 电器管线和给排水管道、设备安装和装修工程为2年。

4. 质量保修责任

（1）保修工作程序　建设工程在保修范围和保修期限内发生质量问题时，发包人或房屋建筑所有人向施工承包人发出保修通知。承包人接到保修通知后，应在保修书约定的时间内及时到现场核查情况，履行保修义务。发生涉及结构安全或严重影响使用功能的紧急抢修事故时，应在接到保修通知后立即到达现场抢修。

若发生涉及结构安全的质量缺陷，发包人或房屋建筑所有人应当立即向当地建设行政主管部门报告，并采取相应的安全措施。原设计单位或具有相应资质等级的设计单位提出保修方案后，施工承包人实施保修，由原工程质量监督机构负责对保修的监督。

保修完成后，发包人或房屋建筑所有人组织验收。涉及结构安全的质量保修，还应当报当地建设行政主管部门备案。

（2）保修责任

① 在工程质量保修书中应当明确建设工程的保修范围、保修期限和保修责任。如果因使用不当或者第三方造成的质量缺陷，以及不可抗力造成的质量缺陷，则不属于保修范围。保修费用由质量缺陷的责任方承担。

② 若承包人不按工程质量保修书约定履行保修义务或者拖延履行保修义务，经发包人申告后，由建设行政主管部门责令改正，并处以 10 万元以上 20 万元以下的罚款。发包人也有权另行委托其他单位保修，由承包人承担相应责任。

③ 保修期限内因工程质量缺陷造成工程所有人、使用人或第三方人身、财产损害时，受害方可向发包人提出赔偿要求。发包人赔偿后向造成工程质量缺陷的责任方追偿。

④ 因保修不及时造成新的人身、财产损害，由造成拖延的责任方承担赔偿责任。

⑤ 建设工程超过合理使用年限后，承包人不再承担保修的义务和责任。若需要继续使用时，产权所有人应当委托具有相应资质等级的勘察、设计单位进行鉴定。根据鉴定结果采取相应的加固、维修等措施后，重新界定使用年限。

5. 保修期的计算

建设工程的保修期，自竣工验收合格之日起计算。

① 建设工程在保修范围和保修期限内发生质量问题的，施工单位应当履行保修义务，并对造成的损失承担赔偿责任。

② 建设工程在超过合理使用年限后需要继续使用的，产权所有人应当委托具有相应资质等级的勘察、设计单位鉴定，并根据鉴定结果采取加固、维修等措施，重新界定使用期。

第三节　质量回访

1. 回访

① 工程质量回访对象为：建设单位、监理单位、工程交付使用单位及直接的顾客群体和新闻媒体、政府部门、社会公众等。

② 回访的方法，可以采用各种方式，如电话、书信、电子邮件、走访调查等。

③ 回访时间，可以是定期或不定期的，但在工程竣工验收后一年内至少应进行一次回访。在工程施工前期、施工期间、竣工验收后的三个阶段，定期或不定期向建设单位、监理单位主动征求意见和建议。

④ 在回访前，应精心策划，确定参加回访的部门和人员、回访对象和内容，编写回访题纲，联系回访对象，提出回访要求，做好回访安排。

⑤ 回访过程中，针对回访对象提出的问题，认真做答，能现场解决的现场解决，不能现场解决的，做好解释工作，将问题整理，交主管领导批示，及时将处理结果反馈回访对象。

⑥ 每次回访应形成书面记录，必要时将回访记录提交被回访单位或建设单位、运营单位；建立工程回访档案。

2. 后评估

① 建立"后评估"机制，在工程项目（单位工程、标段工程）建成投入使用后的一定时期，对项目的运行进行系统地、客观地评价，并以此确定建设目标是否达到，特别是质量、安全目标是否实现，通过项目后评估，为未来的项目决策与实施提供经验和教训，有利

于实现各项项目的最优控制。

② 在单位工程建成使用后，根据先期运行情况、施工过程中检查验收及相关过程资料，对单位工程进行初步评估，检查其质量是否达到预期要求。

③ 工程竣工后，根据回访情况，结合施工过程检查验收与相关资料，对工程进行全面后评估，总结经验教训，编制项目后评估报告。

3. 调查、回访及后评估用表（样式）

见表 8-1～表 8-3。

表 8-1 顾客沟通与满意度调查表

项目名称		
工程进度	与合同进度相比较	一致□略有滞后□滞后□
	与本工程其他标段比较	超前□略有超前□一致□ 略有滞后□滞后□
工程质量	项目部质量管理	规范□较规范□ 基本规范□ 不太规范□ 不规范□
	施工质量情况	优良□合格□有缺陷□ 不合格□
工程环境安全	施工环境安全状况	好□较好□基本正常□ 有少量隐患□差□
文明施工	现场文明施工	好□较好□ 一般□ 较差□差□
项目经理	管理协调能力	好□较好□ 一般□ 较差□差□
	专业技术能力	好□较好□ 一般□ 较差□差□
	关注顾客需求	十分关注□ 比较关注□ 一般□ 不太关注□不关注□
其他须反映情况		
满意度评分 （由发表单位填写）	评分人	

注：1. 评分说明：a. 与合同进度相比较，"一致"记为"满意"，"略为滞后"记为"一般"，"滞后"记为"差"；b. 施工质量情况，"优良"记为"满意"，"合格"记为"较满意"，"有缺陷"记为"较差"，"不合格"记为"差"；

2. 请顾客单位在□内打"√"。

顾客单位：　　　　　　　　　　　　　　　　　　　填报人：　　年　月　日

表 8-2 工程回访记录表

工程项目名称						
建设单位		施工单位			工程负责人	
开工日期		竣工日期			投用日期	
工程主要内容						
工程使用情况及出现哪些质量问题						
建设单位意见及要求						
对建设单位意见的处理						

施工单位（公章）

回访负责人（签字）

　　　　　年　　月　　日

建设单位（公章）

回访负责人（签字）

　　　　　年　　月　　日

表 8-3 工程保修记录表

工程项目名称					
建设单位		施工单位		竣工日期	
投用日期		保修日期		保修次数	
工程运行中出现的施工质量问题					
保修内容					
保修后运行情况及意见					
保修费用处理意见					
施工单位（公章） 回访负责人（签字） 年　月　日			建设单位（公章） 回访负责人（签字） 年　月　日		

参考文献

[1]　CJJ 1—2008. 城镇道路工程施工与质量验收规范[S]. 北京：中国建筑工业出版社，2008.

[2]　CJJ 2—2008. 城市桥梁工程施工与质量验收规范[S]. 北京：中国建筑工业出版社，2008.

[3]　GB 50268—2008. 给水排水管道工程施工及验收规范[S]. 北京：中国建筑工业出版社，2008.

[4]　GB 50202—2002. 建筑地基基础工程施工质量验收规范[S]. 北京：中国计划出版社，2002.

[5]　GB 50204—2002（2011 版）. 混凝土结构工程施工质量验收规范[S]. 北京：中国建筑工业出版社，2011.

[6]　GB 50208—2011. 地下防水工程质量验收规范[S]. 北京：中国建筑工业出版社，2011.

[7]　GB 50141—2008. 给水排水构筑物工程施工及验收规范[S]. 北京：中国建筑工业出版社，2008.

[8]　GB/T 50082—2009. 普通混凝土长期性能和耐久性能试验方法[S]. 北京：中国建筑工业出版社，2010.

[9]　GB/T 14370—2007. 预应力筋用锚具、夹具和连接器[S]. 北京：中国标准出版社，2008.

[10]　GB/T 50107—2010. 混凝土强度检验评定标准[S]. 北京：中国建筑工业出版社，2010.

[11]　GB/T 1596—2005. 用于水泥和混凝土中的粉煤灰[S]. 北京：中国标准出版社，2005.

[12]　GB/T 2847—2005. 用于水泥中的火山灰质混合材料[S]. 北京：中国标准出版社，2005.

[13]　GB 8076—2008. 混凝土外加剂[S]. 北京：中国标准出版社，2008.

[14]　GB 50017—2003. 钢结构设计规范[S]. 北京：中国计划出版社，2003.

[15]　GB 50005—2003. 木结构设计规范[S]. 北京：中国建筑工业出版社，2005.

[16]　GB 50214—2001. 组合钢模板技术规范[S]. 北京：中国计划出版社，2001.

[17]　JTG D62—2004. 公路钢筋混凝土及预应力混凝土桥涵设计规范[S]. 北京：人民交通出版社，2004.

[18]　JTJ 025—1986. 公路桥涵钢结构及木结构设计规范[S]. 北京：人民交通出版社，1986.

[19]　JTG D60—2004. 公路桥涵设计通用规范[S]. 北京：人民交通出版社，2004.

[20]　JTG D61—2005. 公路圬工桥涵设计规范[S]. 北京：人民交通出版社，2005.

[21]　GB 50113—2005. 滑动模板工程技术规范[S]. 北京：中国计划出版社，2005.

[22]　GB 1499.2—2007. 钢筋混凝土用钢 第2部分：热轧带肋钢筋[S]. 北京：中国标准出版社，2007.

[23]　GB 1499.1—2008. 钢筋混凝土用钢 第1部分：热轧光圆钢筋[S]. 北京：中国标准出版社，2008.

[24]　GB 13788—2000. 冷轧带肋钢筋[S]. 北京：中国标准出版社，2000.

[25]　JG 3042—1997. 环氧树脂涂层钢筋[S]. 北京：中国标准出版社，1997.

[26]　JTG F40—2004. 公路沥青路面施工技术规范[S]. 北京：人民交通出版社，2004.

[27]　JGJ 52—2006. 普通混凝土用砂、石质量及检验方法标准[S]. 北京：中国建筑工业出版社，2006.

[28]　JGJ 63—2006. 混凝土用水标准[S]. 北京：中国建筑工业出版社，2006.

[29]　JGJ 85—2002. 预应力筋用锚具、夹具和连接器应用技术规程[S]. 北京：中国建筑工业出版社，2002.

[30]　JGJ 107—2010. 钢筋机械连接技术规程[S]. 北京：中国建筑工业出版社，2010.

[31]　JGJ 18—2003. 钢筋焊接及验收规范[S]. 北京：中国建筑工业出版社，2003.

[32]　JTG E60—2008. 公路路基路面现场测试规程[S]. 北京：中国建筑工业出版社，2008.

[33]　JTJ 052—2000. 公路工程沥青及沥青混合料试验规程[S]. 北京：人民交通出版社，2000.

[34]　JTG C10—2007. 公路勘测规范[S]. 北京：人民交通出版社，2007.